自然地理学
实践教学内容设计

主　编　张庆辉

黄河水利出版社
·郑州·

内 容 提 要

本书是各位作者多年来在自然地理学教学、课程建设和教学团队建设等方面工作经验及研究成果的结晶。书中全面、系统地介绍了有关自然地理学实践教学的基础性内容,尤其是对地球概论、地质、气象、水文、地貌、土壤、生物(生态)方面实践教学过程性评价中应该注意的重点、难点内容都进行了详细的阐述和介绍。

本书可作为资源与环境学院地理科学、人文地理与城乡规划、地理信息科学等专业的本科生学习自然地理学专业基础知识的教学参考书,也可作为自然地理学专业教师、科研工作者学习、工作的参考书。

图书在版编目(CIP)数据

自然地理学实践教学内容设计/张庆辉主编. —郑州:黄河水利出版社,2015.11

ISBN 978 - 7 - 5509 - 1284 - 7

Ⅰ.①自…　Ⅱ.①张…　Ⅲ.①自然地理学 - 教学研究　Ⅳ.①P9 - 4

中国版本图书馆 CIP 数据核字(2015)第 277164 号

组稿编辑:李洪良　电话:0371 - 66026352　E-mail:hongliang0013@163.com

出　版　社:黄河水利出版社
　　　　　地址:河南省郑州市顺河路黄委会综合楼 14 层　　邮政编码:450003
发行单位:黄河水利出版社
　　　　　发行部电话:0371 - 66026940、66020550、66028024、66022620(传真)
　　　　　E-mail:hhslcbs@126.com
承印单位:河南省瑞光印务股份有限公司
开本:787 mm×1 092 mm　1/16
印张:15.75
字数:364 千字　　　　　　　　　　　印数:1—1 000
版次:2015 年 11 月第 1 版　　　　　　印次:2015 年 11 月第 1 次印刷

定价:48.00 元

作者简介

张庆辉,男,中共党员,内蒙古科技大学包头师范学院资源与环境学院地理科学系教授,中国自然资源学会资源循环利用专业委员会委员,内蒙古自然资源学会理事,主要从事自然资源开发与环境评价的教学与研究工作,近年来在专业期刊公开发表教学与科研论文20多篇。

作为项目负责人目前主持实施的教学质量工程项目:

(1)自然地理学教学团队(项目参与者李金霞、赵捷、李占宏、朱晋、韩秀凤、朱丽、程莉),立项单位包头师范学院教务处,2013-08~2016-12。

(2)地质学基础,包头师范学院重点课程(项目参与者武羡慧、赵捷、朱晋、程莉),立项单位包头师范学院教务处,2013-08~2016-12。

(3)自然地理学,包头师范学院重点课程(项目参与者李金霞、赵捷、李占宏、程莉、田海军),立项单位包头师范学院教务处,2015-06~2018-12。

(4)地质博物馆(项目参与者朱晋、程莉等),立项单位包头市财政局和包头师范学院,2013-12~2019-12。

作为项目负责人近年来主持完成的科研项目:

(1)包头市城市发展对湿地建设影响研究,编号2011S2009-4-3-6,包头市科技局科技发展研究项目,2012-01~2013-12,项目参与者赵捷、朱晋、程莉、海全胜。

(2)包头市四道沙河流域工业废水对生态环境的影响,编号NJ09142,内蒙古高等学校科学技术研究项目,2009-07~2011-10,项目参与者王贵、赵捷、朱晋、程莉等。

作为项目负责人目前主持实施的科研项目:

污灌区农田土壤稀土元素空间分布规律及其对人体健康的影响——以包头市南郊为

例,编号 41461074,国家自然科学基金项目,2015-01～2018-12,项目参与者刘兴旺、赵捷、朱晋、程莉、同丽嘎、乌云塔娜、于佳生、李双。

近年来获得奖项:

2015 年 5 月被评为教育教学实习优秀指导教师;

2015 年 3 月获得包头师范学院教学质量优秀奖;

2014 年 6 月被评为包头师范学院优秀共产党员;

2014 年 9 月被评选为包头师范学院"教书育人、管理育人、服务育人"10 大标兵;

2013 年 9 月被包头市人民政府授予"包头市优秀教师"称号;

2014 年被评选为包头市"5512 工程"领军人才。

本设计为

包头师范学院自然地理学教学团队

《地质学基础》和《自然地理学》重点课程

资源与环境学院地质博物馆

阶段性建设成果

前　言

本专著内容可作为资源与环境学院地理科学、人文地理与城乡规划、自然地理与资源环境、地理信息科学专业在自然地理学教学中实施过程性评价的实验课教程和野外自然地理实习的专业指导书,也可作为地质、气象、水文、地貌、土壤、生态等工科类与自然地理学过程性评价等有关专业实践教学实习的主要参考书。本书也是自然地理学教学中实施过程性评价与结果性评价相结合并以过程性评价为主的实践教学平台建设中,具备理论指导性与实践应用性双重功能的专业参考书。

不管使用哪一种教学方法,培养和提高学生理论联系实际的能力、动手解决问题的能力,是对本科生在本专业从事实际工作和研究工作初步能力的培养,而培养这种能力最基本的要求就是要重视实践教学。在此基础上,自然地理学教学团队(团队带头人张庆辉,团队成员李金霞、赵捷、李占宏、朱晋、韩秀凤、朱丽、程莉)部分成员教师(张庆辉、赵捷、朱晋、程莉等)以自然地理学实践教学平台建设为专题,针对教学效果评价改革中如何对自然地理学实践教学内容实施有效教学共同进行了专业性的探索和研究,对自然地理学实践教学内容进行了综合性的专业探索和规划设计,设计内容以期为自然地理学实践教学平台建设提供理论支持和实践指导。

全书由张庆辉负责设计并统稿。本书编写人员及编写分工如下:

张庆辉编著前言、第一章至第三章、第五章、第七章、第十至十二章、第十四章、第十五章,朱晋编著第四章,赵捷编著第六章,程莉编著第八章、第九章、第十三章、第十六章。

本专著主要是在自然地理学教学团队(团队带头人张庆辉),包头师范学院重点课程《地质学基础》(项目负责人张庆辉)和《自然地理学》(项目负责人张庆辉),地质博物馆(项目负责人张庆辉),优秀课程《地球概论》(项目负责人赵捷)、《土地利用规划》(项目负责人朱晋)和《经济地理》(项目负责人朱晋)、《水文学与地貌学》(项目负责人程莉)等项目实施建设基础上的专题研究与规划设计成果。

在与本项目相关项目实施与研究过程中,衷心感谢近十多年来,资源与环境学院各专业广大同学们的积极参与和无私奉献,尤其是包头师范学院宝石学会、天文气象学会、湿地学会等专业团体中广大会员们的积极参与和无私奉献;衷心感谢项目组老师们的积极参与和无私奉献。

本书在完成实践内容设计的过程中,大量吸收了其他专家、学者专题研究成果的精华,在此谨对已经取得辉煌成果的专题研究者及所有参考文献作者的知识贡献表示衷心感谢! 同时通过百度精选了大量专业图片,在此谨对图片制作者及拍摄者表示衷心感谢!

本书定稿前,2013级地理科学班滕叶文、赵美娇、王佳怡、闫丽英、宋甜、高婷婷、丁健,人文地理与城乡规划班丁竹慧,2014级地理科学班温慧、张娇等同学参加了书稿校对工作。同学们校对书稿时认真细致、字斟句酌,并提出了自己独到的专业见解,使专著内容更加完美,在此衷心感谢这些同学为本书出版所作的无私奉献!

本专著得以出版,首先衷心感谢包头师范学院自然地理学教学团队、地质学和自然地理学重点课程建设项目及"地质博物馆专项基金"对本书的资助,感谢包头师范学院领导对本项目的关心、帮助和支持,同时也衷心感谢黄河水利出版社编辑老师的辛勤劳动和大力协作!

本书在成稿过程中,因时间仓促,不可避免地存在一些缺点或不足之处,恳请广大读者批评指正。

编　者

2015 年 9 月

于包头师范学院

目　录

第一篇　通用篇

第二篇　室内实验篇

第一篇 通用篇

第一章 自然地理学专业基础意义

使用本书的设计内容之前,需先了解和认识地理信息科学和人文地理与城乡规划专业要进行自然地理学专业知识理论学习及实践教学的基础意义。

第一节 自然地理学模块结构

自然地理学(Physical Geography)专业知识内容包括地球概论、地壳、气象、水文与地貌、土壤与生态七大知识模块。

地球概论分为两个方面,即地球的天文学(Astronomy)和地球的物理学。前者主要讲述地球的运动(自转和公转)及其地理意义(四季五带、历法和时间,见图1-1),以及地球和月球的关系(日食、月食与天文潮汐),这是本课程的重点所在;后者简要讲述地球的形状、大小(见图1-2)、内外结构及其物理性质。

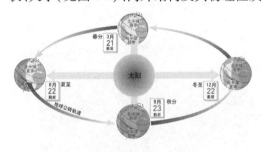

图1-1　地球的运动及其地理意义

图1-2　宇宙飞船中观察地球

地壳内容属于地质学体系。地质学(Geology)是自然地理体系中与数学、物理、化学、生物(生态学体系)并列的自然科学五大基础学科之一。地质学是一门探讨地球如何演化的自然哲学,地质学的产生源于人类社会对石油、煤炭、金属、非金属等矿产资源的需求,由地质学指导的地质矿产资源勘探是人类社会生存与发展的根本源泉。地质学是研究地球的物质组成、内部构造、外部特征、各圈层之间的相互作用和演变历史的知识体系(见图1-3)。

随着社会生产力的发展,人类活动对地球的影响越来越大,地质环境对人类的制约作用也越来越明显。如何合理、有效地利用地球资源、维护人类生存的环境,已成为当今世界共同关注的问题。因此,地质学研究领域进一步拓展到人地相互作用。

气象学(Meteorology)是把大气当作研究的客体,从定性和定量两方面来说明大气特征的学科,集中研究大气的天气情况、变化规律(见图1-4)和对天气的预报。

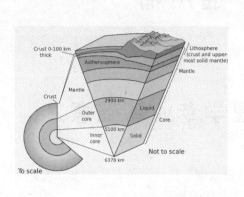

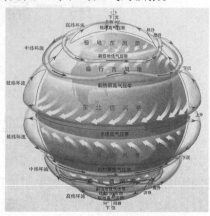

图1-3　地球的结构　　　　　　　　图1-4　地球大气的三圈环流及地球的五带

水文学(Hydrology)是研究地球大气层、地表及地壳内水的分布、运动和变化规律(见图1-5),以及水与环境相互作用的学科,属于地球物理科学范畴。通过测验、分析计算和模拟,预报自然界中水量和水质的变化和发展,为开发利用水资源、控制洪水和保护水环境等提供科学依据。

地貌学(Geomorphology)是研究地球表面的形态特征、成因、分布及其演变规律的学科,又称地形学。它既是地理学的分支,也是地质学的一部分。地貌学的英文 Geomorphology 源自希腊语,由 Geo(地球)、Morphe(外表形态)和 Logos(论述)三词组成,即关于地球外表面貌的论述。地貌学对工程建设、农业生产、矿产勘查、自然灾害防治和环境保护等均有实际意义,如图1-6所示。

图1-5　水文学研究的对象之一:河流　　　图1-6　构造地貌与流水地貌

土壤学(Agrology;Pedology)是以地球表面能够生长绿色植物的疏松层为对象,研究其中的物质运动规律及其与环境之间关系的科学,是农业科学的基础学科之一。土壤学主要研究内容包括土壤发生层及其组成(见图1-7),土壤的物理、化学和生物学特性,土壤的发生和演变,土壤的分类和分布,土壤的肥力特征及土壤的开发利用改良和保护等。其目的在于为合理利用土壤资源、消除土壤低产因素、防止土壤退化和提高土壤肥力水平等提供理论依据和科学方法。

生态学(Ecology)是研究生物体与其周围环境(包括非生物环境和生物环境)相互关系的科学(见图1-8、图1-9)。目前已经发展为"研究生物与其环境之间相互关系的科学",有自己的研究对象、任务和方法的比较完整和独立的学科。它们的研究方法包括描述—实验—物质定量三个过程。系统论、控制论、信息论的概念和方法的引入促进了生态学理论的发展。

图1-7　土壤剖面

无论是采集地理信息数据还是进行城乡规划,都离不开上述自然地理学各大体系,都必须考虑和结合自然地理学要素。

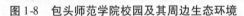

图1-8　包头师范学院校园及其周边生态环境

图1-9　包头南郊西召咀子农田种植区生态环境

第二节　地理信息科学与自然地理学的关系

地理信息科学(Geographic Information System 或 Geo-Information System, GIS)专业集计算机科学、地理学、地图制图学、测绘科学、遥感科学、信息科学、环境科学、城市科学、管理科学等于一体,随着数字地球、数字城市、各行业信息化的需求不断增加,GIS 技术及其应用得到了快速发展,GIS 专业人才的需求急剧增长。GIS 专业培养的人才,不仅要具备深厚的理论基础,还要掌握过硬的专业实践技术能力。

在自然地理学的专业实践方面要求具备自然地理学——野外认识岩石、地貌、河流水系发育,以及对气候剧烈变化的地貌、生态环境效应等观察能力;测量学——掌握精确测定和描绘地面控制点的外业测绘能力;地图制图学——制图及编绘能力;应用地理信息系统对地理空间的分析能力。总之,要具备这些能力首先就要有良好的自然地理学专业知识和专业技术素质。

众所周知,强烈地震对人民生命和财产造成重大损失。及时查明地震灾情,对震后救援等后续工作具有重要指导意义,而取得调查研究成果就依赖于地理信息系统获得专业数据。

北京时间 2013 年 4 月 20 日 08:02,四川省雅安市芦山县发生 7.0 级地震,震中位于北纬30.3°、东经103.0°,震源深度13 km,全省大约200余万人受到此次地震影响。为帮助抗震救灾工作有序开展,地质灾害防治与地质环境保护国家重点实验室第一时间收集到了由四川省测绘地理信息局和四川省地质调查院提供的芦山县城、太平镇、宝盛乡、龙门乡、清仁乡、上里镇、思延乡等重灾乡镇的震后高精度航空影像,并对地震触发的地质灾害进行了应急解译和分析。

为了进一步分析这些地震重灾城镇崩塌滑坡的基本特征,专业研究者重点利用Arc-GIS空间分析方法,分析了影响地质灾害分布的地形坡度、海拔高度、地层岩性、到发震断层的距离、到水系的距离共5个因子,形成如下研究成果:

研究区崩塌滑坡大量产生,主要以小型浅层崩滑体为主。崩滑体主要集中在海拔高度为1.0~1.5 km的范围;在坡度为40°~50°内崩滑体密度比最高。

研究区崩塌滑坡在距离发震断层0~3 km的范围内密度最高,并且越靠近发震断层,其面积密度越高。崩滑体在距离水系400 m以内数量较多;1.2~1.4 km范围内崩滑体面积密度最大,说明该区域极易产生崩滑体,需要重点排查。研究区内有5个地质年代的地层出露,其中导致崩滑坡体分布广泛的地层是白垩系、三叠系,岩性主要为泥岩。在这些地层岩性中崩滑体分布密度比例最高,在地震作用下,极易产生崩滑体。

在进行上述研究的过程中,应用了自然地理学中的地质(岩石、断层、地层)、地貌、水文(水系)等学科的内容。

随着社会的发展,地质图件呈现了从专业性图件到实用性图件,从单一性地质图到多学科系列图件的发展趋势,利用计算机技术数字地质调查填图与制图也成为主流的制图方式。地质图件数据量的不断增大以及地质信息共享的要求使得利用计算机技术和空间数据库技术建立地质图空间数据库,以及应用地理信息科学专业的WebGIS技术进行地质信息可视化,能够以网络为平台向专业人员或其他用户提供准确、详细的地质图资料,为科技、经济社会与生态环境建设等提供便捷、优质、高效的地质信息服务。

目前,已有国际行星地球年(IYPE)、联合国教科文组织(UNESCO)、国际地质勘探联盟(ICOGS)、全球测图国际指导委员会(ISCGM)、世界地质图委员会(CGMW)、地学信息管理和应用委员会(CGI – IUGS)、国际地质科学联合会(IUGS)、全球对地观测组织(GEO)、国际岩石圈计划(ILP)、东亚东南亚地学信息协调委员会(CCOP)、欧盟国家地质调查联盟(EuroGeoSurveys)等11个国际组织、117个国家和一些专业跨国公司共同参与"OneGeology计划"项目的主要目标,就是运用地理信息系统技术在网络上创建一个开放的、动态的全球地质图数据库,为公众提供地质矿产资源开发与评价,为改变以往粗放的开发利用模式,实施矿山与生态建设中体现互为依托的全面、协调、可持续的发展关系等,提供地质方面的专业信息服务。但要完成该目标的地理信息科学专业工程师,如果不懂得基本的自然地理专业知识尤其是地质学,就很难完成这个项目中艰巨的工作任务。同时,目前"OneGeology计划"中有关1:100万中国地质图空间数据库,在广大地理信息专业技术人员积极广泛地参与下正在补充和完善。

水电站是能将水能转换为电能的综合工程设施,具有防洪、贮水、灌溉、发电及旅游等综合功能。四川省泸定县硬梁包水电站属于大渡河水电基地干流规划22个梯级电站的第13个梯级,电站移民工作涉及泸定县6个乡镇、32个自然村、15家企事业单位和7个采砂场,涉及人口 407 户,1 371 人,涉及土地 8 000 亩(1 亩 = 1/15 hm²,下同),影响大渡河沿线上下 25 km、50 km² 多的范围。电站建设中采用地理信息科学专业的技术平台支持,充分运用地质、气象与气候、水文、地貌、土壤、生态等自然地理专业知识,完成如下代表性的工作:

(1)实物指标调查与三维影像图的动态链接:通过实物指标的叠加,使管理人员更加主动、高效、全面、动态地进行移民管理与决策,随时掌握移民工作的动态、工作重点、难点。地理信息专业工程师负责完成了为电站库区区域的实物指标成果与 GIS 的叠加效果图。该图不仅记录了每个地块的编号、作物类型、面积、户主,还记录了现场可能存在的争议,从而更好地指导了移民工作。

(2)洪水淹没区分析及影响区分析:电站水库及枢纽工程建设完成并蓄水后,将会有部分区域因水位上升而被淹没。因此,运用地理信息系统特有的空间分析技术,确定电站蓄水后库区兴隆沟范围内的淹没高程图和影响范围线,利用该范围线可以快速统计、分析所影响的实物指标,从而为移民管理决策提供支持。

(3)移民安置点选择分析:在专业标准及规范的支持下,移民安置区的选取和建设,可以通过 GIS 空间分析的方法加以辅助解决。借助地理信息系统的空间辅助分析方法,通常可以找到 1 ~ 2 个适合生产、生活和居住的区域,进而为精准移民打下坚实的基础;最后,再征求移民意愿对比选的安置点进行最终确定。

这些工作成果充分保证了水电站的建设及其对水电站辐射区域经济社会生态环境可持续发展的支撑,充分体现了其专业性与科学性,其中的专业性内容之一就是自然地理学基础知识。实施过程中就全面考虑了自然地理空间环境,利用了地质、气象与气候、水文、地貌、土壤、生态等自然地理资源。

上述地理信息系统的自然地理学领域应用是非常专业、非常典型的研究案例。

在宇宙深空探测研究中,中国首次应用月球探测工程所获得的嫦娥一号 CCD(Charge-Coupled Device,电荷耦合元件)影像数据、干涉成像光谱数据、数字高程模型(Digital Elevation Map,DEM)数据和数据分析处理结果等资料,开展了虹湾—雨海地区区域地质综合研究。通过对月球撞击坑及溅射堆积物分析,以及地层单元划分、构造单元划分、岩石类型划分、年代学和月球演化历史的集成分析,依据月球撞击坑的形态特征、充填物的多少和保留的程度等,将月球撞击坑划分出 7 种类型 11 个亚类,并将月球撞击坑堆积物系统划分为 6 种类型 6 个堆积岩组。根据 TiO₂ 的含量、分布及影像特征,将月海、月陆玄武岩划分为高钛玄武岩、中钛玄武岩和低钛玄武岩。应用 ArcGIS 地理信息系统,试点编制了 1:250 万月球典型地区虹湾幅(LQ-4)地质图,如图 1-10 所示。

在编制月球地质图基础上建立了空间数据库,探索制定了月球数字地质图编制技术规范、流程和方法,为中国下一步应用嫦娥二号数据开展"全月球地质图"编制,以及未来其他天体的区域地质综合研究与地质编图工作奠定了基础。在这种国际级的探月工程项目中,试想如果地理信息专业工程师不懂得自然地理学中的地质、地貌等专业知识,就无法识别月球表面的影像资料内容,更无法判别月面岩石性质、形成月貌的动力条件,更无法编制出 1:250 万的月球地质图。

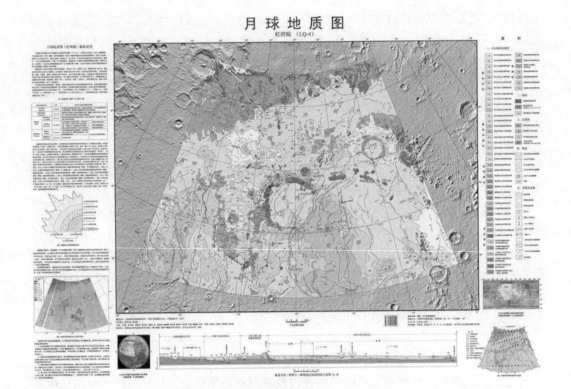

图 1-10　月球典型地区虹湾幅(LQ-4)地质图

第三节　人文地理与城乡规划专业和自然地理学的关系

人文地理与城乡规划专业技术人员的规划成果,首先必须建立在地理信息专业技术人员提供的自然地理学专业性图件基础之上。

地理信息科学和人文地理与城乡规划专业技术人员共同合作,对地质、气象与气候、水文、地貌、土壤、生态等自然地理专业知识综合应用的实例有伏牛山世界地质公园旅游资源的调查、规划与开发、建设和管理。

先以伏牛山世界地质公园为例(见图1-11),认识规划与自然地理学的关系。

伏牛山世界地质公园位于河南省西南部,在行政区域上分别隶属南阳市的西峡、南召、淅川、内乡4县,洛阳市的栾川、嵩县、汝阳3县及平顶山市的鲁山县。伏牛山世界地质公园东西绵延约400 km,南北宽40～70 km,面积约2万多km²,属于河南省分布面积最大、地势最高的山脉。

伏牛山世界地质公园的早期建设中,地理信息专业工程师从地质、气象与气候、水文、地貌、土壤、生态等方面运用GIS技术可以为伏牛山世界地质公园旅游资源的调查、评价、规划提供更科学的依据,其中GIS的分析、操作、处理功能能为旅游评价、规划、决策、预测提供依据。利用遥感图像和GIS技术,详细查明旅游资源的分布及其数量;再结合其地理位置、气候条件、水系分布、地貌特征、土壤类型、生态结构等,进行旅游资源的综合评价。

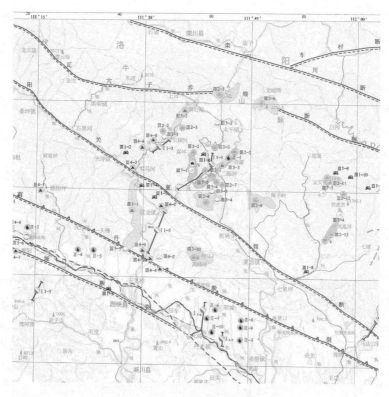

图 1-11　伏牛山旅游地质资源分布

　　世界地质公园旅游规划师在此资料基础上坚持贯彻实施地质公园旅游开发与规划的科学原则,充分结合地质、气象与气候、水文、地貌、土壤、生态等自然地理学资源与空间环境要素,GIS 在旅游规划中的应用有利用 GIS 的数据存储、处理和管理功能为旅游规划提供基础数据库支持;利用 GIS 的空间分析功能,分析优先规划开发区域;利用 GIS 的网络分析功能来设置旅游线路及宾馆、饭店等基础设施布局等;另外,还可以利用旅游 GIS 的制图功能,制作旅游资源分布图等各类地图,为旅游规划服务。

　　所以,规划师在完成整套科学合理的规划成果的前提是具备雄厚的自然地理专业知识。下面以四川省为例,同学们可以初步了解和认识到要做好城乡规划方案,首先要了解和认识该区域自然地理特征的重要性。下面以四川省自然地理特征为例,认识人文地理与自然地理学的关系。

　　四川省自然地理特征具有典型的对称性。其对称性首先反映在区域地貌上,表现为沿东西方向具有轴对称分布的特点,对称轴为南北向的北川—汶川—康定—小金河接安宁河断裂带一线(见图 1-12),该线以东为扬子准地台(台区),以西是松潘—甘孜褶皱系和三江褶皱系。

　　在这一基本对称形态的影响下,区域气象与气候、水文与地貌、土壤类型与生态结构等方面都截然不同,在此基础上受人类活动影响,景观特征及社会经济发展却表现出相似的对称性。

　　对称轴以西大部分地区为川西高原,小部分为横断山区,社会经济发展水平远低于全

图1-12　四川主要城市的格子状分布

省平均水平,区内没有建制市,全部属于小城镇。对称轴以东大部分地区为川中平原区,还包括攀西东部、川南及川东北盆周丘陵区。原因主要是对称轴以西的川西北区海拔高,景观以高山峡谷和高原牧场为主,农业耕地零星分布,难以聚集大量的人口,故而城镇难以兴盛。对称轴以东,主要为海拔较低、地势起伏不大的盆地平原和盆周丘陵区,其水网密集,公路、铁路等交通干线发育成熟,地区间经济联系紧密,加上悠久的开发历史,故而城镇分布密集,这些都是城乡规划中必须考虑和结合的自然地理学要素。

断裂构造在地质上具有等间距性,而断裂在地形地貌上常常表现为河流(逢沟必断),故沿河流而布局的城市在宏观尺度上就可能存在着等间距现象。把不同等级城市的等间距分布综合起来考虑,就呈现出城市分布的格子状。

四川盆地水系发达,长江干流及支流(岷江、沱江、嘉陵江、渠江、涪江)形成了一个天然的水路运输网络。水上交通的通达性和廉价性,使四川各江河沿岸产生了为数众多的城市,比较重要的城市均分布于江河两岸,除攀枝花市和雅安市等几乎没有通航能力外,其余各市都有一定的水运基础。所以,水系是构成四川城市格子状对称分布的基础,如图1-13所示。

在格子内部,城市沿水系分布体现出沿对角轴线的一维对称特征,如沿嘉陵江一线的广元—阆中—南充—重庆,沿岷江一线的都江堰—崇州—眉山—乐山,沿沱江一线的绵竹—什邡—广汉—简阳—资阳—内江—泸州等。但现今公路运输和铁路运输在区际交流中发挥着越来越重要的作用,在以铁路和公路为主的区际交通网络的影响下,城市发展突破了原有水运因素的影响,一大批原来的非重要城镇得以发展,成为人口为20万~50万人的小城市,故图1-12所示的格子状对称分布形态是自然水系和当今陆路交通共同影响的结果。如江油—绵阳—遂宁一组是沿涪江干流方向发育,宜宾—泸州—重庆一组是沿长江干流方向发育,而成都—绵阳—德阳—广元一组是沿宝成铁路方向发育。但同时,铁路的走向受到断裂构造地貌的控制和影响。

因而,从自然地理的本质因素而言,断裂构造决定了四川城市呈格子状对称分布的特点。

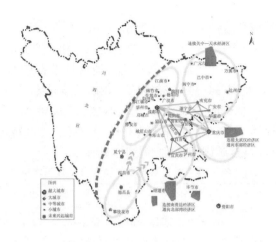

图1-13 成渝经济区内四川主要城市空间结构分析

在上述自然地理因素及人类社会因素综合作用发展的基础上,成渝经济区核心地带城市空间结构构成"钻石模型",此模型由互为嵌套的两部分组成,即"外钻结构"和"内钻结构"。

"外钻结构":在成渝经济区四川范围内应着重培育南充和宜宾两个城市成为特大城市,作为成渝经济区的次增长极,与成都、重庆两个主增长极构成城市空间结构主体骨架(见图1-14、图1-15)。"内钻结构":由成渝传统通道上的重要节点内江、遂宁两市和成都、重庆两市共同构成,是这一模型结构的核心。

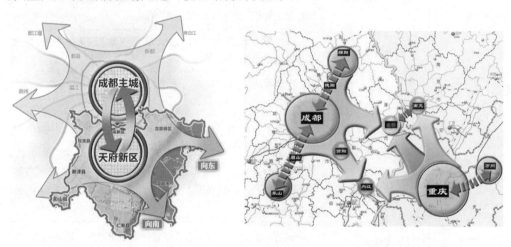

图1-14 成都城市空间结构及其辐射方向   图1-15 成渝城市圈及其辐射方向

如果说上述实例说明了自然地理特征对城市布局规划方向的影响,那么下面的实例说明了自然地理特征对村镇规划理念的影响。

村镇规划中考虑的要素之一有乡村聚落。乡村聚落是人类生产和生活的重要场所,也是自然地理要素对人文地理影响的经典缩影。我国自改革开放以来,中西部地区的乡村聚落演变更多地体现了适应当地生态脆弱性或全球变化背景,而东部地区的乡村聚落演变更多地体现了区域或全球社会经济的变化,这种突出的特点体现了我国不同地区的自然地理要素决定了我国不同地区乡村聚落的演变方式和演变方向。

例如,我国西部黄土丘陵区的典型区域秦安县地处甘肃省东南部,天水市北部,位于东经105°21′~106°02′E,北纬34°44′~35°11′N,在渭河支流葫芦河下游流域,属半湿润季风气候区,气候温和,日照充足,降雨较少,干旱频繁,大陆性季风气候显著。县域山多川少,墚峁起伏,沟壑纵横,属典型的陇中黄土丘陵沟壑区。受自然地理因素的影响,秦安县乡村聚落类型多样,乡村聚落详细分类如表1-1所示。

表1-1　秦安县乡村聚落基本类型划分及其基本特征

划分依据	聚落类型	聚落特征
聚落形态	集聚型	聚落住宅密度较高,一般分布在河谷阶地和丘陵山区地势相对平坦的地方;集聚型乡村聚落可分为单核心状与多核心状,分布于河谷阶地乡村聚落,其空间形态通常表现为条带状
	分散型	分散型乡村聚落住宅分布分散,住宅密度较低,多因地形分隔、空间限制和耕地分散形成
地形特征	河谷川道聚落	主要分布在葫芦河及其一级支流的阶地上,聚落规模和聚落密度较大,大多呈串珠状沿河谷方向延伸,交通方便
	丘陵山区聚落	主要分布在丘陵山区的坪地、台地和黄土墚峁上,聚落住宅因地势变化而高低错落;由于空间限制,聚落规模一般较小,聚落密度也较低,交通及人畜饮水不便
聚落规模	小型	人口规模一般为200~400人,聚落户数为40~75户,数量约占县域全部聚落的50%
	中型	人口规模为400~900人,聚落户数为75~150户,数量约占县域全部聚落的35%
	大型	人口规模一般为900~1 400人,聚落户数为150~280户,数量约占县域全部聚落的15%
经济特征	传统农业型	基本分布在黄土丘陵山区,退耕还林后人均耕地仍相对较多,传统农业种植业占据经济活动的绝对主体,经济结构单一,收入水平低
	劳务输出型	主要分布在黄土丘陵山区,退耕还林面积大,人均耕地少,农村剩余劳动力多,外出打工人数占聚落总人口的比重高
	半商品经济型	人均耕地较少,水果、花椒等商品性农产品种植面积较大,占总收入的比重为40%~60%
	商品经济型	主要分布在河谷川道地区,耕地全部种植蔬菜、水果、花椒等商品性农产品,农业生产结构已发生较大变化,聚落的商业服务功能(地膜、农药、农机配件、日用百货等)也较强

根据表1-1并结合自然地理要素发现,秦安县乡村聚落的空间分布与海拔、坡度、河流等自然地理条件密切相关,聚落斑块随高程和坡度变化呈明显的正态分布。海拔1 500~1 700 m及坡度5°~15°的区域,是河流二、三级阶与地坡麓坪地的主要分布区域,聚落分布最为密集,聚落规模也相对较大;乡村聚落类型与其空间分布密切相关且存在明显的对应关系,大中型、集聚型、商品经济型和半商品经济型乡村聚落主要分布在河谷川道地区,经济发展水平相对较高,而小型、分散型、传统农业型和劳务输出型乡村聚落主要分布在黄土丘陵山区,经济相对落后。

后面各部分内容都是自然地理学各模块在地理科学、地理信息科学、人文地理与城乡规划专业学习中的实验与野外实习内容设计。希望对学习自然地理专业知识的地理科学、地理信息科学、人文地理与城乡规划专业的学生提高自己专业知识水平提供良好的专业知识支撑。

第二章 建设教学团队概述

　　自然地理学是一门实践性很强的学科,实践教学是高校地理学人才培养的重要环节。而实践教学内容中的地理野外实习既是课堂教学的继续与拓展,也是培养学生掌握地理调查与研究方法的一个独特的教学环节,在地理教学中有着不可替代的作用。受传统教育观念、教学模式以及野外实习经费投入的限制,当前一些高校的地理学实践教学通常还是以教师动嘴、学生动眼为主,限制了学生动手能力和动脑能力的提高。因而,提高自然地理学教学效果首先要重视自然地理学教学团队的建设。西方教育强国对高等教育教学质量的关注,通过对应法律、财政政策等保障机制最终体现为对大学教学质量的关注,所以发达国家为提高教学质量,本着科学教育的精神,围绕"以学生为中心"的现代教育理念,普遍设立大学教师发展中心,促使各种大学教师发展活动欣欣向荣。教育部、财政部联合发布的《关于实施高等学校本科教学质量与教学改革工程的意见》中重点内容之一就是"加强本科教学团队建设,重点遴选和建设一批教学质量高、结构合理的教学团队"。保证和提高高校教师素质、教学能力以及教育教学质量是高等教育发展的核心任务。

第一节 建设教学团队的条件和意义

一、问题的提出

　　为了解决我国地方高校教学过程中存在的一些问题,而重视对专业教学团队的建设。目前,我国地方高等院校存在的问题主要归纳为学生的学习态度、高等教育模式与观念、教学团队建设模式及其整体意识、教学与科研的矛盾及大学文化等内容。

　　(一)学生的学习态度

　　目前,不少大学生接受的品德教育和个人品德修养薄弱,缺乏民主、创新的思想,学生思想各异。学习态度表现为浮躁、学习目标趋于急功近利。长期的应试教育导致学生在学习中理论联系实际的能力极差。还由于应战高考后的放松心理,缺乏积极的学习兴趣与强烈进取的精神动力,在学习方面表现为懈怠、浮躁、随意逃课,上课睡觉或看一些与课程无关的材料或玩手机,平时很少上晚自习,不按时完成作业或有一部分学生干脆不做作业,或迷恋于网络、游戏而不能顺利完成学业,还有个别学生有不同程度的心理问题。由此出现了学风影响教风,教风影响校风,校风进而再影响学风的恶性循环。

　　(二)高等教育模式与观念

　　目前,我国不少高校在教学内容上以理论为主,脱离社会实践;在教学方式上给学生机械地灌输知识,启发性教学少;在教育模式上体现出"重理论、轻实践,重分数、轻实验"的现象,在整个教学过程里,不论是学校对课程和学时的设置,还是部分教师和学生,都忽视实验教学自身所具有的相对独立性和培养学生研究问题能力、创新能力的重要性。由此有相当一部分教师不愿承担有实验课的课程,认为在完成实验教学任务的同时,不但要管理实验器材、设备,还要评判实验作业;教师又累又麻烦,实验教学课时却要缩水计算,付出高,待遇低。另外,实验教学考核形式大多数以实验报告为主,容易出现照抄或杜撰数据的恶习,导致考核缺失公平,从而打消了学生认真学习的积极性、主动性。

(三)教学团队建设模式

虽然高校招生规模急速膨胀是我国经济与社会发展的客观需要,但在校生人数膨胀的速度已经超出了部分高校的资源支撑能力,造成教学资源投入不足,师资力量不足,生师比显著提高,尤其是地方高等师范院校专业课教师普遍存在着科研较弱而本科教学任务繁重等现象,提高教学质量受到影响。还有不少高校对应聘者的教学能力和道德水平有不同程度的忽视,导致高校教学水平下降、道德水平良莠不齐以及敬业精神参差不齐。

部分高校"近亲繁殖"形成相似的学缘结构,使团队教师处于知识价值链的同一环节上,当团队教师面对同样的机会与挑战时,常常会提出相似甚至相同的观点,从而诱发知识价值链横向上各教师的分工趋同于某一环节,无法形成有效的知识互补与知识创新,约束了教学团队建设。

有的学校(或有些系)教师梯队结构不合理,人才梯队存在断层。青年教师虽然普遍为硕士或博士,具有较好的学科专业知识素质,但不少人缺乏系统的教育教学知识和基本技能训练。还有一种情况,个别新教师过于自信,不愿意接受老教师指导,主观地认为老教师的教学方法、策略已过时,指导年轻教师是多此一举。

(四)教学团队整体意识

伴随着学校办学规模的不断扩大,课程开课的需求量也大量增加,少数专业课程自然而然地出现了"单人独课"现象。因此,教师个人的教学水平就决定了这门课程的教学质量,由于部分教师长期固守自行其是的传统教学方式,不愿探索和创新教学方法,墨守成规,教学团队无法提炼统一目标和采取统一行动,只有个体发散而无团队凝聚,形成同事间缺乏充分合作与交流的氛围。团队协作意识的缺乏,使教师的工作方式依然处于传统的孤立封闭状态,更谈不上合作研究。

(五)大学文化

"教书育人"是大学的使命,向学生传授科学文化知识和技能属于"教书",在教学工作中对学生进行政治、思想、道德、法治、心理等方面的教育属于"育人""教书"和"育人"是辩证统一的。培养人才、科学研究和直接为社会服务是大学共生统一的三大主要职能,文化传承与创新还成为新时代大学的第四职能,教育的本质是文化育人,大学教学文化具有崇真尚实、自由民主、鼓励创新、追求卓越、兼容并包的精神内涵。但当前不少高校抛弃了自身社会价值重塑的职能,随波逐流,逐渐失去了自身独立的价值追求和鲜明的文化特性,成为社会附庸。同时,我国现阶段经济发展路径和产业结构问题不仅不能有效吸收受过高等教育的劳动人口,还严重扭曲了引导人力资本投资数量和结构的需求信息体系。一方面是高校毕业生就业难,另一方面是用人单位招聘难,出现假性"过度教育"现象,新的"读书无用论"有所抬头,这也一定程度上影响高等教育进一步发展。

二、条件和意义

在充分认识上述存在问题的基础上,认为建设教学团队是非常必要的。下面详细分析建设教学团队的条件和意义。

(一)条件

建设教学团队的理论指导是哲学视角的主体间性理论、管理视角的组织协作理论、心理学视角的共生效应理论、教育学视角的群体动态学理论等,共同构成教学团队建设的理论依据,这些理论在教学团队建设中的应用主要体现为如下方面:

主体间性理论应用体现为建设教学团队的目的是重点建设一批师德高尚,学术造诣深,教学理念先进,教学水平高,教学与科研相结合,具有创新意识和协作精神的高水平教学团队,从整体上提升现有教师的教学水平。组织协作理论应用体现为教学团队成员可以归属于多个教学组织,强调"所用"而非"所有",在具体实践中要根据教学任务灵活吸纳组织成员满足提高教学质量的要求。因此,教学团队建设必须具备一定的教学实践和建设基础,有在教学某一方面形成标志性成果的潜质。共生效应理论应用体现为以增加数量、提高质量、优化结构为内涵,以老中青三结合,以教授、博士为主的高素质教学团队,为团队发展奠定人才基础,能够激发彼此的研究潜力,有利于成员之间的共同成长和不断进步。

教学团队作为一个整体,本身具有较为成熟的组织文化、制度体系和行为规范。教学团队为教师提供了合适的同行交流对象和机会,有利于教师就教育教学中出现的问题和矛盾进行集中讨论、研究和探讨,从而有利于问题的快速解决及教师自身素质和能力的不断提升。

(二)意义

建设一个优秀的教学团队,旨在改变高等学校教学的单兵作战现象,增强教师的团体意识和团队合作能力。建设示范性的国家级优秀教学团队,建设工作要体系化,建设内容要全面化,建设成果要特点化。体系化的过程是由若干拥有各自特性、在体系中起相应作用、具有特定内在表现形式的要素组成,相互联系、相互制约,为了达到一定目标能实现规定功能而构成有机整体。高校人才培养是一项典型的系统工程,从课程大纲的制定、课程体系的构建到教学质量的保障与监控等都需要教师间的协同合作,合作可以说是大学教学的本质。

建设教学团队可以为教学与科研良性互动式发展提供一个理想平台。著名教育学家钱伟长先生指出:大学必须拆除教学与科研之间的高墙,教学没有科研做底蕴,就是一种没有观点的教育,没有灵魂的教育。只有科研实践的开放性带动教学本身的开放性,才能促进教学活动紧紧跟随学术前沿,使教师在教学的设计与组织上、教学内容的安排上更为灵活与高效;教师将课堂教学与科学前沿、社会现实问题接轨,不但能激发学生的学习兴趣,还能引导学生如何从事科学研究,通过前沿性问题、方法与成果的科研与教学,促使思维活跃、学识背景相异的学生广泛参与研讨,强化了学生的教学参与和课堂互动的积极性,激发了学生课后延展学习的热情,大大提高和巩固了课堂教学的效果。这样以科研促进教学,以教学带动科研,科研与教学的良好结合可促使良好学风的形成。

学风是普通高等学校教师的治学态度和学生的学习、生活、纪律等多种综合风貌的集中体现,是高校办学思路、教育质量和管理水平的重要标志。科研实践中所需的综合分析能力、观察思考能力、灵活应用能力和巧妙的动手能力可增强学生学习的主动性,激发起学生昂扬的学习热情,可培养学生热爱科学、无私奉献精神,科学思索、实事求是的精神,吃苦耐劳、努力探索精神。学习相应知识成了学生的自我需求,努力学习成其自觉的行动,由此带动一大批学生把精力投入到学习中去。这些都能活跃学术气氛、凝炼校园文化、形成良好学风,促进教学质量的提高和学生的发展与教学团队的可持续发展。

第二节　教学团队的定义与特征

教学团队是在"团队"建设理论基础上发展起来的,而"团队"是在企业发展和管理基础上形成的,首先分析团队的含义。

一、团队的定义

团队一般有5个基本构成要素,概括为"5P",即 Purpose(目标)、People(人)、Place(团队定位)、Power(权限)和 Plan(计划)。共同而明确的目标(Purpose)为团队成员导航,使团队成员知道要干什么,向何处去;没有目标,这个团队就没有存在的价值;人员(People)构成是团队的核心部分;团队定位(Place)包含团队整体和个体的定位;明确团队当中领导人权力(Power)的大小;计划(Plan)是为实现团队目标需要而制订的一系列具体行动方案。朱世坤等研究认为,团队是指具有一定互补技能、愿意为共同目标而相互协作的个体所组成的正式群体。它以任务为导向,拥有共同的行为目标和有效的交流与合作,并遵循自治、民主、高效原则,成员之间相互依存、相互影响、积极协作,以追求集体的成功为最终目标。

将团队概念引伸到高等学校的教育教学,就产生了教学团队的概念。现代大学无论是教学、科研还是行政管理领域,仅凭个人力量已很难驾驭,客观上要求学科、教师之间相互合作、切磋、融合,形成教学科研综合实力,有效促进课程教学系统的优化,提高教育教学质量。

二、教学团队的定义及特征

有关教学团队的定义很多,本书选取有代表性的定义分述如下:

定义一:教学团队是根据各学科(专业)的具体情况,以教研室、研究所、实验室、教学基地、实训基地和工程中心等为建设单位,以系列课程或专业为建设平台,在多年的教学改革与实践中形成团队,具有明确的发展目标、良好的合作精神和梯队结构,老中青搭配、职称和知识结构合理,在指导和激励中青年教师提高专业素质和业务水平方面成效显著。

定义二:教学团队是由教学科研实践能力互补,并为负有共同责任的统一目标和标准而协作的教师组成的正式群体;以学术带头人为核心,以知识技能互补的教师为主体的学术组织;由少数技能互补,愿意为实现共同的教学目标而分工明确、相互承担责任的教师组成的队伍;在高等院校中,由一定数量业务能力互补、教龄年龄梯次和职称结构合理的教师组成,并认同于专业建设和课程建设等方面的共同目标,能够积极配合、密切协作、分担责任,其行为和谐统一,为共同打造品牌专业和精品课程而努力的集体。

定义三:教学团队是以学生为服务对象,以一些技能互补而又相互协作、沟通的教师为主体,以教学内容和教学方法改革为主要途径,以系列课程和专业建设为平台,以提高教师教学水平,提高教育质量为目标而组成的一种创新型的教学基本组织形式。从另一个角度讲,高校教学团队更是一个以课程为载体、师资队伍为条件、带头人为纽带,在教育教学领域形成的有共同宗旨与奋斗目标的群体。

对比研究上述各个定义的核心内容,其共性是一个有效的教学团队必须具备一个清晰的教学、教研目标并且该目标被团队成员普遍接受,它能够为团队成员指引方向、提供动力,让团队成员愿意为它贡献力量等。根据上述教学团队的各个定义,对教学团队的主要特征概括如下。

教学团队要建立在专业、课程、教学基地和教学管理4个基础建设平台上,必须做到教学建设目标明确、团队精神鲜明、教学梯队合理、教学建设成果优良,并能够将学科最新研究成果引入教学领域,有效促进教学内容、方法和手段的改革,促进教学质量的提高。随着高等教育的迅速发展,开放性、动态性、交互性的教学思想已成为当代高等教育教学的主流。在此工作基础上建设创新型教学团队应该是加强团队管理,以教学工作为主线、先进教育思想理念为指导,立足于人才培养质量的提高;以国家级、省级或学校各类重大教学改革项目为牵动,以专业建设、课程建设、教学基地等建设为重点,开展教学研究和教学建设的核心队伍。它的主要任务是教学工作的改革与创新,主要包括先进的教学理念,明确的发展目标,精干的教学梯队,较强的创新能力,优良的协作精神和教学效果,提升创新绩效。

三、团队人员构成

教学团队的人员构成包括团队带头人和其他专业组成人员的整体构成。

(一)团队带头人

团队带头人应该具有良好的协调、组织管理能力,能对大学学科发展、人才培养以及师资建设进行研究规划,制订出符合客观实际的方案;具有广博的学术气度、人格魅力和专业影响力,能够通过自己教学与科研方面的专业感召力、洞察力、激发力、助推力和引领力来吸引人、团结人、凝聚人,指导和激励中青年教师热爱教学工作,提高专业素质和业务水平。带领团队成员开展创造性教学科研活动,并能够取得实效。此外,带头人是热爱教学事业,坚持在教学第一线从事本科教学工作的综合型好老师,习近平总书记明确提出好老师的四大特质:要有理想信念,要有道德情操,要有扎实学识,要有仁爱之心。现代教师的职责已经转变为传递知识越来越少,激励思考越来越多,教师必须集中更多的时间和精力去从事有效果、有创造性的活动,以现代教学论为指导实施教学创新,实现团队人力教学资源开发的整体优化。

(二)团队成员总体构成

根据管理学理论,团队应该有推进者、统筹者、实施者、专家、监控者、外交家、智多星、发明者、完成者和凝聚者等10种角色,因而教学团队成员构成中应当有一部分理论专长型教师,能够把专业知识的科学原理深入浅出地传授给学生;有大部分应用型教师,能将应用性专业知识和工具,通过实验、模拟、案例、调研、研讨等互动式(或"学中做")教学传递给学生而掌握知识的应用;有一部分业务型教师熟悉工作当中专业知识与技能的应用和操作,能引导学生将专业知识和技能直接用于社会实践或者工作场景,该教师能够为学生提供专业应用的"窍门知识或技能";有少部分教师除完成教学外,其重点工作是组织、研究和评价该学科教学团队的"教学创新"及其效果,为提高人才培养质量提供理论支持;还需要有若干善于聆听、反馈、解决冲突的教师。

第三节　教学团队的工作目标与主要任务

一、教学团队的工作目标

教学团队的核心工作目标具体体现在以学生为主体,以教学为核心,以教学改革、教学研究为动力,以科学研究为手段,以若干具有相互联系和继承关系的课程为纽带,组成一套课程体系,并以此课程体系为主线建成一个老、中、青不同年龄段的教师为主体的教学团队,从而最终达到提高教学质量的目的。深化教学改革、提高本科教学质量是教学团队的永恒主题。

二、教学团队的主要任务

高等院校的主要任务,是培养出能适应国家社会主义经济建设、德智体美全面发展的创新型人才;高校教学首先是培养具有健全人格的人,其次才是具有良好技能的人才。所以,世界一流大学都是由当代一流教师支撑的。因此,通过创建教学团队来提高大学教师的教学能力,以此来达到提高大学教学质量的最终目的,追求教学的高质量一直是国外很多著名学府发展进程中的重要内容。教学团队建设对教师的基本要求是教师要具备教学的创新能力,以全新的视角对教学进行研究,围绕教学目标,在教学过程中大胆创新,以自己的人格魅力吸引学生的课堂注意,培养学生对课堂的兴趣。

教学团队担负着三大任务:创新教育思想和教育理念,创新教学模式,推进教学改革、提升教学质量。所以,教学改革的核心是教学内容和教学方法的改革,教学团队建设的终极目标是提高教学质量。教学改革的重点和难点的核心部分,是教学内容与课程体系的改革。

社会对人才的要求越来越高,培养"厚基础、宽口径、高素质、强能力",具有创新精神和特色鲜明的高素质专门人才的办学理念,为高校改革的重要内容。对学生实施个性化教育是以理论教学为基础,以实验教学为桥梁,以全面发展为目的,以培养学生创新精神和实践能力为目标的新型教育方式。体现出以学生为本,知识、能力、素质协调发展的教育理念和以能力培养为核心的实验教学观念,构建层次模块化的实验教学内容体系。

从激发学生的兴趣、培养学生的实践能力和创新能力出发,以构建新型实验教学体系为主导,突出培养学生敏锐的观察能力、严谨的科学思维能力、系统的综合分析能力、高度的准确判断能力和敢于创新、善于创新的勇气与能力。根据实验课的特点将本科生实验教学体系划分为基本型实验(验证型)、提高型实验(综合型、设计型)和创新型实验三个层次，以实验教学和科研训练相结合为主线贯穿整个实验教学过程。实验课逐步由依附型向独立型转变，综合性、设计性、研究性和创造性实验项目的出现，不仅是实验教学的改革与创新，也是理论教学的改革与创新。实验是自然科学研究过程中求证科学理论和解决实际问题最重要的方式和手段，对问题原创性的解决，几乎都离不开实验。大师级的科学家除有极高的理论水平外，通常还具有很强的实验能力和合作精神。

第三章 教学方法及其模式构建策略

地理学是一门自然科学、社会科学和技术科学多学科交叉融合的综合性学科,这就要求地理学科培养的学生必须具有宽广的知识面、宏观的知识架构、敏锐的批判性思维、正确的价值观、强烈的社会责任感和高尚的人文情怀,而这也正是通识教育的目标。如果按照"通识教育与个性化培养融通"的人才培养理念,可形成地球概论、地质学、气象气候学、水文学、地貌学、土壤地理学、生物地理学等多个学科相互贯通,课程实验教学、野外实践教学和科研能力训练"三位一体"的实践教学体系。

自然地理学作为地理科学的主干学科,主要研究自然地理环境。其研究对象是地球表面以地壳为主的岩石圈、大气圈、水圈、土壤圈和生物圈。其主要研究内容包含自然地理成分的特征、结构、成因、动态和发展规律;自然地理成分之间的相互关系及相互转化的动态过程;自然地理环境的地域规律及区域特征,并进行自然条件和自然资源的评价,为区域开发提供科学依据;受人类控制的人为环境的变化特点、发展趋势、存在的问题,并寻求合理利用的途径和整治措施。自然地理学鲜明的学科任务,注定了其实验和实践教学承载着为地理学及相关学科培养高素质复合型人才的重任,而在实践教学中实施通识教育是实现这一目标的有效途径。

根据自然地理的学科属性及其课程目标的定位,实践教学中应该积极推进"通识教育和个性化培养融通"的教学改革,努力培养学生的科学精神和人文情怀,构建课程实验和野外实践两大教学体系。

在完善多元化和个性化的课程实验教学体系方面要重视如下实验:

(1)基础性实验。以培养学生良好的科学规范和训练学生基本实验技能为主要目标,使学生掌握自然地理基本知识和基本实验技术、了解自然地理所涉及的相关主要学科的基本实验方法。这部分实验主要以化学分析技术为主线,并以其在土、水和大气分析中的应用安排教学内容,为有效进行提高性实验和创新性实验打好基础。

(2)提高性实验。以培养学生综合运用自然地理知识及实验技能设计实验、分析问题并解决问题的能力为主要目标,使学生有效运用自然地理学各分支学科及相关学科的重要知识和多学科的实验技术,努力拓宽学生视野。这部分的实验主要是根据自然地理学科的整体性和开放性安排体现自然地理多要素综合和相关的教学内容,部分项目要求学生面向实际问题。这部分教学内容多以与环境相关的综合性项目为主,还注重和人文地理内容的有机结合。不同专业或有不同发展需求的学生可选择不同类型的综合实验。

(3)创新性实验。以培养学生综合能力、研究能力和创新意识为主要目标,鼓励学生自由探索,激发学生对自然地理学科及相关学科的兴趣和热情。这部分实验以学生自主选题为主,也有教师科研项目转化而来的实验课题,还有国家、自治区、市及学校等各级教学与科研项目,这些项目来源丰富、内容多变、形式灵活,不受课时限制,可在课内、课外或假期中完成。此类实验不对学生做统一要求,完全按学生个人兴趣进行,极大地满足了学生个性化发展的需要。

野外实践教学与课堂实验教学是自然地理学实践教学的两大主要模块,既相互关联,又各有侧重。在自然地理野外实践教学中进一步明确以学生为本的教学理念,从教学内容的综合性与开放性、学习过程的自主性与参与性出发,大力推进通识教育,统筹实践教学资源,促进本科生野外实习资源的共享和多学科实践教学体系的建设,着力培养学生宽广的学术视野和人文精神。野外实践教学重视建设如下两方面的内容:

(1)完善经典的野外实践教学。结合自然地理学实践教学的课程目标,要求学生在对区域自然地理的典型现象进行观察、认知、剖析和总结的同时,注重在野外对地理学的各主要要素也进行了解和认知,在实习结束后,对采集的各类样品进行系统化整理和归类,并努力构建多要素之间的相互关联性。这种训练可使学生在野外多角度地认识地理学的主要要素并理解其内在联系,对拓宽学生的宏观知识面、培养学生地理科学的整体思维及综合分析问题的能力起到了很好的效果。

(2)推进"大地学"联合野外实践教学。自然地理的研究对象涉及地球表层的岩石圈、大气圈、水圈和生物圈,这就注定了其教学内容必须和地质、大气、水文、土壤和生物等相关学科融通,更要在实践教学中实行通识教育。"大地学"联合野外教学实践,指导学生对考察地的地质地貌、气候分布、生命现象、环境因素和人文地理等特征及其规律进行共同考察,促进了地质学、地理学、大气科学、水文学、生命科学等多学科的交叉融合,充分体现了野外实践教学的综合性。

科研能力训练是在着力进行课程实验教学和野外实践教学改革的同时,为更好训练学生的批判性思维并培养其高尚的道德情操,在自然地理学实践教学中注重研究性教学体系的建设和人文环境的营造。可逐步形成早期介入科研、基础学科论坛、社会实践(如天文气象学会、宝石学会、湿地学会、环保学会)活动等学生科研能力训练体系及相应的文化氛围。以大学生创新性训练计划为载体,促进学生尽早介入高水平教师的教学质量工程建设和科学研究项目,感受教育工作者、科学工作者实际工作的氛围和严谨的科学态度,培养学生的批判性思维;鼓励学生做好"大地学"野外联合科考的后续研究并积极在论坛上交流,同时要求学生在活动过程中注重多学科的融通和共生,吸引学生进行自主学习、合作学习和研究性学习,拓展学生的知识面并助其搭建宏观的知识架构;以每年暑期的社会实践为窗口,引导学生面向社会,深入实际去考察人类社会发展过程中自然地理各要素对自然环境和生态环境的影响,从而有效解决理论脱离实际、知识远离生活、创新缺乏基础的实际问题,激发学生们学习自然地理专业知识的兴趣和热情,培养学生正确的价值观,丰富学生的地学方面知识,提升广大学生的科学素养和文化品位,推动校园文化建设,着重培养学生关注自然、关注人类社会可持续发展的责任意识。

通过构建自然地理学实践教学体系,以提高自然地理学教学质量,客观上要求自然地理教学过程中要重视探究式教学和协同教学。

第一节　探究式教学

探究式教学的兴起,为自然地理教学提供了新途径和方法。探究式教学从概念范畴到课堂应用,是一个主动探索的过程。探究式教学提出以来,已基本形成较为完整的理论体系,包括一系列的探究式学习类型及其对应的处理方式。一般认为,探究式教学以学生为中心,学生的探究式学习是探究式教学的核心内容。

一、探究式教学的特点

(一)交互性

探究式学习不是简单地以科学思维去获得知识,而是对知识的反复理解与思考,是扩充知识、质疑和解惑的过程,通过质疑进一步获得知识。自然地理学以地球表层的自然环境为研究对象,探讨自然环境发展变化规律。在教学过程中,需要引导学生,按照理论学习、实践验证的模式,不断加深对处于动态变化的自然环境的认知。对于身边的自然地理现象或事物如矿物与岩石、大气降水、河流水位变化、土壤与生物生长等,可以直接运用所学知识进行分析;对于较为遥远或抽象的自然地理过程或事物如温室效应,可以通过参观温室大棚或模拟实验,进行体验和分析。

(二)阶段性

在实施课堂教学过程中,探究式学习的三个阶段:其一是发现式学习,教师提出问题和分析过程,允许学生从中得出不同的结论;其二是指导性学习,与第一阶段相比较为复杂,教师提出问题,学生自行分析和获取结论;其三是开放性学习,是要求最高的阶段,教师仅仅提供待解决问题的背景,由学生设定问题并加以解决。自然地理的事物和现象是包括物质循环、能量流动的复杂综合体,涉及诸多物理、化学、生物等变化过程。

(三)协作性

团队协作是探究式教学的重要手段,通过合作学习完成共同目标,同伴的成就对团队其他成员产生激励作用。每位参与的学生追求利人利己的学习效果,可以最大程度地提高学习效率。教师通过组织学习小组,引导组员交流互动,在课堂上鼓励学生讨论、筛选材料、明确活动中的责任、分配技术任务等,由此,学生可以提高理解能力、口头表达水平和社会参与的责任意识。

二、实施探究式教学的必要性

(一)探究式教学与创新能力

自然地理学具有明显的应用性。探究式教学通过培养学生的研究能力,激发学生个体学习潜能,掌握获取信息和理解信息的技能,把分析性学习作为教学过程的必要环节。学生毕业后遇到自然地理问题时,会从容地加以分析,对现象的原因和结果做出自己创新性的回答。高等师范院校地理相关专业具有培养教师和科研人才的双重功能,探究式教学要凸显教育创新和科研创新的特色。

(二)探究式教学与实践环节

自然地理学以自然环境事物和现象为研究对象,研究方法、研究手段、教学内容具有鲜明的实践性,实践教学是自然地理课程的必修环节。探究式教学是自然地理学实践教学的客观要求。自然地理学以学生身边的真实环境为教学对象,要求学生学会独立或合作进行地理观测、地理实验、地理调查,作为指导学生实践活动的中学教师应当具有较强的实践能力。通过大学阶段自然地理探究式教学的实施，可以有效地培养和强化大学生的专业实践技能，使他们毕业后，尽快适应中学地理教学的要求。

三、探究式教学的实施

探究式教学的实施，应当与自然地理学科发展结合起来，在课堂组织、教学手段和教学团队等多方面积极探索。注意构建自然地理学教学团队，将自然地理课程教学和精品课程建设紧密结合，争取多方位的实际应用，提高教学质量，实现探究式教学的高水平运作。在探究式教学基础上，引导和培养学生的发现学习，是取得探究式教学效果的重要方式。

第二节　发现学习

认知"发现学习"理论由美国著名认知派心理学家、教育家杰罗姆·布鲁纳（Jerome Bruner）于 20 世纪 60 年代提出，它是在发现式教学法基础上提高学生学习效果的一种学习方法。早在 19 世纪中叶，德国教育家第斯多惠提出："科学知识是不应该传授给学生的，而应当引导学生去发现它们，独立地掌握它们""一个差的教师奉送真理，一个好的教师则教人发现真理"。英国教育家斯宾塞指出："在教育中应该尽量鼓励个人发展的过程，应该引导学生进行探讨，自己去推论，给他们讲的应该尽量少些，而引导他们去发现的应该尽量多些"。这些观点，无疑为发现式教学法奠定了思想基础。

显然，发现学习是一种由学习者主动和积极地参与，从一系列探索信息中发现并提取关键性特征，与原有的认知结构相联系的方法。

由于发现中含有新的成分，所以它对学生智力尤其是创造力的发展起到积极的促进作用，实施发现学习可以培养学生分析解决问题的能力，使抽象并难以理解的问题变得生动、形象，使学生学习从"被动"转为"主动"，从"不自觉"转为"自觉"，从"要我学"转为"我要学"。

一、自然地理学中发现学习法教学模式

结合发现学习理论与自然地理学课程的特点，设计出自然地理学发现学习教学模式逻辑结构图（见图 3-1）。

在实施自然地理学发现学习教学模式时，要注意加强对学习过程的认知能力的培养，达到提取有效信息的目的。首先，要选好教材、吃透教材、消化教材，理清重点、难点，捕捉教学内容的内在规律，明确教学目标。教师制订切实可行的教学方案，力求在组织、指导、解惑三个关键要素上下功夫，多途径引导学生发现问题，激发学生的学习兴趣和好奇心。其次，教师应了解和研究学生，既要重视学生逻辑思维的培养，又要重视发散、逆向、求异、集中等思维方式的训练。选择恰当的教学方法，力求面向全体，兼顾个别。最后，在教学中，要实现由单一的讲授向讲授、导学、启发、发现、讨论等多元化教学转变，引导学生设问、解答，培养学生善问、敢答的好习惯，在轻松、愉快的环境中达到教学目标，为发现创造条件，并在系统学习的基础上，开发自己的潜质，从而进入发现的领域。

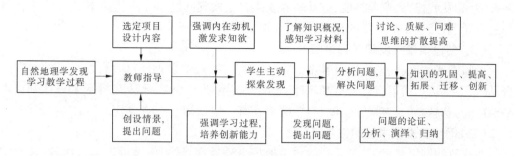

图 3-1　自然地理学发现学习教学模式逻辑结构图

二、引导学生发现学习遵循的原则

发现学习有利于培养学生的直觉思维,提高学生的智力潜能,激发学生的好奇心与学习兴趣,促进学生学习主动性,但运用中更要遵循发现学习的规则,才能使发现学习更好地发挥作用。

(一)师生关系民主化的原则

只有在民主的氛围里,学生才能大胆地发表见解,并在此基础上独立地探索、自行地发现和自由地创造。任何压服、抑制和独断,都将扼杀学生发现和创造的灵感。

(二)有效性原则

教学中引导学生分析现象,从而发现规律。教师提出的要求,与学生原有发展水平相适应,最好掌握在"最近发展区"为宜。这样才能保证发现的有效性。

(三)创设问题情境与产生问题意识相结合原则

设置的问题要有目的性、适宜性和新异性,从而唤起学生的求索热情,激发学生强烈的学习愿望,进而激发学生勇于探索、创造和追求真理的科学精神。只有让学生意识到"这是个问题",才能有去解决问题的欲望。

(四)引导与发现相结合的原则

教师的引导可以促进发现式学习,但教师的引导要有"度",给学生留足自我发现的思维空间,发现一定要在思索和探寻中产生出来才有价值,才能得到升华。

(五)过程和结果相结合的原则

教师指导要有目的,对发现的结果要给予重视。如果只发现不总结,就会使得学生只知参与其中,结果不知要干什么,达不到发现教学的目的。

(六)按需引入的原则

每种教学法都有优、缺点,都能有效地解决某一类问题,而对另一类问题则可能起妨碍作用,甚至无效。这就要求教师按需而择,因题而选,使课堂教学过程波澜起伏,交相辉映,达到良好教学效果。

三、发现学习理念下的教学实践

(一)基于问题式的发现学习策略

主要知识点以问题的形式呈现给学生,让学生在寻求和探索解决问题的思维活动中,掌握知识、发展智力、培养技能,进而培养学生自主发现问题,解决问题的能力。学生在教师的引导下,经过一步一步的探索,发现知识,发展智力,学会学习。

(二)创设情景式发现学习策略

教师设置情境,让学生置身其中,产生体验,在体验中发现,再体验,即个人的内在感受,体验促感悟。情景设计要有趣味性、实践性与主题相关性。情景必须是和学生知识水平对应的、有悬念的、有探索空间、有新鲜感和有一定认知水平的。

(三)网络式发现学习的教学策略

在开放的网络环境下,学习者的自主性将得到发挥,学习者掌握着学习内容,其至学习模式的选择,控制着学习的数量、速度以及路径,他们可以自由地选择怎样学以及和谁一起学,等等,这就为学习者提供了一个刺激挑战和好奇的环境,这将有利于激发学生对学习的浓厚兴趣,为发现学习的进行提供有利的动力支持。

(四)团结合作式发现学习策略

教师设置适当的活动任务,使学生在合作中有所发现。网络环境使合作式发现学习更加便利,使这种模式不再局限于课堂,可以在更广阔的时域和空域中进行,网络的信息传输使学习者在发现内容上大大地扩展。

(五)作业设置式教学策略

有针对性地设计布置作业,系统性和导向性地提示并鼓励学生总结和概括,使发现学习得到有效促进,学生深刻地掌握知识。

通过上述有效教学,既能充分体现学生在学习过程中的主体地位,又能重视发挥教师在教学过程中的主导作用。在此基础上,还要重视自然地理学各部门自然地理之间的协同教学。

第三节　协同教学

协同教学通过调整教学系统结构、优化教学过程来实现有效教学。现代系统理论认为,系统不但具有整体性、结构性和层次性,也具有开放性、协同性。协同教学作为现代教学策略之一,依照协同教学观点,在教学过程中,使教学内容、分支课程、教学诸要素及教学过程与教学环境处于一种协调、平衡与稳定状态,拓展系统内外知识建构渠道,减轻学生课业负担和学习压力,促进学生全面、和谐和可持续发展。

一、协同教学的基础平台是协调统一

部门自然地理包括地球概论、地质学、气象气候学、水文学、地貌学、土壤地理学、生物地理学等课程。该课程体系庞杂、内容重复、知识割裂等特点无疑制约了课程教学的有效性,但自然地理环境组成要素的关联性、依赖性和协作性却十分明显,表明分支课程教学目标的一致性。在内容结构、教学模式上,部门自然地理与其他课程具有相通性、相似性和相融性,这是协同教学的前提和基础。协同教学依赖分支课程教学目标的协调统一,依赖部门自然地理与综合自然地理、区域自然地理教学效果的协调统一,依赖部门自然地理与人文地理知识相互渗透的协调统一,依赖大学生自身发展与社会发展需要的协调统一,

依赖专业智能发展与教学目标实现的协调统一。它着眼于部门自然地理有效教学,消除大学生学习的畏惧心理,促进大学生地理综合素质全面、高效、和谐发展。协同教学能降低学习难度、激发大学生学习兴趣、促进知识建构,实现大学生专业知识、学习技能以及情感、态度和价值观的同步发展。

(一)协同教学的运行机制是微观调控

协同教学的主要策略是调控教学系统诸要素的运行机制,从微观角度协调专业与课程、课程与教学、教师与学生、课内与课外、理论与实践、专业学习与未来发展的关系。协同课程内容、课程体系和培养目标的有机联系,协同每一节课、每一教学单元与其他课程或知识点的教学,创设有效的教学环境和专业知识拓展空间,促进教学系统的整体优化。

在协同教学中,以系统掌握部门自然地理知识为目标,培养大学生运用教学资源的协作性、知识拓展的广泛性和技能塑造的多样性,拓宽大学生专业知识面,吸引大学生主动参与教学过程,在知情意行和德智体美劳等方面都得到发展。

(二)协同教学的核心价值是协同效应

协同教学追求教学过程的协同效应,理顺部门自然地理教学的多边关系,加强各教学因子的协同运作,降低不协调因子而产生的内耗;消除部门自然地理课程门类过多、内容交叉重复、理论抽象、课程衔接不当等弊端。协同效应表现为结构最优、功能最强、质量最高的教学系统。对部门自然地理教学系统而言,协同教学能弥补内容割裂的不足,打破课程类型、教学时空、教学常规的束缚,加快系统有序化进程,寻求教学内容与方式的理想组合。具体是协同部门自然地理内部、部门自然地理与其他课程、知识传授与素质培养的教学关系,立足于教与学的协同,突出知识间的逻辑关系和意义建构。因此,协同教学重点在于协同师生、课程、教学环境、教学方法等关系,目标是取得明显的协同效应。

二、部门自然地理协同教学的策略

(一)协同部门自然地理整合课程教学

整合部门自然地理课程,就是将地球概论、地质学、气象气候学、水文学、地貌学、土壤地理学、生物地理学等分支课程内容通过一定方式紧密地联系起来,在实践中它往往表现为教学整合。实施协同教学,能消除分支课程内容割裂、彼此孤立、结构性差等弊端,找准整合切入点,组织多课程、跨学科教学整合。例如《地貌学》与《地质学》研究地表构造、物质形态及其运动规律,地貌的形成及发育是以一定的地质演变和地壳运动为基础,地质和地壳运动会形成大地构造地貌、重力地貌等;外动力地貌又与矿物、岩石乃至土壤与植被等状况息息相关。在理顺上述逻辑关系的基础上,将地质学概念、地壳运动原理等关联性内容整合到《地貌学》教学中来。在"自然地理环境整体性"教学中,以青藏高原为例,用《地质学》中构造地质及李四光地质力学体系解释其成因,用《地貌学》复习《地质学》内容,用《气象气候学》解释行星风系及亚洲季风现象,用生物地理学阐述生物区系的独特性。又如大气圈、水圈和生物圈对岩石圈共同作用,形成了富有可持续生产能力的次生圈层即土壤圈层,很自然将《气象气候学》《水文学》《生物地理学》与《地质学》和《地貌学》联系起来,并在此基础上全面、综合地阐述《土壤地理学》的基本原理的基础理论。诸如此类的案例教学,有助于把关联性内容协同在一起。因此,教师应对部门自然地理知识进行系统梳理,对有内在联系的内容进行逐一统整、相互渗透、彼此融合,以现象—成因—原理为整合主线进行协同教学。

(二)协同人文地理教学

自然因素影响并制约人文因素,并由此而引发一系列人文地理过程。所以,自然地理学与人文地理学的教学内容具有相融性、互补性和交叉性。既然"让学生理解并掌握自然地理环境的空间分异规律,为自然地理区划和土地利用规划奠定基础"及"树立人与自然环境协调发展、社会经济可持续发展的观念"是自然地理教学目标之一,那么协同自然地理、人文地理教学是实现这一目标的理想途径。如《地质学》中"矿产资源与工业经济地理"、《水文学》中"水循环与水量平衡"、《土壤地理学》中"土壤类型与特征"等内容,可分别协同《资源地理学》中"矿产资源开发利用的可持续性""水资源开发利用与评价""我国土地资源概况"等内容进行教学;《气象气候学》中的"世界气候类型及分布"可协同《人文地理学》中的"世界农业生产布局""旅游地理学"等资源相关知识进行教学。可见,讲授自然地理学原理及规律离不开人文地理学案例,某些人文地理的诠释也必须依赖自然地理学原理。协同自然地理与人文地理教学,对教师而言,必须熟悉并掌握地理学科内容,善于挖掘两门学科中交融性知识。

(三)协同部门自然地理课内外教学

部门自然地理具有较强的实践性,处理好理论教学与实践教学、课堂教学与野外见习的关系,才能确保有效教学目标的顺利实现。协同教学要使教学过程与教学环境、课堂教学和野外教学处于一种协调、平稳状态,其本身就是有效教学。因此,教师在组织自然地理教学时,应将课堂理论教学与课外实践教学协同起来,将自然地理学理论探讨与野外实证积累协同起来,将自然地理现象诠释与大学生自主发现学习协同起来,将理论知识构建与地理野外技能塑造协同起来。通过野外教学,拓宽大学生自然地理视野,检验课堂知识和技能的习得效果。同时,通过协同地理观察、考察、调查等实践教学,让学生掌握野外调查、观察、观测、采样、统计和分析的操作方法,奠定自然地理持续学习的基础。

(四)协同乡土自然地理教学

乡土案例教学是最有效、最常用的教学方法之一,它选取大学生耳闻目睹且感兴趣的自然地理现象,协同自然地理概念、原理和规律进行教学。学习心理研究表明,这种理论与实践、抽象与具体、普遍与特殊的协同教学,更易激发大学生关注地理现象、探索自然奥秘和解决地理问题的热情,有助于深化和巩固自然地理知识。通过渗透乡土自然地理内容,分析乡土自然地理案例,不仅协同自然地理基本概念、原理和规律教学,还能协同地理情感、态度和价值观教育。因此,教师首先要结合乡土自然地理现象,组织有价值的协同教学素材。如能将乡土气候、土壤、植被等特征,分别与《气象气候学》《植物地理学》和《土壤地理学》学等相关内容协同教学,就会取得理想的效果。还可建议学生将来选修《内蒙古地理》或《包头地理》等课程。

其次,教师要遵循由此及彼、由表及里的教学原则,注重一般与特殊、书本内容与现实案例等事象分析,以及系统性、规律性的自然地理知识建构,培养大学生融会贯通、学以致用的学习技能。

（五）协同中学地理教学

自然地理知识是中学地理教学的主体之一，所以高等师范部门自然地理有效教学需要协同中学地理教学，培养有扎实的自然地理学基础的中学地理教师。在部门自然地理教学中，教师要指出哪部分内容与中学地理教学密切相关，哪些是中学地理教师必备的自然地理学知识和技能，从而有意识、有重点地加强概念、理论和技能教学。

（六）协同大学生未来发展教学

大学生是完整的社会人，其未来发展应同社会合拍。协同教学在学习能力的塑造上，部门自然地理教学重在协同大学生合作学习、探究学习、自主学习、终身学习等态度、方法与能力的内化，协同现代学习方式的培养。另外，部门自然地理教学协同大学生团结互助、吃苦耐劳精神的锤炼，协同热爱自然、欣赏自然、感恩自然情趣的培植，协同大学生思想道德素质、环境伦理观念的塑造。部门自然地理教学要协同师生之间在心理、人格、思维、情感、意志等方面达到一种和谐之美、健康之美。

第四章　遥感在自然地理学中的应用

第一节　地质遥感

地质遥感的任务是通过遥感影像的解译确定一个地区的岩石性质和地质构造,分析构造运动的状况,为地质制图、矿产资源的探查、工程地质和水文地质调查等服务。其中,岩性和地质构造的识别是遥感地质解译的基础,其他地质解译都是在这两者的基础上进行的。

一、岩性的识别

在遥感影像上识别岩石的类型必须首先了解不同岩石的反射光谱差别,以及所引起的影像色调的差异。同时,由于岩石的形成,在内外营力的共同作用下,组合成不同形状,这也是识别岩石类型的重要标志。此外,不同岩性往往形成不同的植被、水系,这也可作为间接的解译标志。

(一)岩石的反射光谱特征

岩石的反射光谱特征与岩石本身的矿物成分和颜色密切相关。由以石英等浅色矿物为主组成的岩石具有较高的光谱反射率,在可见光遥感影像上表现为浅色调。铁镁质等深色矿物为主组成的岩石,总体反射率较低,在影像上表现为深色调。图 4-1 表示出几种主要岩石的反射光谱曲线。其中,酸性岩类的花岗岩,由于主要含石英、钾长石等浅色矿物,总体反射率较高。属于基性岩类的玄武岩和橄榄玄武岩由于含有大量的铁镁质暗色矿物,在岩浆岩中反射率最低。总之,岩浆岩中,随着 SiO_2 含量的减少和暗色矿物含量的增加,岩石的颜色由浅变深,光谱反射率也随之降低。

其次,岩石光谱反射率受组成岩石的矿物颗粒大小和表面糙度的影响。矿物颗粒较细,表面比较平滑的岩石,具有较高的反射率;反之,光谱反射率较低。

岩石表面湿度对反射率也有影响。一般来说,岩石表面较湿时,颜色变深,反射率降低。

岩石表面风化程度的影响,主要取决于风化物的成分、颗粒大小等因素。风化物颗粒细时,覆盖的岩石表面较平滑,若风化颜色较浅(如 SiO_2、$CaCO_3$、$CaMgO_3$ 等),则反射率较高。如果风化物颗粒粗,使表面粗糙,则会降低反射率。图 4-2 所示的红砂岩,干燥情况下反射率总体高于潮湿时。由于风化物为 $CaMgO_3$,干燥时色调比较浅,反射率高于岩石的新鲜面。在通常情况下,完整的岩石表面比破碎的岩石表面反射率要高些。

在野外,岩石的自然露头往往有土壤和植被覆盖,这些覆盖物对光谱的影响取决于覆盖程度和特点。如果岩石上全部被植物覆盖,遥感影像上显示的均为植被的信息。如果部分覆盖,则遥感影像上显示出综合光谱特征。了解这一综合特征,对于岩性的解译是很有价值的。

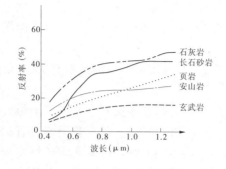

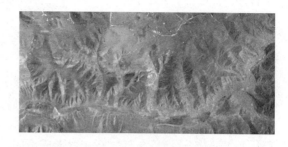

图 4-1　几种岩石的反射比光谱　　　　　图 4-2　红砂岩影像

（二）沉积岩的影像特征及其识别

沉积岩本身没有特殊的反射光谱特征，因此单凭光谱特征及其表现，在遥感影像上是较难将它与岩浆岩、变质岩区分开来的，还必须结合其空间特征及出露条件，如所形成的地貌、水系特点等将其与其他岩类区分开来。

沉积岩最大的特点是具成层性。胶结良好的沉积岩，出露充分时，可在较大范围内呈条带状延伸。在高分辨率的遥感影像上可以显示出岩层的走向和倾向。坚硬的沉积岩，常形成与岩层走向一致的山脊，而松软的沉积岩则形成条带状谷地。

沉积岩由于抗蚀程度的差异和产状的不同，常形成不同的地貌特点。坚硬的沉积岩如石英砂岩等常形成正地形，较松软的泥岩和页岩常形成负地形，水平的坚硬沉积岩常形成方山地形（但必须注意与玄武岩方山的区别）、台地地形或长垣状地形。倾斜的、软硬相间的沉积岩常形成沿走向排列的单面山或猪背山并与谷地相间排列（见图 4-3）。

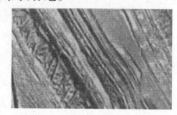

图 4-3　沉积岩的条带状影像

石灰岩等可溶性岩石在不同气候带下形成不同的地貌特征。在高温多雨的气候带内，岩石被溶蚀的速度快，形成各种典型的喀斯特地貌，如峰林、溶蚀柱等。在高分辨率的卫星影像上，可以观察到峰林及溶蚀洼地内的石芽、石林、落水洞、盲谷，以及地下河的潜入点和出露点等中小型的喀斯特地貌。在半干燥区和干燥区，化学溶解作用较弱，因而石灰岩成为较强的抗物理风化的岩石，地表缺乏典型的喀斯特地貌，在遥感影像上较难把石灰岩与其他岩石区别开来。但石灰岩地区地下喀斯特现象有不同程度的发育，形成地面水系比较稀少，山地成棱角清晰的岭脊，在有区域地质图的情况下，可以通过反射光谱曲线，以及空间特征、水系等特点与其他岩石区分开来。

在遥感影像上，碎屑岩一般呈较典型的条带状空间特征，边界比较清晰，形成的山岭、谷地也较清晰。砂岩层面平整、厚度稳定，以条纹或条带夹条纹特征为主，一般形成和缓的垄岗地形，较坚硬的砂岩形成块状山，且水系较稀。黏土岩和粉砂质页岩，水系比较发育，一般不形成山岭，总体反射率较低，在遥感影像上色调较深。砾石反射率较低，在影像上多呈团块状斑状等不均匀色调，层理不明显，经风化剥蚀的砾岩，表面粗糙。

沉积岩的解译应着重标志性岩层的建立,这种标志性岩层应在一定范围内广泛出露且影像特征明显,界线清楚,易于识别。利用标志性岩层与其他地层的关系,可以间接地判断那些不易直接判别的岩层。

疏松的陆相碎屑岩,由于形成的地质年龄较短,大都直接与形成的地貌有关,其地貌形态特征成为主要的解译标志。

残积物大都分布在平缓的分水岭上,其成分与母岩有密切的关系。花岗岩上形成的残积物中,长石常被分解成黏土矿物,而石英破碎成砂残留在原地,且与花岗岩具有相近的色调特征。石灰岩的残积物,因含有的 Ca^{2+} 易被溶解流失,而残留的铁质矿物成为残积物的主要成分,所以与母岩石灰岩形成不同的色调,在高分辨率遥感影像上呈现出石灰岩与红黏土构成的花斑状特征。

坡积物主要分布在山坡上和坡麓地带,常成半棱角状,分选性差,由片状暂时性水流和重力作用形成,在低分辨率的遥感影像上较难识别,而在高分辨率的影像上可以看到坡麓地带众多的坡积锥体连成的坡积裙。

洪积物形成于冲沟和暂时性小溪流的出口处,以沟口为顶点,常呈扇形或锥形。物质较细的形成坡度较缓的扇形,颗粒较粗的常形成锥形。在同一洪积扇内,靠山谷出口处堆积的物质较粗,向外物质逐渐变细。沟谷的地下水,在扇顶处渗入地下,至洪积扇的前缘地带潜水露出地面成为泉水或池塘、沼泽。

冲积物是常流河沉积的产物,在河流纵比降大的山区河谷内常以卵石等粗颗堆积为主。在平原河谷中,冲积物由砂、粉砂、黏土等形成。在现代河流的两侧,地面平坦,分布的冲积物多被开垦为农田或成为建设用地。

湖泊堆积物是由现代湖泊或古湖泊堆积而成的,现代湖泊堆积分布在湖泊水体的周围。湿润地区湖泊堆积物细小而富含有机质,因而反射率低,色调较深,常有芦苇等水生植物生长。干燥地区的湖泊周围常形成盐碱地,反射率高,影像上色调浅。湿润的一些古湖泊地区,常有成片的"河湖不分"的水系,由于地下水埋藏不深,地面湿度大,影像色调深可指示古湖泊的范围。

冰积物是由冰川作用和冰水作用形成的堆积物,分布于现代冰川活动区和古冰川活动区及其周围地区。现代冰川堆积物的识别比较容易,由于冰川堆积物大小混杂,无分选性,其影像较深,与冰川有很大的反差,在遥感影像上可以清楚地看到它的边界,特别是高分辨率遥感影像上,能反映出冰碛物堆积的形状、低反射率、表面粗糙等特征。按照它们在冰川谷地内分布的位置,可确定其侧碛、中碛或尾碛。古冰川堆积物常成不规则的垄岗状,垄岗间有排水不良的沼泽地,可为间接的解译标志。

风积物可分为风成沙地和风成黄土。风成沙地主要堆积为沙丘、沙垄等,遥感影像上的明显的特征是:①大都为无植被或少植被覆盖区;②砂的反射率很高;③具有特殊的沙丘、沙垄等形态。风成黄土堆积受原始下垫面地形的影响,其影像特征表现为高反射率、浅色调,多被利用于旱作耕地。由于黄土物质易侵蚀,地面沟谷密度大,多成不对称羽状水系,在中低分辨率的卫星遥感影像上构成"花生壳"状纹理;在高分辨率的遥感影像上,可识别出黄土沟谷的深度,推断出黄土堆积物的大概厚度。

(三)岩浆岩的影像特征及其识别

岩浆岩与沉积岩在遥感影像上反映出形状结构上的差别明显。前者多呈团块状和短的脉状。岩浆岩的解译,首先要注意区分酸性岩、基性岩和中性岩(见图4-4)。

酸性岩浆岩以花岗岩为代表。花岗岩在影像上的色调较浅,易与围岩区别开,平面形态常呈圆形、椭圆形和多边形,所形成的地形主要有两类:一类是悬崖峭壁山地,一类是馒头状山体和浑圆状丘陵。前者水系受地质构造控制,后者水系多呈树枝状,沟谷源头常见钳状沟头。

基性岩的色调最深,大多侵入岩体,容易风化剥蚀成负地形。喷出的基性玄武岩则比较坚硬,经切割侵蚀形成方山和台地。雷州半岛、海南岛等地有大片玄武岩覆盖,台地上水系不发育,遥感影像上,在大片暗色色调背景上呈花斑状色块,周围边界清晰。

中性岩的色调介于酸性岩和基性岩之间,大片喷出岩如安山岩类在我国东部地区构成山脉的主体。岩体常被区域性裂隙分割成棱角清楚的山岭和"V"形河谷,水系密度中等。中性的侵入岩体常成环状负地形。

新近喷发形成的火山岩比较容易识别,无论是火山碎屑岩或火山熔岩都与新近火山活动相联系,火山熔岩从火山口流出后,沿着低洼的谷地流动,在高分辨率的遥感影像上还可以看到熔岩流"绳状"或"蠕虫状"表面,在低分辨率影像上一般显示暗色调。并且火山口地形也可作为识别标志。火山碎屑岩与相应的沉积岩类似,分布在火山锥附近,火山锥在影像上容易被识别出来(见图4-5)。

图4-4　岩浆岩影像

图4-5　火山岩影像

(四)变质岩的识别

由岩浆岩变质而来的正变质岩和由沉积岩变质而来的负变质岩,都保持了原始岩类的特征。因而遥感影像也分别与原始母岩的特征相似。只是由于经受过变质,使得影像特征更为复杂。石英岩由砂岩变质而成,经过变质作用后,SiO_2矿物更为集中,色调变浅,强度增大,多形成轮廓清晰的岭脊和陡壁。大理岩与石灰岩相似,也可以形成喀斯特地貌。千枚岩和板岩的影像特征与细砂岩、页岩相似,易于风化,多成低丘、岗地或负地形,地面水系发育。

片岩、片麻岩等变质岩,其影像特征与岩浆中的侵入岩相似,在高分辨率遥感影像上有时可识别出深色矿物和浅色矿物集中的不同色调条带经扭曲的情况。变质岩的地质时代比较古老,经历了强烈的地壳运动,区域裂隙发育,岩块被分割成棱角明显的块状,地面比较破碎或成鳞片状。沿着这些区域的裂隙发育的水系,交汇、弯处也不大自然,成"之"字形,这一点可作为与岩浆岩区别的标志之一。

二、地质构造的识别

遥感对地质构造的识别有特殊的意义,大型区域性地质构造在地面调查中,测点不可能过密,因而不能窥其全貌。而遥感影像是从几百米、几千米的空中或几百千米的空间获取信息的,利于从客观上把握区域构造总体特征。当岩石出露条件好时,还可从高分辨遥感影像上量测其产状要素,特别是人迹罕至的地区,更显得重要。

从遥感影像上识别地质构造,主要有三方面的内容:识别构造类型,有条件时测量其产状要素,判断构造运动的性质。

(一)水平岩层的识别

在低分辨率的遥感影像上不容易发现水平岩层的产状,这是由于水平岩遭受侵蚀后,往往由较硬的岩层形成保护层,且形成陡坡,保护了下部较软的岩层。在高分辨率遥感影像上可发现水平岩层经切割形成的地貌,并可见硬岩的陡坡与软岩形成的缓坡呈同心圆状分布(见图4-6中1和2),硬岩的陡坡具有较深的阴影,而软岩的色调较浅。

图4-6　水平岩层影像

(二)倾斜岩层的识别

在低分辨率遥感影像上,可以根据顺向坡(与岩层倾斜方向一致的坡面)有较长坡面、逆向坡坡长较短的特性确定岩层的倾向。

图4-7中顺向坡的坡长大于逆向坡的坡长。当顺向坡和逆向坡几乎相等时,可以确定岩层倾角在45°左右,倾向则不易确定。倾斜岩层经过沟谷的切割,在高分辨率遥感影像上常出现岩层三角面(包括弧形面、梯形面),这时根据岩层出露的形态及其与地形的关系,可确定岩层的产状(见图4-8)。其示意图见图4-9,由图4-9可见:

图4-7　倾斜岩层

图4-8　岩层三角面

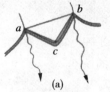

图4-9　岩层三角面与倾向的关系

(1)相邻的两沟谷 a 与 b 间的山脊 c 上出露了同一岩层,可构成一个三角面△abc。

(2)连接 ab 两点的直线指示了岩层的走向。

(3)岩层的倾向和倾角可用以下两种方法确定:

①在高分辨率遥感影像为立体像对时,在立体镜下,可通过立体量测确定同一岩层3点的不同高度,确定岩层倾向,并算出倾角。

②同一岩层构成的三角面(或弧形面)顶角的指向位于山脊,若顶角的尖端指向下

游,岩层向上游倾斜。若顶角的尖端指向上游,岩层向下游倾斜。

在有地形图时,可将 3 个点转绘至地形图上,求出高度,计算岩层的产状要素。如图 4-10 所示,在地图上选择同一层面上高度相同的两个点 A、B,第三个点必须是同一岩层中与 A、B 不同高度的点 x;连接 A、B 的直线即为岩层的走向,过 x 点作与垂线 y 代表岩层的倾向;在地形图上读出 x 点与 A 点或 B 点的高差 Δh;从 x 点引一直线 xz,使长度等于 Δh;此时,xy 与 xz 形成一夹角 α,就是岩层的倾角,α 可以在图上用量角器直接量出,也可以按下式求得:

$$\sec\alpha = xz/xy = \Delta h/xy$$

式中:Δh 为 x 点与 A、B 连线的高差,xy 可在地形图上量出。

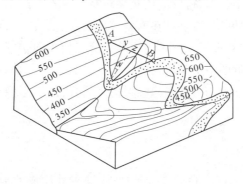

图 4-10 利用遥感影像和地形图测定岩层产状

(三)褶皱及其类型的识别

在遥感影像上,褶皱的发现及其类型的确定是建立在对岩性和岩层产状要素识别的基础上的。在进行影像分析时,应注意不同分辨率遥感影像的综合应用,即先在分辨率较低的影像上进行总体识别,确定褶皱的存在,特别是一些规模较大的褶皱的确定,然后对其关键部位采用高分辨率影像进行详细的识别,确定褶皱的类型。

褶皱构造由一系列的岩层构成,这些岩层的软硬程度有差别,硬岩成正地形,软岩成谷地,因此在遥感影像上会形成不同的色带。为发现褶皱构造,首先要确定这些不同色调的平行色带,选择其中在影像上显示最稳定、延续性最好者作为标志层。标志层的色带呈圈闭的圆形、椭圆形、橄榄形、长条形或马蹄形等是褶皱的重要标志。在中低分辨率影像上能反映出大的褶皱,而在高分辨率遥感影像上,不仅能发现较小规模的褶皱,而且可以确定其岩体层的分布层序是否对称重复,具体产状要素,这是确定褶皱存在的重要证据,特别是在高分辨率遥感影像上观察标志层在转折端的形态,有助于识别褶皱的存在及褶皱的类型。

(四)断层及其类型的识别

在影像上不能直接确定地层的新老,但可以观察到岩层的倾向。当逆向坡(陡坡)向外、顺向坡(缓坡)向内(向轴线倾斜)时是向斜构造;当逆向坡(陡坡)朝内(面向褶皱轴)、顺向坡(缓坡)朝外时(远离褶皱轴)时是背斜构造。当岩层的走向不是很连续时,逆向坡往往形成地形三角面,这在遥感影像上是比较直观的。

通常,断层在没有疏松沉积物覆盖的情况下,在遥感影像上都有明显的特征。

断层是一种线形构造,在遥感影像上表现为线性影像。它基本上有两种表现形式:一是线性的色调异常,即线性的色调与两侧的岩层色调都明显不同;二是两种不同色调的分界面呈线状延伸(见图4-11)。当然,具备这两个影像特征的地物不一定都是断层,如山脊、较小的河流、道路、渠道、堤坝、岩层的走向、岩层的界

图4-11 断层(色调异常,青海)

面等,因此,除这两个基本影像特征外,还必须对断层两侧的岩性、水系和整体地质构造进行研究,才能确定是否是断层,特别是在高分辨率的遥感影像上,可以通过对地层的鉴别确定断层,如地层的缺失和重复走向不连续使两套岩层走向错断、斜交等,这对于判断与岩层走向一致或角度相近的断层是重要的标志。在具体确定是否存在断层时,必须把影像的基本特征与岩性及整个构造结合起来考虑。另外,以下影像特征也是判断断层存在的重要标志:

(1)地质构造标志:岩浆活动呈线状分布,火山活动呈线状分布,地震活动中心呈线状分布。

(2)地貌标志:一连串负地形呈线状排列;不同岩性构成的地形三角面呈线状排列;海岸、湖岸呈近于直线状或不自然的角度转折;湖泊群呈线状分布;河谷、山脊呈直线状延伸或被切断;冲积－洪积扇群的顶端处于同一直线(或弧线)上;盆地边缘呈直线、折线和转折。

(3)水系标志:河谷异常平直或锐角急转弯;河道突然变宽或变窄;支流汇入主流时呈逆向相交(锐角指向主流的上游);水系变形点(散开点、收敛点、拐点等)处于同一直线上;地下水溢出点处于同一直线上。

上述各种现象在具体分析运用时,应注意综合并注意断层的存在还会影响到其他自然因素的变异,如土壤、水文、植被等的变化。

在遥感影像上,还可对断层的力学性质进行分析。

压性断层,最常见的影像特征是呈波状的线形展布,规模较大,有较宽的挤压破碎带,断层线常成为色调分界面,并且伴随出现与之平行的一系列断裂,形成构造透镜体。

压扭性、张扭性断裂,两者平面形态相似。常呈微弱的舒缓波状的线形影像,两侧伴有"人"字形分支断裂。区分这两种断裂需进行区域地质构造较全面分析和一定的地面工作。

扭性断裂,表现为比较平直、光滑的线形影像,延伸较远,两侧岩层错位伴有牵引现象。

张性断裂,一般延伸不远,宽窄变化较大,平面上常呈锯齿状或"之"字形的河谷。

(五)活动断裂的确定

在断裂性质的研究中尤其应注意活动断裂的确定,因为它与人们的生活、建设最为

密切。

活动断裂除具备上述断裂构造的影像特征外,还具备以下几方面特征:

(1)山形、沟谷的明显错位和变形。

(2)山形走向突然中断。

(3)山前现代或近代洪积扇错开。

(4)震中呈线形排列,活动频繁。

必须指出的是,活动断裂往往具有继承性,它是在老断裂的基础上发展起来的,但同时又有新生的断裂。应注意线性影像的清晰程度及相互的切割关系。在遥感影像上确定两条(两组或两组以上)断裂的新老关系时,老断裂总是被新断裂切断。

三、构造运动的分析

通过对遥感影像的解译,不仅能对岩性和地质构造作出判断,而且能对一个地区的近代和现代地壳运动特征作出分析,特别是新构造运动主要表现为升降运动,并会引起老断裂的复活和新断裂的产生。同时,它也能在地貌、水系等特征上表现出来。

上升运动,表现为地壳的抬升或掀升,前者为比较均匀的上升,后者为空间上的不均匀上升。在地貌上表现出山地的抬升及河流的切割,也就是说山地切割的深度与现代地壳上升的幅度成正比。在遥感影像上河流的切割深度是可以识别的,从而可以求出地壳相对上升的幅度。地壳的下沉区在地貌上表现为负地形,如许多盆地,相对于周围山地来说都是相对的下沉区。两者接触地带往往有断裂的存在。此外,从山地河谷出口处、冲积－洪积扇的分布也能反映出升降运动的状况。山地上升时,冲积－洪积扇的堆积旺盛,颗粒较粗,表面坡度大,而且扇体本身也遭后期切割,在前端形成新的冲积－洪积扇(见图4-12)。

据此还可以分析出地壳上升运动的节奏性,图4-12中的第Ⅰ期洪积扇与第Ⅱ期呈镶嵌套叠状,表明山地在两次对上升期之间的时间间隔较短,而第Ⅱ期与第Ⅲ期之间的时间间隔相对较长。根据洪积扇的规模可以确定上升运动的强度。

此外,洪积扇的偏转、扭曲等变形也反映出地壳掀斜、升降的特征。在水系上升区表现为放射状水系,下降区则表现为汇聚状水系。不对称水系的存在反映了流域内的不对称升降运动。从有些影像的椭圆形的隆起上,可以观察到水系绕行的特点(见图4-13)。

图4-12　串珠状的冲积－洪积扇

图4-13　穹形隆起与水系绕行

四、遥感技术在地质找矿中的应用

(一)直接应用——遥感蚀变信息的提取

岩浆热液或汽水热液使围岩的结构、构造和成分发生改变的地质作用称为围岩蚀变。围岩蚀变是成矿作用的产物,围岩蚀变的种类(组合)与围岩成分、矿床类型有一定的内在联系,围岩蚀变的范围往往大于矿化的范围,而且不同的蚀变类型与金属矿化在空间分布上具规律可循,因此围岩蚀变可作为有效的找矿标志。

1. 蚀变遥感异常找矿标志

围岩蚀变是热液与原岩相互作用的产物。常见的蚀变有硅化、绢云母化、绿泥石化、云英岩化、矽卡岩化等,不同的蚀变类型决定着不同的矿种。

2. 信息提取的实现

与地物发生反射、透射等作用的电磁波是地物信息的载体,地物的光谱特性与其内在的物理化学特性紧密相关,物质成分和结构的差异造成物质内部对不同波长光子的选择性吸收和反射。具有稳定化学组分和物理结构的岩石矿物具有稳定的本征光谱吸收特征,光谱特征的产生主要是由组成物质的内部离子、基团的晶格场效应或基团的振动效果引起的。各种矿物都有自己独特的电磁辐射,利用波谱仪对野外采样进行光谱曲线测量,根据实测光谱与参考资料库中的参考光谱进行对比,可以确定出样品的吸收谷,识别出矿物组合。根据曲线的吸收特征,选择合适的图像波段进行信息提取。

根据量子力学分子群理论,物质的光谱特征为各组成分子光谱特征的简单叠加。传感器在空中接收地表物质的光谱特性,因为探测范围内有干扰介质存在(白云、大气、水体、阴影、植被、土壤等)。因此,在进行蚀变矿物信息提取时,根据干扰物质的光谱曲线,进行预处理消除干扰。主要造岩矿物成分(O、Si、Al、Mg)的振动基频在可见 – 近红外区不产生诊断性吸收谷的谱带。不同类型的矿物蚀变会引起 Fe^{2+}、Fe^{3+}、OH^-、CO_3^{2-} 中某一类的变化,Fe^{2+}、Fe^{3+}、OH^-、CO_3^{2-} 在可见 – 近红外区可产生岩石谱带中的不同吸收谷组合,例如,在 $0.4 \sim 1.3~\mu m$ 范围内的光谱特性是由矿物晶格结构中的 Fe、Cu 等过渡性金属元素的电子跃迁引起的;$1.3 \sim 2.5~\mu m$ 的光谱特性是由矿物组成中的 CO_3^{2-}、OH^- 和 H_2O 引起的。根据吸收谷所处的波长位置、深度、宽度、对称性等特征进行处理,提取相应的蚀变遥感异常(遥感异常)。现在应用的数据有多光谱 TM、ETM$^+$、ASTER 数据及少量的高光谱与微波遥感数据等。

蚀变遥感信息在整景图像上信息占有份额低,但局部地区的信息并不微弱,因此即使是微弱的蚀变异常也可以被检测出,试验证明,遥感信息检测的蚀变检出下限优于 1/20 000。

目前,遥感找矿蚀变异常信息的提取有多种方法,例如波段比值法、主成分分析法、光谱角识别法和 MPH 技术(Mask PCA and HIS)、混合象元分解等。

"ETM$^+$图像数据的综合遥感找矿蚀变异常信息的提取""ETM$^+$(TM)蚀变遥感异常提取方法技术"都取得了一定的成果。在蚀变遥感信息提取和应用研究中,形成了一套独特的技术,即"去干扰异常主分量门限化技术"(见图4-14),包括:①预处理:校正及去干扰,校正包括系统辐射校正、几何校正、大气粗略校正;干扰包括云、植被、阴影、水、雪等的去除。②信息提取:以整景的 TM(ETM$^+$)图像遥感异常信息的提取为主,其方法以 PCA 主分量分析为主,比值法为辅,同时用光谱角分析法对所获得的主分量异常进行筛选,然后进行门限化分级处理,以获得分级异常图。由于涉及的矿床类型、规模、控矿要素、蚀变类型以及矿产勘查程度不同,仅靠单一的处理方法不利于异常信息的提取,因此需要多种方法的有效组合,一种方法为主,其他方法为辅。这些遥感信息提取技术在资源勘探过程中发挥了很大的作用,目前利用围岩蚀变找矿已经取得了很好的效果。

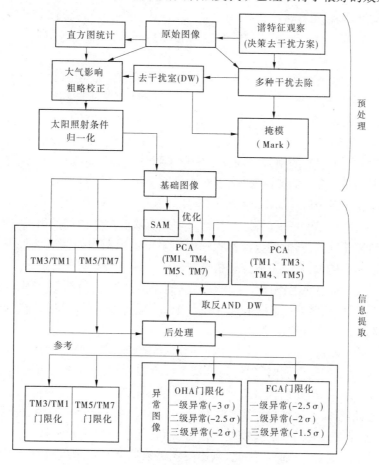

图 4-14　遥感蚀变信息提取流程

(二)遥感技术间接找矿的应用

1.地质构造信息的提取

内生矿产在空间上常产于各类地质构造的边缘部位及变异部位,重要的矿产主要分布于板块构造不同块体的结合部或者近边界地带,在时间上一般与地质构造事件相伴而生,矿床多呈带状分布,成矿带的规模和地质构造变异大致相当。

遥感找矿的地质标志主要反映在空间信息上。从与区域成矿相关的线状影像中提取信息(主要包括断裂、节理、推覆体等类型),从中酸性岩体、火山盆地、火山机构及深部岩浆、热液活动相关的环状影像提取信息(包括与火山有关的盆地、构造),从矿源层、赋矿岩层相关的带状影像提取信息(主要表现为岩层信息),从与控矿断裂交切形成的块状影像及与成矿有关的色异常中提取信息(如与蚀变、接触带有关的色环、色带、色块等)。当断裂是主要控矿构造时,对断裂构造遥感信息进行重点提取会取得一定的成效。

遥感系统在成像过程中可能产生"模糊作用",常使用户感兴趣的线性形迹、纹理等信息显示得不清晰、不易识别。人们通过目视解译和人机交互式方法,对遥感影像进行处理,如边缘增强、灰度拉伸、方向滤波、比值分析、卷积运算等,可以将这些构造信息明显地突现出来。此外,遥感还可通过地表岩性、构造、地貌、水系分布、植被分布等特征来提取隐伏的构造信息,如褶皱、断裂等。提取线性信息的主要技术是边缘增强。

2. 植被波谱特征的找矿意义

在微生物以及地下水的参与下,矿区的某些金属元素或矿物引起上方地层的结构变化,进而使土壤层的成分产生变化,地表的植物对金属具有不同程度的吸收和聚集作用,影响植叶体内叶绿素、含水量等的变化,导致植被的反射光谱特征有不同程度的差异。矿区的生物地球化学特征为在植被地区的遥感找矿提供了可能,可以通过提取遥感资料中由生物地球化学效应引起的植被光谱异常信息来指导植被密集覆盖区的矿产勘查,较为成功的是广东省河台金矿的遥感找矿、黔东南地区金矿遥感信息提取。

不同植被以及同种植被的不同器官间金属含量的变化很大,因此需要在已知矿区采集不同植被样品进行光谱特征测试,统计对金属最具吸收聚集作用的植被,把这种植被作为矿产勘探的特征植被,其他的植被作为辅助植被。遥感图像处理通常采用一些特殊的光谱特征增强处理技术,采用主成分分析、穗帽变换、监督分类(非监督分类)等方法。植被的反射光谱异常信息在遥感图像上呈现特殊的异常色调,通过图像处理,这些微弱的异常可以有效地被分离和提取出来,在遥感图像上可用直观的色调表现出来,以这种色调的异同为依据来推测未知的找矿靶区。

植被内某种金属成分的含量微小,因此金属含量变化的检测受到谱测试技术灵敏度的限制,当金属含量变化微弱时,现有的技术条件难以检测出,检测下限的定量化还需进一步试验。理论上讲,高光谱提取植被波谱的性能要优于多光谱很多倍,例如,对某一农业区进行管理,根据每一块地的波谱空间信息可以做出灌溉、施肥、喷洒农药等决策,当某作物干枯时,多光谱只能知道农作物受到损害,而高光谱可以推断出造成损害的原因,是因为土地干旱还是遭受病虫害。因此,利用高光谱数据更有希望提取出对找矿有指示意义的植被波谱特征。

3. 矿床改造信息标志

矿床形成以后,由于所在环境、空间位置的变化会引起矿床某些性状的改变。利用不同时相遥感图像的宏观对比,可以研究矿床的剥蚀改造作用;结合矿床成矿深度的研究,可以对类矿床的产出部位进行判断。通过研究区域夷平面与矿床位置的关系,可以找寻不同矿床在不同夷平面的产出关系及分布规律,建立夷平面的找矿标志。

另外,遥感图像还可进行岩性类型的区分应用于地质填图,是区域地质填图的理想技术之一,有利于在区域范围内迅速圈定找矿靶区,成功实例是新疆阿尔泰裸露地区1∶25万遥感地质填图。

第二节 水体遥感

水体遥感的任务是通过对遥感影像的分析,获得水体的分布、泥沙、有机质等状况和水深、水温等要素的信息,从而对一个地区的水资源和水环境等作出评价,为水利、交通、航运及资源环境等部门提供决策服务。

一、水体的光谱特征

太阳光照射到水面,少部分(约占 3.5%)被水面反射回空中,大部分入射到水体,入射水体的光,又大部分被水体吸收,部分被水中悬浮物(泥沙、有机质等)反射,少部分透射到水底被水底吸收和反射。被悬浮物反射和被水底反射的辐射,部分返回水面,折回到空中(见图 4-15)。

因此,遥感器所接收到的辐射就包括水面反射光、悬浮物反射光水底反射光和天空散射光。由于不同水体的水面性质、水体中悬浮物的性质和含量、水深和水底特性等不同,从而形成传感器上接收到的反射光谱特征存在差异,为遥感探测水体提供了基础。

二、水体界限的确定

如图 4-16 所示,在可见光范围内,水体的反射率总体上比较低,不超过 10%,一般为 4%~5%,并随着波长的增大逐渐降低,到 0.6 μm 处为 2%~3%,过了 0.75 μm,水体几乎成为全吸收体。因此,在近红外的遥感影像上,清澈的水体呈黑色。为区分水陆界线确定地面上有无水体覆盖,应选择近红外波段的影像。必须指出,水体在微波 1 mm~30 cm 范围内的发射率较低,约为 0.4%。平坦的水面,后向散时很弱,因此侧视雷达影像上,冰体呈黑色,故用雷达影像来确定洪水淹没的范围也是有效的手段。

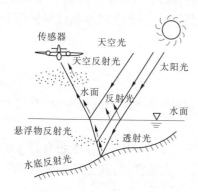

图 4-15 水中光的组成示意图

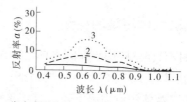

1—湖水(泥沙含量47.9 mg/L);2—长江水(泥沙含量92.5 mg/L);3—黄河水(泥沙含量960 mg/L)

图 4-16 不同含沙量水体反射光谱曲线

三、水体悬浮物质的确定

遥感能够探测的水中悬浮物主要有两种:一种是无机的泥沙,一种是有机的叶绿素。

(一)泥沙的确定

含有泥沙的浑浊水体与清水比较,光谱反射特征存在以下差异:

（1）浑浊水体的反射波谱曲线整体高于清水,随着悬浮泥沙浓度的增加,差别加大。

（2）波谱反射峰值向长波方向移动（"红移"）。清水在 0.75 μm 处反射率接近于零,而含有泥沙的浑蚀水至 0.93 μm 处反射率才接近于零。

（3）随着悬浮泥沙浓度的加大,可见光对水体的透射能力减弱,反射能力加强。有时,近岸的浅水区,水体浑浊度与水深呈一定的对应关系,浅水区的波浪和水流对水底泥沙的扰动作用比较强烈,使水体浑浊,所以遥感影像上色调较浅。而深水处扰动作用较弱,水体较清,遥感影像上色调较深。在这种情况下,遥感影像的色调间接地反映了水体的相对深度。

（4）波长较短的可见光,如蓝光和绿光对水体穿透能力较强,可反映出水面下一定深度的泥沙分布状况。在洪泽湖的试验表明,0.5~0.6 μm 的影像可反映 2.5 m 水深的泥沙;0.6~0.7 μm 的影像可反映 1.5 m 水深的泥沙;0.7~0.8 μm 的影像可反映 0.5 m 水深的泥沙;0.8~1.1 μm 仅能反映水面 0.02 mm 厚水层的泥沙分布状况。因此,以不同波段探测泥沙可构成水中泥沙分布的立体模式。

（二）叶绿素的确定

水中叶绿素的浓度与水体反射光谱特征存在以下关系:

（1）水体叶绿素浓度增加,蓝光波段的反射率下降,绿光波段的反射率增高。

（2）水面叶绿素和浮游生物浓度高时,近红外波段仍存在一定的反射率,该波段影像中水体不呈黑色而是呈灰色,甚至是浅灰色。

四、水温的探测

水体的热容量大,在热红外波段有明显特征。白天,水体将太阳辐射能大量地吸收、储存,增温比陆地慢,在遥感影像上表现为热红外波段辐射低,呈暗红色调。在夜间,水温比周围地物温度高,发射辐射强,在热红外影像上呈高辐射区,为浅色调。因此,夜间热红外影像可用于寻找泉水,特别是温泉。根据热红外传感器的温度标定,可在热红外影像上反演出水体的温度。

五、水体污染的探测

目前,遥感应用于探测水体污染还不是十分有效。但是,当出现下列情况时,有可能采用遥感的方法探测到水体的污染:

（1）水体污染物浓度较大且使水色显著地变黑、变红或变黄,并与背景水色有较大的差异时。如上海的苏州河在污染最严重时黑色的河水注入黄浦江,与黄色的黄浦江水形成明显差异色调,可以在可见光波段的影像上被识别出来。

（2）水体高度富营养化受到严重的有机污染,浮游生物浓度高时,与背景水体的差异也可以在近红外波段影像上被识别。

（3）水体受到热污染,与周围水体有明显温差,可以在热红外波段影像上被识别。

（4）其他情况,如水上油溢污染可使紫外波段和近红外波段的反射率增高,有可能被探测出来。

六、水深的探测

蓝光波段对平静、清澈的水体有较大的透射能力,并且水底反射波也较强。这时蓝光波段影像上的灰度可反映水深。云南腾冲地区的侍郎坝水库,利用 0.4～0.5 μm 遥感影像的灰度值与少量实测水深资料建立灰度—水深关系模型作出了该水库的等深线示意图(见图 4-17)。其他,如珠江口的浅海地形图也是用这一方法绘制的。

当水体含沙量转低时,可以利用蓝光波段与绿光波段的比值,求出相对水深。水深的探测受泥沙、污染以及气候条件等因素的影响较大,故应用时应综合考虑,根据不同条件,建立分析模型。

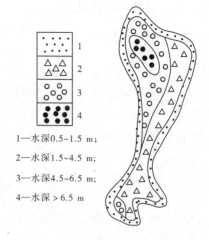

1—水深0.5～1.5 m;
2—水深1.5～4.5 m;
3—水深4.5～6.5 m;
4—水深 > 6.5 m

图 4-17　云南侍郎坝水库等深线示意图

七、遥感技术在水文调查中的应用

(一)河道演变及古河道的判释

将同一地区不同时期所摄的像片进行对比,就可以知道滩地冲塌的位置和河道扩展的速度及特性,找出河道摆动的原因与规律,以便有效地布置两岸的防护措施,以减少河道的摆动。

在立体模型上进行古河道判释时,一般能够看到以下特征:古河道地势低洼呈条带状,往往有排水沟以排泄积水,如有耕地则大都顺古河道呈特殊的排列,同周围地块有明显的差异,在色调上比周围地块略深一些。如焦枝线丹河出山口下游有一古河道。原线路方案横穿古河道,依据像片判释,古河道已垦为耕地,沿古河道前端靠左侧边缘的灌溉渠道筑有防护堤,表明洪水期间古河道仍有径流,同时考虑该河道出山口后,主流直冲古河道,不能保证路基安全。若线路在古河道以大桥通过,则在经济技术上又不合理,因此建议将线路移至山口。

陕西省乾佑河及广东省连江的古河道(或槽形洼地),都是使用前后相隔十多年的既有小比例尺航空像片对比判释而确定的。因此,在古河道的判释中,决不可忽视国家既有小比例尺像片的作用。

(二)洪水泛滥线的判释

洪水位判释是比较困难的。在居民点较集中的地方,洪水痕迹往往被人文活动所破坏,在航空像片上很难用直接判释标志找到洪水痕迹。

但是,在人文活动稀少而洪水痕迹没有被破坏的地方,根据地形和色调还是可以用直接判释方法找到洪水痕迹的。如北麓河青藏公路桥附近是宽浅河段,洪水漫溢甚宽,可清楚地判释其洪水泛滥线。该河常水河槽南岸平浅无坎,其泛滥范围内的色调呈深灰色,泛滥区以外呈灰白色,两者截然不同,形成明显的洪泛线。从而可对该河的桥位布置、导流设备和防护工程的布设做出较为正确和切合实际的方案设想。如在像片上清楚地显示出公路桥孔偏左岸,且压缩很大,右岸桥台设置不封闭的长大导流堤,右岸台后 500 m 路基在洪泛线内设置一座桥涵用以排水。

另外,在洪泛线不易直接判释的地区,也可用间接判释和推理的方法求得。如一般居民点、房屋、坟地、庙宇、纪念塔、高大乔木等均在泛滥线以外,淹没区一般只有简陋房屋、灌木丛等;若有耕田,也比较零乱,无大片整齐耕地,只种季节性较强的农作物;可由岩石陡壁的植被生长判释峡谷地带洪水线的高度,洪水线以下基岩裸露,其上植物茂盛。根据这些现象可推断淹没范围,但不能确定洪痕的准确位置。

(三)漫流的判释

漫流地区一般地势平坦,分水线不明显,高洪时漫流一片。要搞清楚这些水系分布,河道变迁,每个流域的水流泛滥范围,主流方向,沟槽主次、大小及分支漫溢等情况,往往占用水文勘测的大量时间。采用航空像片判释能在较短时间内获得良好的效果,如青藏铁路在穿越唐古拉山南坡漫流地区处(距山口 2 km 左右),山上终年积雪,水出山口就径入山前平原,漫流成片,河床不明显,水流来源主要是冰雪融化,流量小、流速慢,冲沟深浅不一,下切能力弱。每到融雪季节,漫流宽度可达 8 km 左右。在这样广阔的漫流地区,要搞清水系的主流及其方向,单凭地形图到现场去核对是比较困难的。利用航空像片,则可比较容易和准确地判释出来。像片上呈链状白色线条为一般冲沟较深的沟坎和沟槽,而呈白色间断线状的(网状),是较浅的冲沟;在漫流区域,还可看出结晶状白色斑点,为卵石上的积雪;大片呈黑色的草地,也显示出积雪的白色斑点。在像片上,把主流、叉流方向搞清楚后,即可去现场重点核对,从而比较合理地分配流量,使桥涵布设及孔径合理。在桥涵位置选定的情况下,采用一定的附属工程设施,以保证路基的安全。

(四)潜流的判释

对一些河床地质为纯砂河流的潜流现象,能清楚地判释出来。图 4-18 为青藏线勒池勒玛河桥渡上游河段,在像片上可以清晰地反映潜流(间隙流)和常流交替的影响。上游潜流河段干涸无水,只有在大雨之后才能有地面流水线的形成。潜流河段(A)的河槽呈灰白色或浅灰色宽度不等的条带,也是河谷底部色调最浅的地物。而紧接潜流河段的常流河段(B),就以最深的色调(浅黑或深灰)显示出流水(潜流涌现)。从而

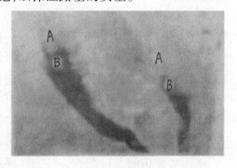

图 4-18　青藏线勒池勒玛河桥渡
附近潜流影像

使我们对决定这些河沟的设计流量,进一步探明上下游河床地质情况,决定桥涵基础类型等问题引起了重视。

(五)沼泽的判释

集通铁路东西横贯内蒙古自治区东部,线路行于商都县城西南侧的内陆湖大盐海子地区,大小湖泊(诺尔)众多。在不同时相的陆地卫星图像判定,高洪时,该区较大的 3 个湖泊(碱海子、口牛旦海子、四号地海子)间沼泽有串通可能,泛滥成患,形成约 30 km² 的大片沼泽和盐渍土(见图 4-19)。经航片核对,结合计算机辅助判释,认为通过沼泽地至商都虽可缩短超过 2 km 的线路,但线路仍不宜取直。为了合理绕避沼泽地区,水文、线路、地质专业人员反复论证,对经沼泽地的路基防护处理及线路状况综合论证后,最终放

弃穿越沼泽地至商都的取直方案(A_3K),采取东侧绕避沼泽地的推荐方案(A_1K)和西侧的比较方案(A_2K)(见图4-20)。上述室内判释结果,经现场资料核对后获得证实。初测、定测后,证明该区的航片、卫片综合判释成果是可靠的,线路方案的取舍是合理的。

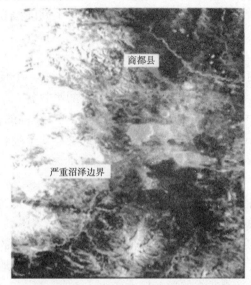

图4-19　商都县大盐海子地区卫星影像

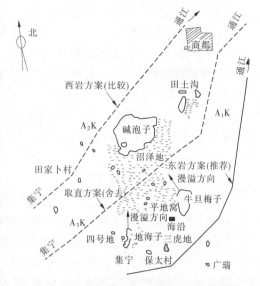

图4-20　集通线商都县大盐海子地区判释图

(六)岸线动态变化中的判释

1987年,铁道部专业设计院应铁道部大桥工程局的要求,利用遥感资料对钱塘江二桥桥址区进行图像处理和室内判释。钱塘江二桥在既有大桥下游13 km处,该河段属平原蜿蜒型河流,河湾较多。老桥建成至今已51年,由于下游受山洪与杭州湾潮流交替作用,钱塘江的岸线变化已面貌全非。为了对杭州湾岸线动态研究和自然变迁进行分析,用1984年夏季卫星TM图像和1973年冬季卫星MSS图像进行对比,判释出北岸冲蚀、南岸淤积、凸岸沉积、凹岸冲刷的特点;加上新中国成立以后的人工促淤围垦海涂工程,岸线变化很大。结合1963年航测图,绘制了时隔30年、3个年份的钱塘江岸线变化图,并参考有关资料,按相关地物又勾绘了新中国成立以前杭州湾岸线位置,为钱塘江桥渡区的稳定性评价提供了基础资料。新桥施工前,经大桥局勘测设计院现场踏勘证实,对钱塘江岸线变化的判释符合现场的实际。实践证明,卫星影像判释图,对选择铁路的线路走向和桥位有一定的实用价值。

第三节　植被遥感

植被调查是遥感的重要应用领域。植被是环境的重要组成因子,也是反映区域生态环境的最好标志之一,同时也是土壤、水文等要素的解译标志。个别植物还是找矿的指示植物。

植被解译的目的是在遥感影像上有效地确定植被的分布、类型、长势等信息,以及对植被的生物量作出估算,因而它可以为环境监测、生物多样性保护、农业、林业等有关部门提供信息服务。

一、植物的光谱特征

植物的光谱特征可使其在遥感影像上有效地与其他地物相区别。同时,不同的植物各有其自身的波谱特征,从而成为区分植被类型、长势及估算生物量的依据。

(一)健康植物的反射光谱特征

健康植物的波谱曲线有明显的特点(见图4-21),在可见光的0.55 μm附近有一个反射率为10%~20%的小反射峰。在0.45 μm和0.65 μm附近有两个明显的吸收谷。在0.7~0.8 μm是一个陡坡,反射率急剧增高。在近红外波段0.8~1.3 μm形成一个高的,反射率可达40%或更大的反射峰。在1.45 μm、1.95 μm和2.6~2.7 μm处有3个吸收谷。

(二)影响植物光谱的因素

影响植物光谱的因素有植物本身的结构特征,也有外界的影响,但外界的影响总是通过植物本身生长发育的特点在有机体的结构特征中反映出来的。

从植物的典型波谱曲线来看,控制植物反射率的主要因素有植物叶子的颜色、叶子的细胞构造和植物的水分等。植物的生长发育、植物的不同种类、灌溉、施肥、气候、土壤、地形等因素都对植物的光谱特征发生影响,使其光谱曲线的形态发生变化。

(1)叶子的颜色。植物叶子中含有多种色素,如叶青素、叶红素、叶黄素、叶绿素等,在可见光范围内,其反射峰落在相应的波长范围内(见图4-22)。

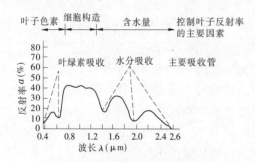

图4-21　绿色植物有效光谱响应特征

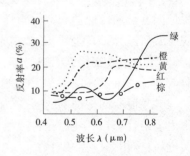

图4-22　不同颜色叶子的反射光谱

(2)叶子的组织构造。绿色植物的叶子是由上表皮、叶绿素颗粒组成的栅栏组织和多孔薄壁细胞组织(海绵组织)构成。叶绿素对紫外线和紫色光的吸收率极高,对蓝色光和红色光也强烈吸收,以进行光合作用。对绿色光部分则部分吸收,部分反射,所以叶子呈绿色,并形成在0.55 μm附近的一个小反射峰值,而在0.33~0.45 μm及0.65 μm附近有两个吸收谷。

(3)叶子的多孔薄壁细胞组织(海绵组织)。对0.8~1.3 μm的近红外光强烈地反射,形成光谱曲线上的最高峰区。其反射率可达40%,甚至高达60%,吸收率不到15%。

(4)叶子的含水量。叶子在1.45 μm、1.95 μm和2.6~2.7 μm处各有一个吸收谷,这主要由叶子的细胞液、细胞膜及吸收水分所形成。

植物叶子含水量的增加,将使整个光谱反射率降低(见图 4-23),反射光谱曲线的波状形态变得更为明显,特别是在近红外波段,几个吸收谷更为突出。

此外,植物覆盖程度也对植物的光谱曲线产生影响。当植物叶子的密度不大,不能形成对地面的全覆盖时,传感器接收的反射光不仅是植物本身的光谱信息,而且包含有部分下垫面的反射光,是两者的叠加。图 4-24 表明,棉花叶子的层次愈多,即叶面积指数(植物所有叶子的累加面积总和与覆盖地面面积之比)愈大,光谱曲线特征形态受背景下垫面的影响愈小。当叶面积指数大于 5 时,几乎不受下垫面的影响。

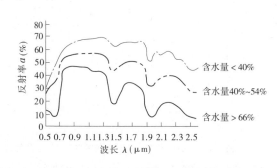

图 4-23　水分含量对玉米叶子反射率的影响　　图 4-24　棉花叶子 1~6 层叠置的光谱曲线

二、不同植物类型的区分

不同植被类型,由于组织结构、季相、生态条件不同而具有不同的光谱特征、形态特征和环境特征,在遥感影像中可以表现出来。

(1)不同植物由于叶子的组织结构和所含色素不同具有不同的光谱特征。如禾本科草本植物的叶片组织比较均一,没有栅状组织和海绵组织的区别,细胞壁多角质化并含有硅质,透光性较阔叶树差。茂密的草本植物在可见光区低于阔叶树,而在近红外光区可高于阔叶树(见图 4-25)。阔叶树叶片中的海绵组织使得它在近红外光区的反射明显高于没有海绵组织的针叶树。图 4-25 还表明,在 0.8~1.1 μm 的近红外光区影像上,可以有效地区分出针叶树、阔叶树和草本植物。

(2)利用植物的物候期差异来区分植物,也是植被遥感重要方法之一。最明显的是冬季时,落叶树的叶子已经凋谢,叶子的色素组织都发生变化,在遥感影像上显示不出植物的影像特征,无论是可见光区和近红外光区,总体的反射率都下降,蓝光吸收谷和红光吸收谷都不明显。而常绿的树木仍然保持植物反射光谱曲线特征,两者很容易辨别。同一种植物在不同季节的光谱特征有明显的变化;不同的植物生长期不同,光谱特征的变化也是不一样的。因此,通过各种植物的物候特征,生长发育的季节变化,可以利用有利时机识别植物的种类。

(3)根据植物生态条件区别植物类型。不同种类的植物有不同的适宜生态条件,如温度条件、水分条件、土壤条件、地貌条件等。这些条件在一个地区综合地影响着植被的分布,但其中的主导因素起着重要的作用。如在我国北方,那些要求温度变幅较小、湿度较大的林木多生长在山地的阴坡,而对温度和湿度要求较低的草地多分布在山地的阳坡。

受温度的限制,不同地理地带生长着不同的植物,在同一地理地带受海拔高度的影响,形成不同的温度 – 湿度组合和植被类型。例如太原以南地区植被类型和种属都与太原以北有所不同(见图4-26),根据植物分布规律,结合影像反映的植物光谱特征和物候历可以判断出自然植被的类型和农作物的种类。

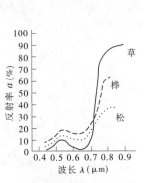

图4-25　不同植物光谱反射曲线比较

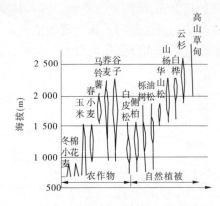

图4-26　山西省太原以南地区植物的垂直分布

在高分辨遥感影像上,不仅可以利用植物的光谱区分植被类型而且可以直接看到植物顶部和部分侧面的形状、阴影、群落结构等,可比较直接地确定乔木、灌木、草地等类型,还可以分出次一级的类型。

草本植物在高分辨遥感影像上表现为大片均匀的色调,由于草本植物比较低矮因而看不出阴影,这有别于灌木和乔木。

灌木:遥感影像呈不均匀的细颗粒结构,一般灌木植株高度不大,阴影不明显。

乔木:形体比较高大,有明显的阴影,根据其落影可看到其两侧的轮廓。从乔木的树冠也可明显地识别出其阳面和阴面(本影)以及树冠的形状,并结合其纹理结构的粗细,明确地区分出针叶树和阔叶树,甚至具体的树种。图4-27为不同针叶林树冠的形状及其落影。

阳光

图4-27　不同针叶林树冠的形状及其落影

在此基础上,还可以区分出针阔叶混交林、常绿落叶阔叶混交林、森林草地、灌木草地等。

三、植物生长状况的解译

如前所述,健康的绿色植物具有典型的光谱特征。当植物生长状况发生变化时,其波谱曲线的形态也会随之改变。如落叶乔木秋冬季节,树叶枯黄凋落,当植物因受到病虫害,农作物因缺乏营养和水分而生长不良时,海绵组织受到破坏,叶子的色素比例也发生变化,使得可见光区的两个吸收谷不明显,0.55 μm 处的反射峰按植物叶子被损伤的程度而变低、变平。近红外光区的变化更为明显,峰值被削低,甚至消失,整个反射光谱曲线的波状特征被拉平(见图4-28)。因此,根据受损植物与健康的绿色植物光谱曲线的比较,可以确定植物受伤害的程度。

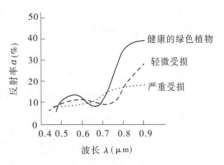

图 4-28　植物遭受不同程度损害的反射光谱曲线

四、大面积农作物的遥感估产

大面积农作物的遥感估产主要包括三方面内容:农作物的识别与种植面积估算、长势监测和估产模式的建立。

(1)可以根据作物的色调、图形结构等差异最大的物候期(时相)的遥感影像和特定的地理位置等特征,将其与其他植被区分开来。大面积的农作物除具备与一般植被相似的光谱特征外,大都分布在地面较为平坦的平原、盆地、河谷内,少量分布在山坡、丘陵的顶部。由于耕作的需要,田块通常具有规则的几何形状(山区零星小块耕地除外)。在农作物估产时,除使用空间分辨率较低的卫星遥感影像,如 NOAA 的 AVHRR、我国的 FY－1 影像外,并结合使用 Landsat、CBERS 等中等分辨率的影像,作出农作物的分布图。还必须应用较高分辨率的 SPOT 影像及高分辨率的遥感影像(如 IKONOS 和航空遥感影像等)对农作物分布图进行抽样检验,修正农作物分布图,从而求出农作物的播种面积。

(2)利用高时相分辨率卫星影像(如 NOAA、FY－1、FX－2 等)对作物生长的全过程进行动态观测。对作物的播种、返青、拔节、封行、抽穗、灌浆等不同阶段的苗情、长势制出分片分级图,并与往年同样苗情的产量进行比较、拟合,并对可能的单产作出预估。在这些阶段中,如发生病虫害或其他灾害使作物受到损伤,也能及时地从卫星影像上发现,及时地对预估的产量作出修正。

监测作物长势水平的有效方法是利用卫星多光谱通道影像的反射值得到植被指数(VI,Vegetation Index)。常用的植被指数有比值植被指数(RVI,Ratio Vegetation Index)、归一化植被指数(NVI,Normalized Vegetation Index)、差值植被指数(DVI,Difference Vegetation lndex)和正交植被指数(PVI,Perpendicular Vegetation Index)等。

比值植被指数被定义为

$$RVI = NIR/R$$

式中:NIR 为遥感影像中近红外波段的反射值,如 NOAA/ AVHRR 中的 ch_2,Landsat 中的 TM_4 或 MSS_7 等;R 为遥感影像中的红光波段反射值,如 NOAA/AVHRR 中的 ch_1,Landsat 中的 TM_2 或 MSS_5 等。

归一化植被指数被定义为

$$NVI = (NIR - R)/(NIR + R)$$

式中符号含义同前。

差值植被指数被定义为

$$DVI = NIR - R$$

正交植被指数被定义为

$$PVI = 1.622\,5\,(NIR) - 2.297\,8(R) + 11.065\,6$$

此式适用于 NOAA 卫星的 AVHRR。而对于 Landsat 而言,可写为

$$PVI = 0.939(NIR) - 0.344(R) + 0.09$$

选择哪一个植被指数作为监测农作物长势的估产指标,必须经 2~3 年的数据拟合、试估产后加以确定。

(3)建立农作物估产模式。用选定的植物灌浆期植被指数与某一作物的单产进行回归分析,得到回归方程。如果作物返黄成熟期没有发生灾害或天气突变等影响作物产量的事件。那么,估产方程作为模型被确定,该方程为

$$Y = a + bVI$$

式中:Y 为某一农作物的单产,kg/hm^2;a 为系数,为回归方程的截距;b 为系数,为直线的斜率;VI 为选定的植被指数。

求得单产 Y 后,则

$$\overline{Y} = YA$$

式中:$\overline{Y}$ 为该地区某农作物的总产量,t;A 为某作物的播种面积,hm^2。

例:　山西省运城地区的小麦遥感估产试验研究中,在应用遥感影像求得小麦播种面积的基础上,应用 NOAA 卫星的 AVHRR 数据求取抽穗期归一化植被数:

$$NVI = (ch_2 - ch_1)/(ch_2 + ch_1)$$

经与多年小麦产量数据拟合,得到小麦成熟期单产模型:

$$Y = 232.009 + 49.304\,5NVI - 6.687\,8T$$

式中:T 为利用 NOAA 卫星热红外通道求得的植冠温度值。此处取负值是由于 4 月中旬至 5 月上旬是小麦最干旱的时期,土壤水分与小麦产量的关系很大,植冠温度反映了作物的水分状况。供水正常时,蒸腾增强,叶温降低;供水不足时,蒸腾减弱,叶温升高。因此,植冠温度与产量成反比。

该方程的相关系数为 0.935。

在 1 700 km^2 麦田所划的 17 个亚区中,通过卫星影像求得的小麦播种面积与典型村实测比较,精度为 81.1%~99.5%;与各县平均单产比较,精度达到 90.8%~96.9%。

五、遥感植被解译的应用

遥感植被解译有极为广泛的用途,资源卫星都把植被的探测作为重要的目标,无论是传感器波段的选择或是重访周期(时相分辨率)的选择,都充分考虑了植被的生长规律。

(一)植被制图

应用遥感影像进行植被的分类制图,尤其是大范围的植被制图,是一种非常有效而且节约大量人力、物力的工作,已被广泛地采用。在我国内蒙古草场资源遥感调查,"三北"防护林遥感调查、水土流失遥感调查、洪湖水生植被调查、洞庭湖芦苇资源的调查、天山博

斯腾湖水生植物调查、新疆塔里木河流域胡杨林调查、华东地区植被类型制图、南方山地综合调查等许多研究中都充分利用了遥感影像,其制图精度超过了传统方法。此外,在湖北的神农架地区以及湖北、四川部分地区的大熊猫栖息地的调查中,利用遥感影像把大熊猫的主要食用植物箭竹与其他植物区别开来,从而为圈定大熊猫的栖息地起到了重要的作用。

(二)城市绿化调查与生态环境评价

改善城市的生态环境,提高城市绿化水平是我国城市生态建设的重要问题。近20年来,我国应用高分辨率遥感影像进行城市绿化调查已取得了显著的成效。我国的几个主要特大城市都进行过这方面的工作,北京市8301工程,上海市的三轮遥感综合调查,广州市、天津市、桂林市都应用航空遥感影像,作出了城市绿地分布、绿地类型等图件,进行定量研究。上海市在第二轮航空遥感综合调查中,通过遥感影像解译与野外实测相结合找出遥感影像特征与植株高度、胸径的关系,提出"三维绿化指数"或"绿量"指标,以代替原先的"绿化覆盖率"指标来评价城市绿化水平。研究指出,相同面积的草地、灌木和乔木具有相同的"绿化覆盖率",但具有不同的"绿量"。其中,乔木具有最高的"绿量",而草地的"绿量"最小,同样面积的乔木制氧和净化空气的效率为草地的4~5倍。要提高城市绿化水平,不仅要提高绿化覆盖率,而更重要的是要提高"三维绿化指数",也就是说要提高绿化的质量,这对改善城市生态建设和管理的理论和实践都有指导意义。

(三)草场资源调查

草原上牧草的长势好坏与牧草的产量直接相关,而产草量是载畜量(单位面积草场可养牲畜的头数)的决定因素。我国在内蒙古草场遥感综合调查、天山坡草场调查、湖北西南山区草场调查、西藏北部草场调查中,在应用遥感技术确定草场类型,进行草场质量评价的基础上,内蒙古草场资源遥感结合地面样点光谱测量数据,指出比值植被指数 $RVI = NIR/R$ 与产草量 W 有良好的关系:

$$W = -86.9 + 162.65RVI(相关系数 r = 0.966)$$

根据这一方程计算出全自治区草场的总产草量。为保证草场的更新和持续利用,可供牲畜食用的草量仅为总产草量的50%左右,按此比例得出全自治区可食产草量为91 296 657.02 t。以每头绵羊平均日食鲜草3.5 kg计算,求出全自治区的适宜载畜量为7 066.3万头绵羊单位(其他大牲畜1头相当1.5头绵羊单位)。将这一指标与实际载畜量进行比较,可以确定哪些草场还有潜力,哪些草场属于超载,从而为畜牧业的发展提供科学的依据。在具体工作中还可以划分出不同草场类型、不同产草量等级,分别确定合理的载畜量。

(四)林业资源调查

林业部门是我国采用遥感技术进行资源调查最早的部门之一,在我国的各大林区都应用过遥感影像制作森林分布图、宜林地分布图等,并对林地的面积变化进行动态监测。其中,尤其是1987~1990年全面开展的"三北"防护林遥感综合调查的重点科技攻关项目对横贯我国的东北、华北和西北已建的防护林网的分布、面积、保存率和有效性进行评估。在调查研究中用陆地卫星TM影像、国土卫星影像和试点区的航空遥感影像进行解译制作了林地分布、立地条件、土地利用、土地类型等多种专题图,典型地区建立了资源与环境信息系统。结果表明,我国"三北"防护林建设取得了重大成就,"三北"地区森林覆盖率由 1997 年的 6.31% 增加到 8.43%,农田生态环境得到了部分改善。通过调查还对防护树种结构等问题提出了改进的建议。这项调查的成果,为我国"三北"防护林建设的科学决策提供了依据,有效地促进了遥感的实用化。

第四节　土壤遥感

土壤是覆盖地球表面的、具有农业生产力的资源。地球的岩石圈、水圈、大气圈和生物圈与土壤相互影响、相互作用。土壤遥感的任务是通过遥感影像的解译,识别和划分出土壤类型,制作土壤图,分析土壤的分布规律,为改良土壤、合理利用土壤服务。

土壤是在地形、母质、气候、时间、植被等自然因子及人为因素综合影响下发生、发展和演化的。土壤特征反映了各种因素共同作用的结果。在遥感影像上,不同类型土壤的特征不如水体、植被的差别那么大;同时,由于土壤性状主要表现在剖面上,而不是表现在土壤的表面,因此仅靠土壤表面电磁波谱的辐射特性来判别土壤类型,并不直接。但是由于土壤与上述成土因子关系密切,特别是受主导因素的影响较大,因此仍有规可循。通过遥感影像综合分析,可以取得较好的判别效果。依靠间接的解译标志,进行综合分析对于土壤解译显得特别重要。

一、土壤的光谱特征

在地面植被稀少的情况下,土壤的反射曲线与其机械组成和颜色密切相关(见图 4-29、图 4-30)。颜色浅的土壤具有较高的反射率,颜色较深的土壤反射率较低。黑土的反射率远低于浅色的黄壤。在干燥条件下同样物质组成的细颗粒的土壤,表面比较平滑,具有较高的反射率,而较粗的颗粒具有相对较低的反射率。有机质含量高,也使反射率降低。土壤水的含量增加,会使反射率曲线平移下降,并有两个明显的水分吸收谷(见图 4-31),但当土壤水超过最大毛管持水量时,土壤的反射光谱不再降低,而当土壤水处于饱和状态或过饱和状态时,土壤表面形成一层薄薄的水膜。在地表平坦时,接近于镜面反射,其反射率反而增高。

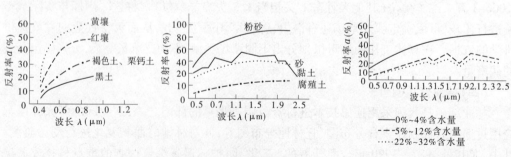

图 4-29　不同土壤反射光谱　　图 4-30　美国印第安纳州　　图 4-31　不同含水量组砂子
　　　　　　　　　　　　　　　土壤波谱曲线　　　　　　光谱反射曲线

当土壤表面有植被覆盖时,如覆盖度小于 15%,其光谱反射特征仍与裸土相近。植被覆盖度在15%～70%时,表现为土壤和植被的混合光谱,光谱反射值是两者的加权平均。植被覆盖度大于70%时,基本上表现为植被的光谱特征。此外,土壤的光谱特征还受到地貌、耕作特点等影响。

二、土壤类型的确定

土壤类型的判别首先需要确定土类。土类是由一个地区的生物气候条件来决定的。因此,土壤解译时,首先要确定研究区的水平地理地带作为基带。这是一项基础性的工作。例如在内蒙古草场遥感土壤解译、制图时,研究了内蒙古地区的水平地带及特点,有纬度地带性和海陆地带性的共同作用,从东南向西北形成了弧形的水平分带,依次为温带森林草原、草甸草原、干草原、半荒漠和荒漠带。相应发生的土类为温带森林草原黑土、草甸草原黑钙土、干草原黑钙土、半荒漠棕钙土、灰钙土和漠土。明确了所在地区的地带,即可作为解译的"基带"。在此基础上,再进一步考虑垂直带性因素和非带性因素对土壤类型的影响。

其次是确定亚类。土壤的亚类是在成土过程中受局部条件的影响使土类发生变化,形成的次一级类型。如不同的植被、地貌、水热条件等。如山东省的棕壤地区,在河谷坡地上为潮棕壤性土亚类,在陡坡及植被稀疏坡地上为棕壤性土亚类,在缓岗上形成褐土化潮土亚类。在这种情况下,可以根据容易解译的地貌部位和植被特征结合,间接地在棕壤为基带的地区内确定上述土壤亚类。

土属的划分主要以地区性条件为依据,如地貌、母质等,在亚类的基础上再分出土属。如残积坡积棕壤性土、黄土状褐土化潮土、河湖积潮棕壤等。土种主要根据土壤剖面特征来划分,遥感影像较难发现,但可根据地形部位、母质等特征推断土层厚薄,作为土壤分类参考。

综合分析和间接解译时要注意,土壤的发育变化速度落后于气候、水文的变化及植被的更替。有些地区森林退缩,林地消失,被草地代替,而土壤仍保持森林土特性(如灰化土、棕壤等)。此时,仅依靠植被确定为草原植被下有关土壤类型(如栗钙土、黑钙土等)就会发生误判。要解决这一问题,一是在解译过程中必须注重历史变化,二是对两种类型的过渡和边缘地区进行适当的现场验证,以提高解译的精度。

土壤类型的确定还可以根据土地利用特点来分析、确定。如在南方许多低平的河谷平原地区,按自然土壤分类可能被划入草甸类型,但经人工开发耕种而成为水稻土及其次一级类型。而水稻田因有特殊的光谱特征、区位特征及形状特征,较容易识别,尤其是高分辨率的遥感影像上,水稻田有明显的光谱特征。

在确定基带的基础上,由于地形的变化产生地形、地带的垂直分异,尤其是海拔高度的变化,引起了水热条件的重新组合,成土因子随着变化,土壤也发生垂直方向更替。可以把遥感影像、地形图的判断及少量野外调查得出的自然规律与遥感影像特征结合起来,确定土壤的类型。

以太原幅农业遥感解译为例,海拔2 700 m以上的吕梁山地顶部,属中山类型,已处于森林线以上,生长中生和冷生草甸,湿度较大,在Landsat红外型假彩色5月影像上呈灰蓝和淡黄褐色,属亚高山草甸土;海拔2 000～2 300 m山顶,虽在森林线以下,但因山顶风大,树木难以生长,植被仍为中生草甸,发育了山地草甸土;海拔 1 800 ~ 2 000 m 的山地,生长云杉、落叶松、桦树、柏树等常绿与落叶混交林,发育了山地棕壤;海拔 1 600 ~ 1 900 m 的山地以黄土为母质的针阔混交林下发育了山地褐土;在 1 600 m 以下的黄土塬面及低山、高丘区覆盖为灰褐土,大部分开垦为旱作区。太原盆地的中心,被开垦为水稻土,河间低洼地盐碱化地区则成为盐化浅色草甸土,影像上呈灰蓝白色规则斑状、云雾状。

在我国云南腾冲地区,处于热带或亚热带南部,在高温湿润环境下,基本为砖红壤、红壤等。由于海拔高差大,垂直分布明显,在具体解译过程中通过影像特征及景观生态规律综合分析,作出土壤图,并取得了成功。

新疆南部的土壤遥感解译中,根据影像划分出山地、山前洪积扇、冲积平原、荒漠平原、片状绿洲、线状绿洲等地理单元,并进一步划分了沿河湖滨等地区,在此基础上进行土壤解译、制图。与常规方法制作的土壤图比较内容详细得多(见图 4-32、图 4-33)。

图 4-32　用常规方法编制的南疆土壤图　　图 4-33　根据监督分类结果绘制的南疆土壤图

不同分辨率、不同波段的遥感影像在土壤类型的解译中有不同的作用。分辨率较低的遥感影像对土类和亚类的划分和识别可以起到较大的作用,由于其视野较广,有利于区域的宏观综合分析,适合于进行小比例尺的制图。高分辨率的遥感影像,对地面的细节显示得比较清楚,有利于确定土壤形成的具体地貌条件、植被类型等,能帮助土属和土种的确定,适合于中、大比例尺的土壤制图。

具有较大的波段覆盖范围和较多波段数的传感器可以显示土壤的特征光谱。波段覆盖范围较窄,波段数少的传感器,不利于土壤的遥感探测。

三、遥感技术在土壤分类中的应用

(一)研究区概况

研究区位于新疆艾比湖洼地,东经 82°03′00″ ~ 83°14′24″,北纬 44°23′43″ ~ 45°05′06″,南北和东西长度均为 60 km,属博尔塔拉蒙古自治州的博乐市和精河县辖区。艾比湖地处天山北麓,北临阿拉山口,长约 35 km,宽约 18 km,海拔 189 m,湖水面积 500 km² 左右,是准噶尔盆地西部的最低洼地和河流汇集中心,有奎屯河、博尔塔拉河、精河、四棵树河 4 条河流注入。该地区属温带干旱性气候,光照充足,干燥少雨。年蒸发量 1 626 mm,年降水量不足 100 mm。独特的地形构造、富含盐分的母质环境、干旱的气候以及地表水、地下水的动力作用,使艾比湖地区发生强烈的积盐活动,成为新疆第一大咸水湖。新中国成立以后由于对该流域农垦开荒,下游水量减少或断流,引起湖面缩小,土地次生盐碱化明显。该地区具有干旱区土地盐碱化的典型特征。

研究区北临艾比湖,南部和西部分布洪积扇和固定沙丘,中部和东部为湖区和湖滨平原,地势西南高、东北低。博尔塔拉河和精河由南向北汇入艾比湖。北部和西部的洪积扇和固定沙丘上植被稀少,主要生长野生的梭梭、骆驼刺等耐旱植物。中部和东部湖滨平原大部分已开垦,种植棉花、玉米等作物。博尔塔拉河、精河两岸及湖滨地区有沼泽分布,因土地盐碱化严重,生长了芦苇、珍珠柴、胡杨等耐盐自然植被。除农田和盖度不高的自然植被分布外,因干旱和盐碱作用,实验区地表大量裸露。

(二)数据选择

1.遥感数据

选用 ASTER(2004-07-15)可见光、近红外、短波红外的 9 个波段数据和 SPOT 数据(2004-07-12)4 个波段数据。两传感器的部分波段通道设置相近,但稍有差异,不同光谱响应预期可提供更为丰富的地表信息。时相选择上考虑到景观信息的有效获取,选择了植被信息较丰富的夏季。

2.辅助数据

1)实地调查数据

选择 2004 年 7 月 9 日至 18 日,与 ASTER 和 SPOT 等遥感数据的获取时间同步或准同步。此外,在 2003 年 8 月 23 日至 9 月 7 日已对该地区进行了一次相同标准的实地调查,获取的部分数据作为参考。

调查项目根据研究区主要景观要素及其遥感信息特征来制定,主要分 4 大类:第一类是基础数据,包括调查时间、天气、样地号、样地面积、地理坐标和海拔等;第二类是土地利用要素,包括地形、地貌、土地利用类型、土壤侵蚀类型强度和土地退化程度等;第三类是植被要素,包括植被总盖度、乔木郁闭度、灌木盖度、草本盖度、总生物量、样方内植物种数和单种多度等;第四类是土壤要素,包括土壤水分、质地、pH 值、电导率、有机质及可溶性盐。

植被选择自然景观较为一致的地块作为样方,乔木地区为 10 m × 10 m,灌木为主的地区为 5 m × 5 m,草本植物为主的地区为 1 m × 1 m。生物量通过对样方内植被地表部分称鲜重获得,植被盖度采用目测法估测。土壤剖面的位置选择与植被样方相配合,总体上满足包括裸露土壤、部分植被覆盖和完全植被覆盖等多种景观类型。在土壤剖面上从 0~30 cm 均匀取土约 500 g。将现场采样和分析的数据进行整理,剔除错误的或无效的数据,得到样点数据。

2)土壤数据库

研究中使用了中国 1:100 万土壤数据库,该数据库是全国第二次土壤普查的重要成果之一,是目前为止最为详细的全国性土壤图。

3)其他辅助数据

其他辅助数据主要有 1:25 万比例尺 DEM 数据和基于 ASTER 遥感图像目视解译的土地利用现状图(2004 年)等。

(三)分类方法

研究采用的自动分类方法为最大似然分类法(MLC, Maximum Likelihood Classifier),

该方法是遥感信息提取中最常用、成熟、重要的一种监督分类算法,几乎被所有的图像处理系统和软件所采用。

(四)数据预处理

1. 分类特征分析与提取

1)主成分变换分量特征

为了提取包含主要植被和土壤的特征信息,减少噪声和信息冗余对分类的影响,采用了主成分变换。首先,对 SPOT 和 ASTER 的 13 个波段数据进行几何配准和重采样,空间分辨率均重采样为 15 m。然后对该多波段数据集进行主成分分析,选取包含了 95% 信息量的前 5 个分量作为分类特征(以 PCA1 - 5 表示)。

2)K - T 变换分量特征

K - T 变换可提取植被和土壤这两个土壤分类的主要特征信息,因此对 SPOT 多波段数据进行 K - T 变换,选择包含土壤信息的亮度分量和包含植被信息的绿度分量作为分类特征(用 TC1 和 TC2 表示)。

3)归一化植被指数(*NDVI*)

植被指数是对地表植被活动的简单、有效的度量,可反映不同土壤类型的生物特性差异,例如生物量、覆盖度等。其中,*NDVI* 是应用最广的植被指数,用 ASTER 数据的红外波段和近红外波段计算 *NDVI*。

4)湿度指数(*NDMI*)与水体指数(*NDWI*)

湿度指数 *NDMI* 可反映植被水分和土壤湿度的信息,对区分土壤类型具有一定的贡献,研究也将其作为分类特征之一。湿度指数 *NDMI* 基于短波红外波段(ASTER 的 *Band*4 波段)受水吸收带的影响,对湿度、含水量信息非常敏感,且绿波段(ASTER 的 *Band*1 波段)对水体反射较强的特点,选用 ASTER 的两个波段经标准化处理构建而成,其表达式为

$$NDMI = (Band1 - Band4)/(Band1 + Band4)$$

另外,为区分湖泊、沼泽等水体,选用了以 ASTER 数据为基础的水体指数 *NDWI*,其表达式为

$$NDWI = (Band1 - Band3)/(Band1 + Band3)$$

5)纹理特征

纹理特征作为辅助信息,在土地利用/土地覆盖分类中对分类精度的提高作用得到了广泛认可。本研究引入该特征,以期在区分具有相近光谱特征、不同纹理特征的土壤类型方面取得较好的效果,例如沙丘、洪积扇等。采用的纹理分析方法为灰度共生矩阵法,该方法建立在估计图像的二阶组合条件概率密度函数基础上。实验中使用了表达可视纹理的局部平稳(Homogeneity)特征参与分类。通过对多个波段进行可视化对比与分析后,选用 ASTER 的 *Band*3 波段进行图像纹理特征提取(表示为 HOM)。

6)地形特征

地形与土壤类型存在着密切的关系。研究区为典型的干旱区盆地地形,高程和坡度对地下水位的影响是造成荒漠化、盐碱化及沼泽化土壤类型分异的主导因素,研究中采用了基于 DEM 的高程、坡度、曲率等 3 个地形特征参数(分别表示为 ELV、SLOP 和 CAV)。

2. 合成分类特征数据集

将分类特征数据集进行几何配准,将各数据层的像元大小重采样为 15 m,按所有数据层叠合的范围进行裁切,形成具有 15 层数据的分类特征数据集。将实地调查样点按 GPS 获取的坐标进行数字化,建立与分类特征数据集配准的样点矢量图层、2004 年土地利用现状数据图层及基于土壤数据库的土壤分类图层,在 GIS 软件中建立数据库,集中管理。

(五)土壤遥感分类系统及分类特征分析

1. 土壤数据库资料存在的问题

结合实地调查数据、土地利用图、土壤数据库图层和遥感图像分析,发现作为分类训练数据和验证数据的土壤类型图层存在以下问题:

1)直接将土壤发生学分类系统作为遥感分类系统存在的问题

土壤数据库是基于土壤发生学分类系统进行土壤类型区分的,其土壤亚类分类依据主要强调成土过程差异和剖面形态,而并不是完全与景观对应。因此,不同亚类土壤可能具有相同或极相似的景观,这给遥感判别造成了一定困难。例如,分属不同土类的沼泽盐土、草甸沼泽土、沼泽土具有近似的沼泽景观。又如,不仅盐土类的各亚类土壤具有盐碱化特性,灰漠土类的盐化灰漠土亚类及草甸土类的盐化草甸土亚类也具有盐碱化特性。因此,为了便于遥感自动分类,可考虑根据景观特征和遥感信息特征对分类单元进行适当的归并和调整,进而建立适合遥感分类的土壤分类体系。

2)历史资料与现状不符

第二次全国土壤普查的土壤类型的遥感判别是依据 30 年前的景观特征,土壤图中反映的也是约 30 年前的土壤类型分布状况。而实验区地处绿洲农业区,人为干扰对地表景观的影响明显,完全按历史资料进行训练数据的采集将导致错误的分类结果。

3)资料本身的误差问题

第二次全国土壤普查中大量应用了遥感目视判别,尤其是在西北地区。但该方法及其成果本身存在的误差已无法准确评估。

4)资料比例尺的适用问题

相对于 ASTER 的 15 m 空间分辨率而言,比例尺为 1:100 万的土壤数据库提供的资料较粗略,难以反映出实验区实际土壤类型的空间分布细节。但在别无其他更详细的资料的情况下,该土壤数据库仍对实验具有重要的参考价值。

为解决以上问题,本书在依靠实验区土壤数据库的基础上,根据现场调查及采样分析结果,结合遥感图像上反映的景观信息,对遥感分类系统进行了调整,并制订了相应的训练数据采集方案。

2. 遥感分类系统分析

在 GIS 软件中,将实地调查采样点、土地利用现状图、土壤图、遥感图像等数据进行叠合,参照第二次全国土壤普查提供的土壤类型、景观判别特征,分析各层数据反映的土壤分布和景观差异规律,结合土壤数据库可有效地提取训练数据。

3. 训练数据采集

在可分离度分析之前,需在分类特征数据集上对各类别进行训练数据采集。数据采集方案采用了以下原则和方法:

（1）将景观已发生明显变化，或与土壤类型对应的景观完全不符的土壤图图斑排除，不作为训练数据和验证数据采集区。例如，前面提到的干旱盐土、盐化灰漠土及其他类似情况的土壤类型。

（2）将与土壤景观相符的实地调查样点作为有效的数据采集点，并作为选取训练数据采集区的参考点。

（3）参考 ASTER 的绿、红、近红外 3 波段假彩色合成图像，根据图像特征和实地调查参考点，在有效的土壤图各类型图斑中选取数据采集点。

（4）若无准确的实地调查样点可参考，则根据土壤图在相应类别图斑内随机采集数据。根据以上原则，在分类数据集上分别对 17 个亚类和湖泊水体进行了训练数据采集，每一类的训练数据为 70 个左右。

4. 土壤类型可分度分析

本书基于训练数据集，采用了 Jeffries – Matusita 距离（J – M 距离）方法进行了类间可分度分析。J – M 距离是类对间统计可分性的一种度量，是两个类别的密度函数之间的平均差异的一种度量。其取值在 0.0~2.0，值越大，类对间可分性越好。一般认为大于 1.9 的类之间具有较好的可分性。

5. 类合并与分类系统调整

农田景观中的几类土壤可分度不高，需进行合并，合并后统称为农田土壤。具有草甸、盐碱和沼泽景观特征的几类土壤中，将草甸沼土、盐化草甸土、草甸盐土合并，统称为草甸盐土；将盐化沼泽土与沼泽盐土合并，统称为沼泽盐土。荒漠景观环境中，各类土壤间可分性较好，无须合并。类合并后，对相应的采样数据也进行合并。

6. 分类特征调整

采用不同的分类特征组合，对景观特征相似的土壤类对训练数据进行 J – M 距离分析。随着分类特征数量的增加，类对间 J – M 距离普遍增大，说明分类特征是有效的。比较 *NDMI* 和 *NDWI* 发现，*NDMI* 对几类土壤的分类效果更好，因此从分类特征中删除 *NDWI*。地形参量中，使用高程（ELV）和坡度（SLOP）两变量可明显改善区分效果，而增加地表曲率（CAV）对类对区分的效果并不明显。这与本研究区范围较小、地形起伏不大等有关。

（六）分类结果分析

采用调整后的分类特征组合与分类系统进行最大似然监督分类，得到分类结果图，如图 4-34 所示。

从图 4-34 可以看到，自位于东北的湖滨到西南方向洪积扇地区依次分布着沼泽盐土、草甸盐土、结壳盐土、农田土壤和荒漠化土壤。沼泽盐土除分布在湖滨沼泽地区外，在洪积扇下缘也有少量分布。光谱特征相近的荒漠化类型的土壤得到了较好的区分，例如荒漠风沙土、灰漠土、灰棕钙土等。此外，地形参量的

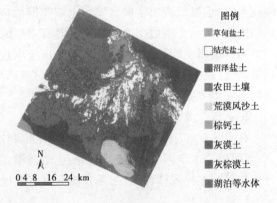

图例
- 草甸盐土
- 结壳盐土
- 沼泽盐土
- 农田土壤
- 荒漠风沙土
- 棕钙土
- 灰漠土
- 灰棕漠土
- 湖泊等水体

图 4-34　研究区土壤遥感分类图

引进,表现为裸露地表的结壳盐土与荒漠化土壤之间也得到了较好的区分。

第五节　高光谱遥感的应用

高光谱遥感是高光谱分辨率遥感(Hypeispectral Remote Sensing)的简称,它是在电磁波谱的可见光,近红外、中红外和热红外波段范围内,获取许多非常窄的光谱连续的影像数据的技术(Lillesand 和 Kiefer,2000)。其成像光谱仪可以收集到上百个非常窄的光谱波段信息(见图4-35)。

高光谱遥感与一般遥感的主要区别在于高光谱遥感的成像光谱仪可以分离成几十甚至数百个很窄的波段来接收信息;每个波段宽度仅小于 10 nm;所有波段排列在一起能形成一条连续的、完整的光谱曲线;光谱的覆盖范围从可见光到热红外的全部电磁辐射波谱范围。而一般的常规遥感不具备这些特点,常规遥感的传感器多数只有几个、十几个波段;每个波段宽度大于 100 nm,更重要的是这些波段在电磁波谱上不连续。例如 TM 数据第三波段为 0.63 ~ 0.69 μm,而第四波段是 0.76 ~ 0.90 μm,中间 0.69 ~

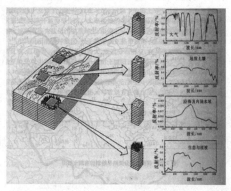

图 4-35　成像光谱仪的数据特点

0.76 μm 完全没有数据。所有波段加起来也不可能覆盖可见光到热红外的整个波谱范围。就第四波段而言,其宽度是 140 nm。如果换成 10 nm 宽的高光谱数据,TM 的一个波段在高光谱里对应 14 个波段,高光谱的信息量大大增加。

高光谱遥感的出现是遥感界的一场革命。其丰富的光谱信息,使具有特殊光谱特征的地物探测成为可能,因此有广阔的发展前景。20 多年来,高光谱遥感是以航空遥感为基础的研究发展阶段,1999 年年底第一台中分辨率成像光谱仪 MODIS 成功地随美国 EOSAM – 1 平台进入轨道,以及欧空局和日本等高光谱卫星遥感计划,使得高光谱遥感进入航天遥感并在应用的深度上有较大的突破。

一、高光谱遥感在地质调查中的应用

地质是高光谱遥感应用中成功的一个领域。图4-36 表示 5 种矿物的连续光谱特征,同时标出了相应的 TM 第7波段在波谱中的位置。从图4-36 可以看出,TM 的宽波段探测不出矿物在这一波段的吸收峰,而恰恰这正是各种矿物和岩石在电磁波谱上显示的诊断性光谱特征,也是遥感解译矿物成分的识别标志。高光谱的窄波段可以有效地区别矿物的吸收特征,从而成功地识别矿物。

从高光谱遥感数据中提取各种地质矿物成分也需要发展许多技术方法。主要的技术方法如下。

(一)光谱微分技术
光谱微分技术是对反射光增进行数学模拟和计算不同阶数的微分,来确定光谱曲线的弯曲点和最大最小反射率的对应波长位置。在地质遥感上可以确定波长位置、深度和波段宽度,以及分解重叠的吸收波段和提取各种参数,从而达到识别矿物的目的。

（二）光谱匹配技术

光谱匹配技术是对地物光谱和实验室测量的参考光潜进行匹配或地物光谱与参考光谱数据库比较,求得它们之间的相似性或差异性,以达到识别的目的。两种光谱曲线的相似性常用计算的交叉相关系数及绘制交叉相关曲线图来确定。有时也采用编码匹配技术粗略识别岩石矿物的光谱。

（三）混合光谱分解技术

混合光谱分解技术用以确定在同一像元内不同地物光谱成分所占的比例或非已知成分。因为不同地物光谱成分的混合会改变波段的深度、位置、宽度、面积和吸收的程度等,这种技术采用矩阵方程、神经元网络方法以及光谱吸收指数技术等,求出在给定像元内各成分光谱的比例。

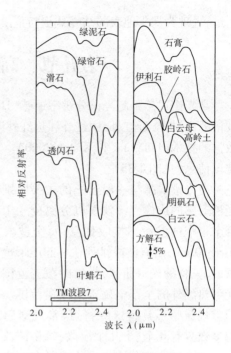

图 4-36　实验室矿物光谱说明矿物
光谱的诊断性吸收、反射特征

（四）光谱分类技术

光谱分类技术在高光谱遥感中仍然是有效的识别方法之一。常用的有最大似然分类法、人工神经网络分类法、高光谱角度制图法。前两种方法书中已有介绍。高光谱角度制图法是通过算一个像元测试光谱与参考光谱之间在波段坐标空间的"角度"来确定两者的相似性。

（五）光谱维度特征提取方法

光谱维度特征提取方法可以按照一定的准则直接从原始空间中选出一个子空间;或者在原特征空间与新特征空间之间找到某种映射关系。这一方法是以主成分分析为基础的改进方法。

（六）模型方法

模型方法是模拟矿物和岩石反射光谱的各种模型方法。因为高光谱测量数据可以提供连续的光谱抽样信息,这种细微的光谱特征使模型计算一改传统的统计模型方法而建立起确定性模型方法。因而,模型方法可以提供更有效和更可靠的分析结果。

以上各种方法均有成功的案例可以借鉴。

二、高光谱遥感在植被研究中的应用

健康的绿色植物光谱曲线由于叶绿素的吸收作用,在 0.45 μm（蓝）和 0.67 μm（红）波段为低谷;由于叶子内部液态水分的强烈吸收作用,在 1.4 μm、1.9 μm 和 2.7 μm 处有

3 个明显的低谷。在近红外区(0.7 ~ 1.3 μm)有很宽的高反射率区。此外,在 1.6 μm 和 2.2 μm 处也有 2 个反射峰。但是,由于植物品种、叶子生长的部位、生长季节等的区别,植被光谱曲线的峰和谷的形态、位置都会产生很大的差异(见图 4-37)。高光谱成像光谱仪对波段的精细划分,能够记录这些光谱特征的差异,而一般的遥感宽波段数据是不能做到的。

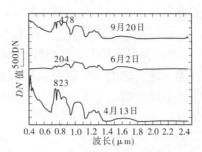

图 4-37 三个季相的常绿阔叶林的数字光谱值

在植被遥感研究中,较多的研究有植被类型的识别与分类,植被制图、土地覆盖利用变化的探测、生物物理和生物化学参数的提取与估计等。在这方面已可以将研究精度提高到对植物叶子内的氮、磷、钾、糖类、淀粉、蛋白质、氨基酸、木质素、纤维素及叶绿素等的估测,评价植物长势和估计陆地生物量。在植物生态学研究中可以研究叶面积指数的估计、植物群落和种类的识别、冠层各种状态的评价,并进而研究生物量和植物长势。这些研究与一般遥感数据研究相比,从探度和精度上都有了飞跃。

植被遥感研究的分析方法除应用于地质分析中的这些方法外,主要有以下几种技术。

(一)多元统计分析技术

用原始的光谱反射率或经过微分变换、对数变换、植被指数变换或其他数学变换后的数据作为自变量,以叶面积指数、生物量、叶绿素含量等作为因变量,建立多元回归预测模型来估计或预测生物物理参数和生物化学参数。

(二)基于光谱波长位置变量的分析技术

基于光谱波长位置变量的分析技术是根据波长或其他参数的变化量为自变量,求得与因变量的关系来估计因变量。例如,位置在 0.68 ~ 0.75 μm 的光谱曲线,找到其一阶微分的最大值,该值对应的波长称为"红边"。当植物叶绿素含量高,生长活力旺盛时,"红边"向长波方向移动;当植物被病虫害感染或受到污染时,"红边"将向短波方向移动。同时,绿色植物的绿光反射峰却有相反的规律。研究这些光谱的变化规律可以导出植被的状况。

(三)光学模型方法

光学模型方法是基于光学辐射传输理论的模型。例如,植冠光学模型计算双向反射特征其反演模型可提取生物物理参数、生物化学参数。

(四)参数成图技术

根据所选择的预测模型通过高光谱像对每个像元计算单参数预测值,并将其分类后成图。

三、高光谱遥感在其他领域中的应用

(一)大气遥感

目前用高光谱研究大气,主要目标是水蒸气、云和气溶胶研究。过去的工作多是利用 AVIRIS 高光谱数据,特别是利用以下三个光谱通道:0.94 μm 和 1.14 μm 是两个重要的水蒸气吸收通道,1.04 μm 是重要的水蒸气窗口通道。这里三通道比值被用来识别云层区域,其定义为 $3BR = [I_{(0.94 \mu m)} + I_{(1.14 \mu m)}]/2I_{(1.14 \mu m)}$,式中 I 为 AVIRIS 对应于波长的测量强度。由于云层顶和背景之向水蒸气路径差异,这种比值能增强云与背景的可分离性。另外,从高光谱数据中可以逐像元地提取大气总柱水蒸气信息,从而推算地表反射率,也可以在两个不同的研究点上,将高反差的自然地表和人工地表(塑料薄膜覆盖物)作为实验场地,以获取气溶胶厚度信息。

(二)水文与冰雪

利用高光谱成像光谱仪可以测定沿海、江河、湖泊中的叶绿素、浮游生物、有机质、悬浮物、水生植物等以及它们的分布。例如,利用 AVIRIS 数据研究美国 Tahoe 湖的叶绿素浓度和湖底深度制图;利用沿岸水色扫描仪从已经纠正的 AVIRIS 图像上提取湖水叶绿素浓度,并与瓶装湖水样品分析结果进行比较,两者结果非常一致。

利用高光谱 AVIRIS 光学图像还可以探测到冰雪覆盖度、粒径、地表液态含水量、混杂物和深浅等冰雪性质。例如,利用一种新的光谱混合分析技术,改善了高山地区雪盖面积的判读精度。

(三)环境与灾害

高光谱图像可以用来探测危险环境因素,例如编制酸性矿物分布图、特殊蚀变矿物分布图、评价野火危险的等级等。

利用多种航空航天遥感资料,普通遥感与高光谱遥感数据结合探测火灾的发生地点以及其他与燃烧现象有关的地表生物量,燃烧的后果,地表组成及更新情况。

高光谱遥感调查还用于研究弃矿环境的恢复等问题。

(四)土壤调查

高光谱土壤遥感可以提供土壤表面状况和土壤性质的空间信息、空间差异性。但由于土壤性质的空间变化是连续的,土壤表面覆盖使土壤调查与监测比较困难。实验室光谱测定 0.52 ~ 2.32 μm 的土壤二向性反射光谱,将这些光谱归纳为五种土壤反射光谱曲线,如图 4-38 所示。

研究表明,预测土壤有机质含量最佳的波段为 0.62 ~ 0.56 μm,预测模型为

$$有机质含量 = K \frac{d[\lg(1/r_{0.62})]/d\lambda_{0.62}}{d[\lg(1/r_{0.62})]/d\lambda_{0.56}}$$

式中:r 为反射光谱值;K 为待定常数。

利用高光谱研究土壤退化和侵蚀也取得了成效。例如,发现了土壤组之间光谱差异明显,利用这一差异可以区分性质相似的土壤类型。同时,发现实验室测定的野外土样光谱与 AVIRIS 测量的光谱相关性很高,表明这种传感器识别土壤变异的本领可以与实验室光谱分析类比。这种数据经过处理也可以用来编制土壤分布图。

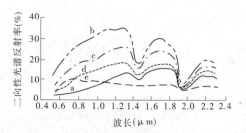

a—有机质控制类型;b—最小改变类型;c—铁影响类型;d—有机质影响类型;e—铁控制类型

图 4-38 五种矿物土壤表面样本的代表性反射光谱

高光谱分辨率数据和高空间分辨率数据相结合的光谱混合模型,可以描述地表分组数量和分布特征。例如,将干草和绿色植被从与土壤有关的细微地表光谱成分中区分开。

(五)城市环境

高光谱分辨率和高空间分辨率遥感数据的结合,有可能细分出城市地物和人工目标。例如结合特征提取技术,采用"分级掩模",逐级分类再作复合处理成图,在城市地物区分过程中很有成效。但是总的来说,城市环境遥感方面的工作还有待深入研究。

第五章 地质博物馆建设内容

博物馆与大学渊源深厚,不论国内还是国外,博物馆均起源于大学。世界上第一座博物馆是建于公元前 283 年的埃及亚历山大博物院,它是一座大学博物馆,时称缪斯学园,是当时世界上最大的科学与艺术中心。中国第一座博物馆——南通师范学校博物苑建于1905 年,也是一所高校博物馆,是为 1902 年所建南通师范学校教学服务的。

第一节 建设意义

高校博物馆是产生实践性知识的场所。知识一般总结为三种形态,即规则性知识、实践性知识和批判性知识。规则性知识指人在从事某种活动时必须遵从的某种规则;实践性知识是人在实践或应用知识的过程中获得的知识;批判性知识是人通过有意识的反思活动,在不断摆脱受控过程中所获得的知识。

三种形态的知识中,实践性知识很重要,是实现创新的关键。如引发第一次产业革命的蒸汽机的发明者瓦特、电的发现者法拉第、电灯泡的发明者爱迪生等,都具有充分和杰出的实践性知识。实践性知识中重要的一部分就是应用性知识,是在对规则性知识的应用过程中产生的知识。对学生创新能力培养而言,实践性知识能使规则性知识活化起来。学生在应用规则性知识时,会出现与确定性知识要求的条件、环境有所差异的情景,这容易催生新的知识出现,使得这种知识的获得过程成为一种发现和发明过程。

高校博物馆是培育人文精神和科学精神的重要实践平台。人文精神已成为当今社会生活的基本组成要素,不仅体现人们对传统文化的积淀和反思,而且以人与人、人与自然等一系列社会相互关系为对象的价值体系。历史人文类大学博物馆体现的人文精神,能使学生在广泛的文化情境中认识人类社会的丰富性和复杂性。科学精神是人们在长期的科学实践活动中形成的共同信念、价值标准和行为规范的总和,是贯穿科学活动的基本精神状态和思维方式,体现在科学知识中的思想或理念。大学博物馆可以通过门类齐全的学科、丰富的藏品和各种展示手段,来培养学生的科学精神。

高校博物馆具有开展创新教育的优势。大学博物馆教育知识与课堂教育知识是不同的。课堂教育是传授公认的、权威的知识与标准,大多为规则性知识。而大学博物馆教育则强调学习的趣味性,其特点在于学生自愿与自我导向,由学生的兴趣、好奇、探索、幻想、互动而产生学习动机,从而进行文化陶冶。博物馆教育活动可以像游戏一样让人产生强烈的新奇感、兴趣感和刺激性,让人感到愉悦,通过这种方式获取的知识往往为实践性知识。大学博物馆教育可以是线性延续的,也可以是非线性的,它提供的是一种经验基础和进一步学习的动机,使受教育者对概念、主题、过程与科学方法有更好的理解。让参观者通过视觉、听觉等多种感官功能和运用形象思维,在无拘无束参与、评价等多种实践活动中切身体验。这是基于兴趣的、没有压力的学习。从传播学选择性接触和选择性注意理论、传播场域理论来看,这种充满兴趣地愉悦地参观与互动,可以激发学习者兴奋的求解过程并建构新的概念和思想。这比课堂的激疑启发式教学更有效果。课堂激疑往往有局限,一般是教师提出问题,学生沿着问题去思索,而博物馆教育中的疑问可以由不同学生个体提出,自己去求解,疑问是全方位的、扩散的,因此知识的创新概率更高。

真正的大学必须有学术性教学、科学与学术性研究以及创造性的文化生活建构,博物馆在这三方面都起着重要的作用。可见,将大学教育和博物馆文化、教育、科研等功能很好地结合,是大学博物馆今后发展的主要方向,是教师充分利用博物馆资源进行实践教学的有效平台。

高校博物馆大体上可分为人文科学博物馆、自然科学博物馆和综合博物馆三大类型,地质博物馆属于自然科学博物馆。

博物馆的教育活动归纳为三大类:馆内基本教育活动、辅助学校的教育活动以及服务社会的教育活动。高校博物馆教育功能内涵包括通识教育、休闲教育、科普教育、爱国教育、环保教育、旅游教育及大学生理想信念教育和校园文化建设。

地质博物馆不仅是包头师范学院资源与环境学院的专业象征,也是包头市科技文明建设的成果与标志。地质博物馆在促进包头师范学院相关专业自身发展的同时,可更好地为传承人类文明、文化做贡献。

地质博物馆的建馆宗旨是为配合学校教学、科研服务的,是本校师生教育实习及科学研究的场所,被誉为大学教育的"第二课堂"和实践平台,科学研究的"实验室"。它可以反映出学校具有的文化品位,也是学校的一个重要的窗口,具有馆藏丰富,学术性、专业性强的特点。高校博物馆教育功能具有专业性、系统性、学术性、研究性,是丰富和加深学生学习、创新和改变教师教学、促进和完善学生教育的重要场所,也为高校科研工作者开展科学研究进行学术交流提供重要平台。高校博物馆注重的是藏品的科学意义和典型意义,强调的是博物馆的科研价值和教学用途。

让学生通过矿产资源的丰富性和稀有性、不可再生性,认识到矿产资源对科技进步、经济发展的重要支撑意义,对人类社会生产力发展的决定性意义,对历史文化发展的久远影响。

旧石器时代(包括远古最早期的玉器时代)、新石器时代、青铜器时代、铁器时代,工业革命的蒸汽机时机,到现代的集成电路、光纤通信等信息时代的材料,都离不开矿物资源。

每一块地质标本,是自然界和人类社会物质文明、精神文明发展的见证物,是宇宙间星球之一地球演化的缩影。专业教学功能是地质博物馆最基本的职能,地质博物馆是大学本科学生进行地质内容专业实践性学习的有效平台,使学生通过地质博物馆的内容了解地壳中矿物与岩石、构造运动和构造变动、地壳演化简史、地质学在资源与环境中的应用等内容。地质博物馆中的地质标本涵盖了地质学基本知识、基本理论和主要应用方面,突出了基础性与实用性。其中,主要矿物与岩石的识别是地理专业野外工作的基础,地质构造标本是认识区域地质特征的基础,岩石的相互转化是认识洲际地貌特征和海陆变迁规律的基础,生物化石是了解地壳演化历史、认识现在、估测未来的基础。岩矿、地层、构造等反映的基本知识是提高学生野外认知能力的基础,也是应用地质学的基础。

国际博物馆协会于1995年修改后的章程中定义"博物馆是一个为社会和其发展服务

的、非营利的永久性机构,并向公众开放。它为研究、教育、欣赏的目的,征集、保护、研究、传播并展出人类及人类环境的物证"。其中,肯定和强调了教育是博物馆的目的或说责任和功能,是一种面向全社会的、广泛的社会教育。其实人们对博物馆、博物馆教育的认识也走过了一个漫长的过程。从达官贵人陈列自己珍稀宝贝的私人场所,到对公众开放再到今天成为全社会的公益机构,也只有到了今天,博物馆的社会教育功能才得以有发挥作用的可能。参观博物馆是当代社会生活中人们进行文化休闲娱乐的主流,对中小学生免费开放是地质博物馆社会服务功能的拓展和延伸。

地质博物馆建成投入使用后,在满足专业实践教学任务的同时,还将对包头市中小学生免费开放,使其成为科普教育和活动的平台。在面向社会开放方面,充分考虑将地质博物馆的知识性、趣味性和观赏性全面表现出来,努力使所有观众达到启发兴趣、开阔视野的目的。

地质博物馆地质陈列标本主要从基础地质、矿产资源地质、地球环境演变、矿产资源与人文历史等方面进行建设。

第二节　地质博物馆地质标本结构

地质博物馆地质标本主要分为基础地质和矿产资源地质两大部分。

一、基础地质

基础地质陈列标本包括矿物标本、三大类岩石标本(包括岩浆岩、沉积岩、变质岩)、地质构造标本(包括褶皱、节理与断层等)以及集矿物岩石等特征的综合性、趣味性于一体的宝石类标本。

(一)矿物标本

矿物学内容是整个地质学课程中"基础的基础,核心的核心",是岩石学、宝玉石学、土壤及土壤地理学、冶金工业地理学以及与之配套的交通地理学等课程的前提与基础,是高校素质教育改革的重要组成部分。

矿物学内容具有以下三个特点:

①部分内容比较抽象,如矿物的自然形态(单体和集合体等)需要有较强的空间想象力。②实践性比较强。该课程不仅要求学生掌握基本的理论知识,而且还要求学生能用肉眼或者借助简单手段对矿物进行鉴定。因此,要加重实习课的力度,同时给学生创造室内外多途径接触各种矿物的机会,培养学生实际鉴定能力。③内容上具有较强的连贯性。如矿物晶体的形成,矿物的光学性质、力学性质等,如果对其中某一性质的本质没有认识或掌握,就难以完成对矿物的鉴定,将直接影响到后续内容的理解,因此在教学过程中要循序渐进、由浅入深。这就需要以地质博物馆中的矿物陈列室为平台,在完成矿物实验课教学内容的基础上,教师引导和促进学生综合观察矿物陈列室中的各类矿物陈列标本,自己去发现问题、提出问题和解决问题,使学生成为教学过程中主动、自觉的参与者和探索者。同时,始终把素质教育融于专业教育之中,促进个性全面、和谐、自由与充分的发展。树立学生热爱地质专业以及勤奋学习的思想和决心,使学生具有爱岗敬业、诚实守信、甘

于寂寞、团结协作精神和奉献精神的职业道德。

只有具备以下条件的物质才能称为矿物：

（1）矿物是各种地质作用形成的天然化合物或单质。它们可以是固态（如石英、金刚石）、液态（如自然汞）、气态（如火山喷气中的水蒸气）或胶态（如蛋白石）。

（2）矿物具有一定的化学成分。如金刚石成分为单质碳（C），石英为二氧化硅（SiO_2），但天然矿物成分并不是完全纯的，常含有少量杂质。

（3）矿物还具有一定的晶体结构，它们的原子呈规律的排列。如石英的晶体排列是硅离子的四个角顶各连着一个氧离子形成四面体，这些四面体彼此以角顶相连在三维空间形成架状结构。如果有充分的生长空间，固态矿物都有一定的形态。如金刚石形成八面体状，石英常形成柱状，柱面上常有横纹。如果没有充分的结晶时间或生长空间，矿物的固有形态就不能表现出来。

（4）矿物具有较为稳定的物理性质。如方铅矿呈钢灰色，很亮的金属光泽，不透明，它的粉末（条痕）为黑色，较软（可被小刀划动），可裂成互为直角的三组平滑的解理面（完全解理），很重（比重为 7.4 ~ 7.6）。

（5）矿物是组成矿石和岩石的基本单位。

体现矿物的几何性质（形态）及物理性质（主要是光学性质和力学性质）的陈列标本类型如表 5-1 ~ 表 5-5 所示。

表 5-1　矿物的几何性质——形态

矿物集合体类型	代表性矿物标本	矿物集合体类型	代表性矿物标本
柱状集合体	电气石	鲕状集合体	鲕状赤铁矿
粒状集合体	橄榄石	条带状集合体	萤石
晶簇状集合体	石英	同心圈层状集合体	孔雀石
放射状集合体	红柱石	皮壳状集合体	孔雀石
片状集合体	白云母	似层状集合体	玉髓
钟乳状集合体	方解石	晶腺状集合体	玛瑙
肾状集合体	肾状赤铁矿		

表 5-2　矿物的光学性质——颜色

矿物的颜色	代表性矿物标本	矿物的颜色	代表性矿物标本
红色	朱砂	紫色	萤石
粉红色	芙蓉石	棕色	石榴子石
橙色	铬铁矿	红褐色	赤铁矿
金黄色	自然金	黑色	石墨
黄色	雌黄	锡白色	毒砂
黄色	硫黄	白色	高岭土
浅铜黄色	黄铁矿	灰白色	菱镁矿
铜黄色	黄铜矿	灰色	石灰石（方解石）
绿色	孔雀石	铅灰色	方铅矿
淡翠绿色	佘太翠		

表 5-3　矿物的光学性质——颜色与透明度

矿物的光泽	代表性矿物标本	矿物的透明度	代表性矿物标本
强金属光泽	黄铁矿	完全透明	水晶
强金属光泽	方铅矿	完全透明	石英
半金属光泽	黑色铅锌矿	完全透明	橄榄石
金刚光泽	白钨矿	半透明	斜长石
强玻璃光泽	石英	半透明	朱砂
玻璃光泽	正长石	半透明	正长石
丝绢光泽	纤维石膏	不透明	黄铁矿
珍珠光泽	白云母	不透明	石墨
珍珠光泽	珍珠		
油脂光泽	石榴子石		
沥青光泽	磁铁矿		
土状光泽	高岭土		

表 5-4　矿物的力学性质——解理与断口

矿物的解理	代表性矿物标本	矿物的断口	代表性矿物标本
一组极完全解理	白云母	贝壳状断口	石英
一组极完全解理	黑云母	贝壳状断口	黑曜岩
一组极完全解理	石膏	纤维状断口	蛇纹石石棉
三组完全解理	方解石	锯齿状断口	自然铜
三组完全解理	方铅矿	参差状断口	钾长石
三组完全解理	萤石	土状断口	黄土
六组完全解理	闪锌矿		
中等解理	普通辉石		
中等解理	普通角闪石		
中等解理	正长石（显微镜下两组解理正交）		
中等解理	斜长石（显微镜下两组解理斜交）		
不完全解理	磷灰石		
极不完全解理	石英		

表 5-5　矿物的力学性质——莫氏硬度计

硬度	1	2	3	4	5
矿物	滑石	石膏	方解石	萤石	磷灰石
硬度	6	7	8	9	10
矿物	长石	石英	黄玉	刚玉	金刚石

莫氏硬度变化曲线图幅为长 0.90 m×宽 0.45 m,形象地展现了矿物硬度分组特征。

目前已知的矿物有 3 000 多种,按晶体化学分类将这些矿物分为 5 个大类,即自然元素矿物,硫化物及其类似化合物矿物,氧化物及氢氧化物类矿物,含氧盐矿物、硅酸盐类矿物、碳酸盐类矿物、硫酸盐类矿物以及其他含氧盐类磷酸盐、硼酸盐、钨酸盐等,卤化物。最常见的矿物的陈列标本如表 5-6 所示。

表 5-6　最常见的矿物

类别	代表性矿物标本
自然元素类	自然硫(硫黄)、石墨
硫化物类	辉铜矿、方铅矿、闪锌矿、黄铁矿、黄铜矿、朱砂、斑铜矿、铜蓝、辉锑矿、辉钼矿、辉铋矿、雌黄、雄黄、毒砂、
氧化物类	赤铜矿、刚玉、赤铁矿、金红石、锡石、软锰矿、石英、尖晶石、铬铁矿、磁铁矿、钡钛磁铁矿
硅酸盐类	锆石、橄榄石、硅镁石、红柱石、矽线石、蓝晶石、黝帘石、绿帘石、绿柱石、电气石、锂辉石、普通辉石、蔷薇辉石、普通角闪石、滑石、叶腊石、白云母、黑云母、海绿石、蛭石、高岭石、蛇纹石、萤石、正长石、钾微斜长石、斜长石、方柱石、沸石、蛇纹石石棉、石榴子石、十字石、青金石
硼酸盐类	硼砂
磷酸盐类	独居石、磷灰石
钨酸盐类	黑钨矿、白钨矿
硫酸盐类	重晶石、天青石、石膏和沙漠玫瑰、芒硝、明矾石
碳酸盐类	方解石、菱镁矿、白云石、文石、孔雀石、蓝铜矿、水锌矿、菱锌矿
硝酸盐	钾硝石
卤化物	萤石、石盐、钾盐

根据地球化学特征,在化学元素周期表基础上,制成包含矿物内容的化学元素周期表作为地质博物馆教学挂图。化学元素周期表中的每一个化学元素中有该元素在自然界的代表性矿物(或含该元素的主要自然物质)图片,其中原子序数 99 号以后的化学元素多为实验室获得的人工放射性元素,由于其半衰期太短,自然界难以找到其矿物,所以多以发现者图片代之。这幅包含矿物图片的化学元素周期表(长 1.50 m×宽 2.43 m)是地质博物馆内容的有效构成部分。

地球上的岩石根据矿物成分、岩石的结构构造及成因划分为三大类,即岩浆岩、沉积岩和变质岩。

(二)岩浆岩标本

根据岩浆岩石中 SiO_2 含量,将岩浆岩分成超基性岩($SiO_2 < 45\%$)、基性岩(SiO_2 45% ~ 52%)、中性岩(SiO_2 52% ~ 66%)和酸性岩($SiO_2 > 66\%$)四大类;根据成岩深度又将岩浆岩划分为深成岩、浅成岩和喷出岩。在此基础上采集的岩浆岩陈列标本如表 5-7 所示。

表 5-7　岩浆岩标本种类

类型	标本名称
岩浆岩总汇	苦橄岩、苦橄玢岩、角砾云母橄榄岩、橄榄岩、拉斑玄武岩、橄榄玄武岩、辉绿岩、辉长岩、橄长岩、安山岩、流纹岩、花岗斑岩、花岗岩
火山岩类	墨曜岩、浮岩、火山弹、火山凝灰岩、火山角砾岩、火山集块岩
花岗岩详细分类	钾长花岗岩、斜长花岗岩、二长花岗岩、文象结构花岗岩、蠕虫状结构花岗岩

还有岩浆岩分类(包括各类型岩浆岩主要的颜色、矿物成分、结构构造等内容)的专业挂图,图幅长 1.20 m × 宽 2.40 m,也是与展区地质标本配套的有机构成部分。

(三)沉积岩标本

沉积岩是指成层堆积的松散沉积物固结而成的岩石。按物质来源及组成成分分类如表 5-8 所示。

表 5-8　沉积岩陈列标本种类

类别	火山源	陆源		内源		
大类	火山碎屑岩	陆源沉积岩		内源沉积岩		
		碎屑岩	泥质岩	蒸发岩	非蒸发岩	可燃有机岩
按粒径分类	集块岩 火山角砾岩 凝灰岩	砾岩 砂岩 粉砂岩	高岭土黏土岩 水云母黏土岩 蒙脱石黏土岩 泥岩 页岩	石膏 – 硬石膏岩盐 钾镁盐	铝质岩 铁质岩 锰质岩 磷质岩 碳酸盐岩 硅质岩	煤 油页岩

根据表 5-8,按地球化学环境为代表的泥岩标本如表 5-9 所示。

表 5-9　沉积岩地球化学环境标本

地球化学环境	代表性泥岩	地球化学环境	代表性泥岩
强氧化环境	紫红、红色泥岩	弱还原环境	浅灰色泥岩
氧化环境	浅红紫色泥岩	还原环境	深灰色泥岩
弱氧化环境	浅黄色泥岩	强还原环境	黑色泥岩
过渡环境	白色泥岩		

按照砂、砾岩粒级大小采集的陈列标本如表 5-10 所示。

表 5-10 沉积砂岩粒级标本 （单位:mm）

粒级	结构命名	备注
>100	巨砾	>2 即为砾, 据磨圆度分为 角砾岩、砾岩和 角砾质砾岩
10~100	粗砾	
1~10	细砾	
2~0.5	粗粒砂岩	
0.5~0.25	中粒砂岩	
0.25~0.05	细粒砂岩	
0.05~0.005	粉砂岩	
<0.005	黏土岩类	

古生物化石标本因数量少,目前暂时划分到沉积岩系列中,目前比较理想的化石标本有铁化木(木材被完全褐铁矿化)、褐铁矿化质碳化木(木材被碳化的同时发生褐铁矿化)、玛瑙化菊石化石等。地质博物馆专门制作侏罗纪恐龙生存环境沙盘。

从地质时代上而言,恐龙大约最早出现在三叠纪(距今 250 百万~205 百万年),繁盛于侏罗纪(距今 205 百万~137 百万年),灭亡于白垩纪晚期(距今 137 百万~65 百万年),时间跨度达 185 百万年,即 1 亿 8 千 500 万年。

对恐龙的分类比较复杂,目前最为权威的专业性分类是古生物学家根据其骨骼化石形状将它们分成蜥臀目和鸟臀目两大类,通俗而言即蜥龙类、鸟龙类。根据它们的牙齿化石,还可以推断出是食肉类还是食草类。根据恐龙骨胳化石的复原情况判断恐龙种类很多,有天上飞的、水里游的、陆地上爬行的,可以说海陆空环境中都有恐龙的身影。

（四）变质岩标本

变质岩是指受到地球内部力量(温度、压力、应力的变化,化学成分等)改造而成的新型岩石。由岩浆岩形成的变质岩称为正变质岩,由沉积岩形成的变质岩称为副变质岩。代表性的变质岩陈列标本有如下种类:

动力变质作用形成的岩石类型:碎裂岩、糜棱岩。

接触变质作用形成的岩石类型:角岩、矽卡岩、蛇纹岩。

区域变质作用形成的岩石类型:石英岩、大理岩、竹叶状大理岩、板岩、千枚岩、片岩、片麻岩、变粒岩、麻粒岩、榴辉岩。

区域混合岩化作用形成的岩石类型:重熔作用形成具有眼球状构造的眼球状混合岩、再生作用形成钾长花岗岩中钾长石的蚀变边结构(钾长石边缘蚀变矿物为黝帘石)。

三大类岩石转化结构图(长 1.20 m×宽 2.40 m)是了解和认识岩石与地质构造演变关系专业教学挂图。

（五）地质构造标本

褶皱(向斜、背斜),平行剪节理(X节理)、张性节理、压性节理;断层(正断层、逆断层、左行平移断层、右行平移断层)及断层面的断层擦痕、断层破碎带的构造角砾岩等。

特别需要介绍一下新设计的"地质年代表"。

新设计的"地质年代表"(长 1.50 m×宽 4.00 m)从左到右横排,表中有代表性地质构造运动、古生物(典型植物和动物)及代表性地质生物现象的图片,这幅挂图是地质博物馆与标本内容有机结合的核心构成部分。

与地质构造展区配套的图有"洋壳运动过程——威尔逊旋回(Wilson Cycle)"(0.80 m×0.60 m),形象、生动地展示了洋壳从①胚胎期—东非裂谷,②幼年期—红海—亚丁湾,③成年期—大西洋,④衰退期—太平洋,⑤终结期—地中海,⑥遗痕期—喜马拉雅山等过程完整的地质构造运动旋回,图幅内容丰富多彩,有利于学习者充分理解大地构造运动等内容。

(六)宝石类标本

为了提高学生的学习兴趣,在矿物学各论部分教学中每讲到一种矿物,就及时扩充珠宝和材料学方面的内容。如自然元素大类中,补充自然金、金刚石等宝石学知识;氧化物及氢氧化物大类中,补充红宝石、蓝宝石、水晶及欧泊的相关知识;在岛状硅酸盐亚类中介绍橄榄石、石榴子石;在环状硅酸盐亚类中介绍祖母绿、碧玺等相关内容;在链状硅酸盐亚类学习普通辉石、普通角闪石时,要联系到硬玉翡翠和软玉和田玉、岫岩玉的内容;学习斜长石时要联系到河南南阳的独山玉,并进一步扩展到蔺相如"完璧归赵"的和氏璧;在层状硅酸盐亚类如白云母、黑云母中介绍蛇纹石石棉的隔热保温和防火,蛭石绝热、隔音及阳离子交换等材料学、宝石学中蛇纹石玉(岫岩碧玉)等方面的知识。实践表明,在矿物学习中再补充宝石学应用等方面知识的学习中,学生对矿物实用性的学习兴趣很大。因此,适当加强矿物应用方面的内容,通过地质博物馆宝石原料陈列室为平台给学生安排物理性质特殊的矿物——宝石原料的直接观察,有助于提高学生学习的积极性。同时,还专门设计了一幅"常见宝玉石基本特征"挂图(长 1.50 m×宽 2.43 m),是地质博物馆与宝石原料标本内容相配套的有效构成部分,图中选取有代表性的国内外著名宝石、玉石、砚台石、印章石等 60 种,每种宝石有彩色图片、宝石名称(英文名称)及矿物名称、主要产地等专业信息,可提高标本展出的趣味性。展出的标本分为宝石原料和人工宝石两大类。

1. 宝石原料

宝石原料如下:

芙蓉石、佘太翠、蛇纹石玉、碧玉、刚玉、玛瑙、玛瑙质菊石、祖母绿、月光石、石榴子石、尖晶石、碧玺、黄玉、橄榄石、磷灰石、方柱石、锂辉石、透辉石、翡翠、水晶、菊花石(红柱石)、虎睛石、欧泊、紫水晶、菱锰矿、独山玉、岫岩玉、玫瑰石(蔷薇辉石)、绿帘石、葡萄石。

印章石类:巴林石、寿山石、青田石。

砚台石类:端砚、歙砚、洮砚。

2. 人工宝石

人工宝石如下:

人工水晶、人工晶钻、人工尖晶石、合成立方氧化锆、人工锆石及其 10 多个琢型、合成祖母绿、人工石榴石、人工海蓝宝石、合成星光蓝宝石、合成星光红宝石等。

我国宝石以广西梧州生产量大、品种多而著名。梧州主要加工合成立方氧化锆为主的人工宝石,人工宝石年产量约占国内的80%、世界的70%,年加工、集散、交易数量达120亿粒以上,是目前世界上最大的人工宝石加工和集散地。以此让学生了解和认识人工宝石业发展对提供就业、发展珠宝消费业经济的意义。

强化实践教学是地质学基础课程教学的核心,同时通过逐步扩充不同矿物、岩石、矿产资源等相关实用知识,结合科研实际,稳固了学生的专业思想,增强了学生学习的主动性和能动性,利用多媒体、互动式的教学手段,活跃了课堂气氛,提高了学生的学习兴趣。

二、矿产资源地质——内蒙古代表性矿产资源概述

对于内蒙古地区的代表性矿产资源标本目前主要包括白云鄂博稀土矿、铁矿、铬铁矿、辉钼矿、铅锌矿、硫铁矿(黄铁矿)、黄铜矿、含锗褐煤、石墨、菱镁矿、萤石、红柱石、膨润土、珍珠岩、芒硝、佘太翠、巴林石等。

(一)白云鄂博稀土矿

白云鄂博稀土矿床标本1套:58块(包括矿石标本和围岩标本)。

白云鄂博稀土矿的主要矿石类型有赤铁矿型铌-稀土-铁矿石、霓石型-稀土-铁矿石、钠闪石型铌-稀土-铁矿石、磷灰石型铌-稀土-铁矿石、萤石型铌-稀土-铁矿石、黑云母型铌-稀土-铁矿石、白云石型铌-稀土-铁矿石、白云大理岩型铌-稀土矿石、长石型铌-稀土矿石、矽卡岩型铌-稀土矿石。

邓小平同志1992年南巡时曾说:"中东有石油,中国有稀土。"中国是世界稀土生产第一大国,主导着全球稀土原料供应市场(占稀土供应市场份额的95%),其中世界上最大的白云鄂博铁-轻稀土-铌共生矿床富含La、Ce、Sm和Eu等轻稀土元素,占全国储量80%、世界储量38%以上。

La、Ce、Pr、Nd、Sm、Eu等轻稀土金属主要用于农用稀土微肥、治疗癌症特效药、化学反应催化剂、玻璃抛光粉、精密光学玻璃、光纤放大器、航空航天和深海载人潜水器特种合金等,其中国际空间站阿尔法磁谱仪(寻找宇宙暗物质的关键子探测器)中的钕铁硼磁体就由中国包头生产,全球核电站核反应堆控制棒Sm^{-149}需求量的95%由中国供给。

在目前的世界矿产资源供应市场体系中,"中东有石油",第三世界主要石油生产国成立的石油输出国组织在国际石油市场具有很有影响力的话语权。石油输出国组织即OPEC(Organization of Petroleum Exporting Countries),中文音译为欧佩克,成立于1960年9月14日,1962年11月6日欧佩克在联合国秘书处备案,成为正式的国际组织,它也是第三世界建立最早、影响最大的原料生产国和输出组织。现有12个成员国是沙特阿拉伯、伊拉克、伊朗、科威特、阿拉伯联合酋长国、卡塔尔、利比亚、尼日利亚、阿尔及利亚、安哥拉、厄瓜多尔和委内瑞拉。欧佩克旨在通过消除有害的、不必要的价格波动,确保国际石油市场上石油价格的稳定,保证各成员国在任何情况下都能获得稳定的石油收入,并为石油消费国提供足够、经济、长期的石油供应。其宗旨是协调和统一各成员国的石油政策,并确定以最适宜的手段来维护它们各自和共同的利益。

但是"中国有稀土",而主导着全球稀土原料供应市场份额95%的稀土生产大国——中国,在国际稀土原料供应市场却没有维护自身合法权益的话语权,这是需要我国稀土行业体系及矿产资源市场、对外经济贸易、生态环境治理等各大系统专业人员需要共同探讨

和研究的专题。

自 2010 年以来,中国开始设立稀土出口配额,欧美日等经济体不断向 WTO 提起诉讼中国的配额限制,几年来中国均以保护资源和环境为由获得胜诉。因为每吨稀土矿的开采可产生 9 600 ~ 12 000 ft³ 有毒废气,其中包含了氢氟酸、二氧化硫和硫酸,此外还需要 75 m³,大约为 2 600 ft³ 酸性水处理,以及大约为 1 t 的放射性废渣。稀土矿产资源选冶过程中对生态环境的严重影响,也是多年来欧美等发达国家不愿意开采稀土的主要原因。

然而,从 2012 年开始,欧美日等国家不顾中国稀土产地日益严峻的生态环境问题及其对当地居民人体健康的不良影响,采用分批次诉讼、各个击破的方法,最终在 2014 年取得了对稀土、钨、钼资源诉讼案的胜利。中国从 2015 年 1 月 1 日起取消配额,并在 2015 年 5 月 1 日起取消实行多年的出口关税(重稀土 25%,轻稀土 15%)。

(二)铁矿(标本采自于白云鄂博、固阳等地)

包头地区是我国重要的铁铌稀土矿产区,其中的白云鄂博铁矿是世界罕见的含有铁、稀土、铌等多种元素的大型共生矿床。

从地层层位上看,内蒙古包头地区内的铁矿资源集中于下寒武统地层中。白云鄂博矿区的赋矿地层为白云鄂博群(Ch − QnB)的 H8 部分,即哈拉霍疙特组上段(Jxh³),由浅海相碎屑 − 碳酸盐岩沉积而形成的灰黑色 − 黑色灰岩、白云质灰岩和白云岩。内蒙古包头地区内另一重要赋矿地层为色尔腾山群(Ar₃S)。根据矿点分布图和利用现状图可知,在内蒙古包头地区内与该地层有关的大中型铁矿有 7 个,正在开采利用的有 6 个。色尔腾山群是较典型的绿岩建造,以基性火山岩喷发为主,夹有陆源和火山碎屑岩的沉积。

从地质构造方面而言,内蒙古包头地区内铁矿明显受近东西向、北西向断裂控制,并与岩浆活动密切相关。

(三)铬铁矿

铬铁合金作为钢的添加料,生产多种高强度、抗腐蚀、耐磨、耐高温、耐氧化的特种钢。金属铬主要用于与钴、镍、钨等元素冶炼特种合金。铬铁矿是短缺矿种,储量少,产量低。在工业上,经常把铬铁、铬尖晶石、富铬尖晶石、硬铬尖晶石等类似矿物,统称为铬铁矿。

铬矿是发展冶金、国防、化工等工业不可缺少的矿产资源,主要用于冶金工业生产不锈钢及各种合金钢、合金,在玻璃、陶瓷、耐火材料等方面也有广泛用途。南非的草原高地复合构造是世界上铬矿资源储量最丰富的地区,占全世界已知铬储量的 76.1%。其中,西矿带以鲁斯腾堡(Rustenbug)为中心,而东矿带以斯蒂尔波特(Steelpoort)和博格斯福德(Bugersfort)为中心。

(四)辉钼矿

辉钼矿标本采自于敖汉旗萨力把镇。钼被世界各国政府视其为战略性金属。

钼主要用于钢铁工业,其中的大部分是以工业氧化钼压块后直接用于炼钢或铸铁,少部分熔炼成钼铁后再用于炼钢。低合金钢中的钼含量不大于 1%,但这方面的消费却占钼总消费量的 50% 左右。不锈钢中加入钼,能改善钢的耐腐蚀性。在铸铁中加入钼,能提高铁的强度和耐磨性能。含钼 18% 的镍基超合金具有熔点高、密度低和热胀系数小等特性,在 20 世纪初被大量应用于制造武器装备,现代高、精、尖装备对材料的要求更高,如钼和钨、铬、钒的合金用于制造军舰、火箭、卫星的合金构件和零部件。金属钼在电子管、晶体管和整流器等电子器件方面得到广泛应用。氧化钼和钼酸盐是化学和石油工业中的优良催化剂。二硫化钼是一种重要的润滑剂,用于航天和机械工业部门。钼金属逐步应用于核电、新能源等领域。此外,二硫化钼因其独特的抗硫性质,可以在一定条件下催化一氧化碳加氢制取醇类物质,是很有前景的 C1 化学催化剂。钼是植物所必需的微量元素之一,在农业上用作微量元素化肥。

(五)铅锌矿

铅锌矿标本采自于乌拉特后旗。

铅锌矿富含金属元素铅和锌,用途广泛,用于电气工业、机械工业、军事工业、冶金工业、化学工业、轻工业和医药业等领域。此外,铅金属还用于核工业、石油工业等部门,世界上 80% 以上的铅被用于生产铅酸电池。锌从铅锌矿石中提炼出来的金属较晚,是古代 7 种有色金属(铜、锡、铅、金、银、汞、锌)中最后的一种。

(六)硫铁矿(黄铁矿)

硫铁矿标本采自于巴彦淖尔盟乌拉特后旗青山镇炭窑口硫铁矿山。

炭窑口大型 Zn - Cu - Fe 硫化物矿床位于华北地台北缘西段狼山—渣尔泰山—白云鄂博中元古代矿集区西南端,它与东升庙、霍各乞、甲生盘等矿床类似,是"海底火山喷气沉积 - 变质矿床",容矿建造狼山群是冒地槽型泥炭质 - 碳酸盐沉积建造,或是"海底火山喷气 - 沉积 - 后期改造矿床"和层控热水沉积矿床。狼山—渣尔泰山多金属成矿带及"蒙古弧"构造带,是铜、铅、锌、铁、钼、金、镍等矿产主要聚集区,已知有霍各乞、炭窑口、东升庙、甲生盘、山片沟、巴音杭盖、查干此老等矿床。地质工作者相继探明乌拉特后旗查干花钼多金属矿、乌拉特后旗查得尔斯钼多金属矿、乌拉特后旗达布逊镍矿、乌拉特中旗石哈河银矿、乌拉特中旗敖勒布格矿区锰多金属矿、乌拉特前旗阿力奔铁矿和乌拉特中旗库伦敖包金多金属等一批大中型矿床。

黄铁矿(FeS_2)是提取硫和制造硫酸的主要原料。

工业制硫酸第一步,造气,在沸腾炉里进行 $4FeS_2 + 11O_2 = 2Fe_2O_3 + 8SO_2$;

第二步,催化氧化,在接触室进行 $2SO_2 + O_2 = 2SO_3$;

第三步,吸收,在吸收塔里进行 $SO_3 + H_2O = H_2SO_4$。

黄铁矿在橡胶、造纸、纺织、食品、火柴等工业以及农业中均有重要用途。特别是国防工业上用以制造各种炸药、发烟剂等。以硫铁矿为原料制取硫酸的矿渣可用来炼铁、炼钢。若炉渣含硫量较高,含铁量不高,可以用作水泥的附属原料——混合料。另外,硫铁矿又常与铜、铅、锌、钼等硫化矿床共生,并含有金、钴、钼及稀有元素硒等,能综合回收利用。

上游原料:柴油、工业导火索、雷管、煤、汽油、水泥、炸药。

下游产品:硫酸、氯磺酸、硫酸锰、二氧化硫、硫黄、铁粉、过磷酸钙、酚醛树脂漆类、氨合成催化剂。

(七)黄铜矿

黄铜矿采自于霍圪乞铜多金属矿床所产的铜矿石。

黄铜矿是一种铜铁硫化物矿物,常含微量的金、银等。黄铜矿是一种较常见的铜矿物,几乎可形成于不同的环境下。但主要是热液作用和接触交代作用的产物,常可形成具一定规模的矿床。其中,霍圪乞铜多金属矿床是狼山—渣尔泰山地区著名的东升庙、霍各乞、炭窑口、甲生盘4大金属矿床之一。其中,东升庙(Pb、Zn、S、Cu)矿床、甲生盘(Pb、Zn、S)矿床、炭窑口(Cu、Pb、Zn、S)矿床产在狼山南麓的渣尔泰裂谷中,为中元古代古陆内侧裂谷热水喷流成因,伴有同沉积期的火山-次火山活动。霍圪乞铁、铜、铅、锌多金属矿床产于狼山北麓的中元古代陆缘裂谷中,矿区内以火山岩系发育为特征。该裂谷中火山活动强烈,火山-沉积成矿期后的叠加改造作用明显,是内蒙古地区已知最大的铜多金属矿床。

(八)含锗褐煤

锗是一种重要的半导体材料,用于制造晶体管及各种电子装置。主要的终端应用为光纤系统与红外线光学,也用于聚合反应的催化剂、电子用途与太阳能电力等。现在,开采锗用的主要矿石是闪锌矿(锌的主要矿石),也可以在银、铅和铜矿中,用商业方式提取锗。

锗除一般赋存在铅锌的硫化物矿床外,煤矿日益成为锗资源的重要来源之一。目前,国内已发现的高锗煤富集区主要有3处,分别位于云南省滇西地区、内蒙古锡林郭勒盟胜利煤田和呼伦贝尔盟伊敏煤田。

内蒙古胜利煤田乌兰图嘎煤-锗矿床位于早白垩世断陷盆地内,面积约为0.72 km^2,地处胜利煤田西南一隅。矿区地层主要为白垩系下统白彦花群赛汉塔拉组,锗矿床类型属于与褐煤同体共生的沉积矿床。矿层东南厚度小于10 m,西北厚度大于10 m,厚度变化较均匀,形态简单。

(九)石墨

石墨标本采自于巴彦淖尔盟乌拉特前旗工业园。

石墨与金刚石、^{60}C、碳纳米管等都是碳元素的单质,它们互为同素异形体。随着中国冶金、化工、机械、医疗器械、核能、汽车、航空航天等行业的快速发展,这些行业对石墨及碳素制品的需求将会不断增长,我国石墨及碳素制品行业将保持快速增长。由于世界性的技术创新和突破,石墨在高精尖领域将得到越来越广泛的应用,成为战略性新材料。未来石墨烯(一种由碳原子构成的单层片状结构的新材料)在智能手机、超高速宽带、计算机芯片等领域应用潜力巨大。

(十)菱镁矿

瓷状菱镁矿标本采自于乌拉特前旗工业园。

菱镁矿是化学组成为 $MgCO_3$、晶体属三方晶系的碳酸盐矿物。常有铁、锰替代镁,但天然菱镁矿的含铁量一般不高。菱镁矿通常呈显晶粒状或隐晶质致密块状,隐晶质致密块状菱镁矿又称为瓷状菱镁矿。白或灰白色,含铁菱镁矿的呈黄至褐色,玻璃光泽。具完全的菱面体解理,瓷状菱镁矿则具贝壳状断口。莫氏硬度为3.5~4.5,比重为2.9~3.1。

菱镁矿是提炼镁金属的主要矿物。金属镁常用作还原剂,去置换钛、锆、铀、铍等金属,主要用于制造轻金属合金、球墨铸铁、科学仪器和格氏试剂等,也能用于制烟火、闪光粉、镁盐、吸气器、照明弹等。结构特性类似于铝,具有轻金属的各种用途,可作为飞机、导弹的合金材料。

（十一）萤石

萤石标本采自于达尔罕茂明安联合旗白彦花镇查汉此老萤石矿、镶黄旗萤石矿、苏尼特左旗萤石矿、正蓝旗民乐北山萤石矿（白色、条带状）、二连浩特西南郊白音敖包萤石矿等地。

萤石（Fluorite）的化学成分为氟化钙（CaF_2），是一种常见的卤化物矿物，提取氟的重要矿物。萤石有很多种颜色，也可以是透明无色的。萤石一般呈粒状或块状，具有玻璃光泽，绿色或紫色为多。萤石在紫外线或阴极射线照射下常发出蓝绿色荧光，它的名字也就是根据这个特点而来的。萤石用于制备氟化氢：$CaF_2 + H_2SO_4 = CaSO_4 + 2HF\uparrow$。世界萤石产量的一半用以制造氢氟酸，进而发展制造冰晶石。

在航空航天工业中，氢氟酸主要用来生产喷气机液体推进剂、导弹喷气燃料推进剂。在原子能工业中，氢氟酸主要用来制造 UF_4，再经氟化生成 UF_6，通过气体扩散法或气体离心法分离 ^{235}U。

电冰箱里的冷却剂（氟利昂）要用萤石；萤石还作为炼钢、铝生产用的熔剂及高辛烷值燃油生产中的催化剂等。玻陶工业中用于制造乳光玻璃、不透明及着色玻璃和珐琅及搪瓷涂料的辅助剂，水泥工业中用作矿化剂。萤石在我国玻璃、陶瓷、水泥等建材工业中的用量占第 2 位。无色透明的优质萤石晶体（光学萤石）用在光学仪器上制造消除色象差、球面差的透镜、三棱镜。

1986 年，中国第一代人造血液用萤石化合物制成。利用氟塑料制作人造心脏瓣膜和代用骨骼；一种气态碳氟化合物已被成功地用作麻醉剂。

内蒙古萤石资源分布在全区各盟市，但主要分布在乌兰察布市、阿拉善盟、呼伦贝尔市和赤峰市。目前，已知矿床、矿点就有 290 处以上储量达 2 497.5 多万（不包括白云鄂博矿床伴生萤石矿床储量 1.3 亿 t）。乌兰察布市储量占全区的 91.8%，其次是阿拉善盟、呼伦贝尔市和赤峰市。探明的储量主要分布在敖包吐萤石矿、黑沙图萤石矿、哈布达拉萤石矿、东七一三萤石矿、苏莫查干敖包萤石矿。其中，苏莫查干敖包萤石矿是我区最大的萤石矿，其储量达 1 900 万 t。白云鄂博矿床伴生的萤石（品位 7.09% ~ 31.17%，平均为 17.59%），储量巨大。

苏莫查干敖包萤石矿床位于内蒙古四子王旗卫境苏木境内，北距中蒙边境 25 km，东距集（宁）－二（连浩特）铁路线的二连浩特车站 120 km，南距四子王旗政府所在地乌兰花镇 210 km。地理坐标为东经 110°14′16″ ~ 111°17′31″，北纬 43°06′27″ ~ 43°08′49″。整个矿化带的长度为 4 500 m，宽度为 300 ~ 600 m。总体上向北西方向（310° ~ 330°）倾斜，倾角为 20° ~ 55°，与区域构造线方向大体一致。具有工业价值萤石矿体的长度为 2 900 m，厚度为 0.5 ~ 22 m，平均值为 516 m；倾斜延深为 600 ~ 800 m，最大值为 1 200 m；垂直深度为 300 ~ 460 m，最大值为 588 m。代表性矿石有纹层状、糖粒状（细晶块状）矿石、伟晶质、条带状、角砾状矿石。

内蒙古萤石矿床主要类型为热液充填脉状萤石矿床，占内蒙古矿床、矿点的 98% 以上。

中国是世界上萤石矿产最多的国家之一，比较著名的萤石产地有内蒙古自治区四子王旗卫境苏莫查干敖包萤石矿、化德县秋灵沟萤石矿、浙江省义乌县萤石矿、福建省光泽县光泽萤石矿、江西省德安县萤石矿和广丰县铜山萤石矿、湖南柿竹园萤石矿等。从已经探明的萤石资源分布情况看,我国萤石储量从地理分布上来说,主要集中在内蒙古、浙江、福建、江西、湖南、广东、广西、云南等八省(区),这些省(区)的萤石矿床(点)数占全国萤石总矿床(点)数的70%,而储量占全国萤石总储量的90%。世界萤石基础储量为4.7亿t,可开采储量为2.4亿t。其中,中国萤石储量为2 400万t,位居国内储量第三位,占世界总储量的比例为10%。萤石作为工业上氟元素的主要来源,是现代工业中重要的矿物原料,许多国家把它作为一种重要战略物资进行储备,例如日本大阪飞机场就是二战期间日本从中国浙江武义掠夺式开采的萤石填海建设,所以大阪机场是日本的萤石战略储备库。我国也把萤石作为战略性矿产资源加以保护,2010年全国萤石矿开采总量控制指标为1 100万t。

(十二)红柱石

红柱石标本采自于蹬口沙金套海苏木巴彦乌拉(狼山南坡山谷)。

红柱石化学组成为 $Al_2[SiO_4]O$、晶体属正交(斜方)晶系的岛状结构硅酸盐矿物,与蓝晶石、夕线石成同质多象。通常呈柱状晶体,横断面接近四方形。有些红柱石在生长过程中俘获部分碳质和黏土矿物,在晶体内定向排列,在横断面上呈十字形,称空晶石。集合体形态多呈放射状或粒状,呈放射状的,俗称菊花石,呈粉红色、玫瑰红色、红褐色或灰白色,玻璃光泽,柱面解理中等。莫氏硬度为6.5~7.5,比重为3.15~3.16。红柱石常见于泥质岩和侵入体的接触带,是典型的接触热变质矿物。

淡红色或绿色透明的晶体可作宝石。空晶石因在粉红、灰白的底色上衬托有黑十字,常被加工成工艺装饰品。

红柱石是已知的优质耐火材料之一,除用作冶炼工业的高级耐火材料(例如宝山钢铁公司的炼铁炉)、技术陶瓷工业的原料外,还可冶炼高强度轻质硅铝合金、制作金属纤维以及超音速飞机和宇宙飞船的零部件等。

(十三)膨润土

膨润土标本采自于宁城县天义镇。内蒙古的宁城、兴和、霍林、固阳等地都有十分丰富的膨润土矿,储量最大的是赤峰宁城,达10亿t以上。

膨润土也叫斑脱岩、皂土或膨土岩。膨润土的主要矿物成分是蒙脱石,含量在85%~90%,膨润土的一些性质也都是由蒙脱石所决定的。蒙脱石可呈各种颜色如黄绿、黄白、灰、白色等。可以成致密块状,也可为松散的土状,用手指搓磨时有滑感,小块体加水后体积胀大数倍至20~30倍,在水中呈悬浮状,水少时呈糊状。蒙脱石的性质和它的化学成分及内部结构有关。

膨润土的层间阳离子种类决定膨润土的类型,层间阳离子为 Na^+ 时称为钠基膨润土;层间阳离子为 Ca^{2+} 时称为钙基膨润土。钠质蒙脱石(或钠膨润土)的性质比钙质的好。但世界上钙质土的分布远广于钠质土,因此除加强寻找钠质土外就是要对钙质土进行改性,使它成为钠质土。总的来说,钠质蒙脱石(或钠膨润土)的性质比钙质的好。

膨润土吸附可以分为物理吸附、化学吸附和离子交换吸附三种类型。

膨润土(蒙脱石)的吸附性和阳离子交换性能,使之可用于除去食油的毒素、汽油和煤油的净化、废水处理;由于有很好的吸水膨胀性能以及分散和悬浮及造浆性,因此用于钻井泥浆、阻燃(悬浮灭火);还可在造纸工业中作填料,可优化涂料的性能如附着力、遮盖力、耐水性、耐洗刷性等;由于有很好的黏结力,可代替淀粉用于纺织工业中的纱线上浆,既节粮,又不起毛,上浆后还不发出异味。

赤峰地区内有赛罕塔拉－查干诺尔、桥头－小牛群、宁城－平泉中生代火山断陷盆地中的3个珍珠岩－沸石－膨润土成矿带,产于查干沐伦—哈拉哈达—罕苏木一带的叶腊石－高岭石成矿带,上述成矿带均呈 NE—NNE 向展布。

(十四)珍珠岩

珍珠岩属于火山喷发的酸性熔岩,经急剧冷却而成的玻璃质岩石,因其具有珍珠裂隙结构而得名。珍珠岩矿包括珍珠岩、松脂岩和黑曜岩。三者的区别在于珍珠岩具有因冷凝作用形成的圆弧形裂纹,称珍珠岩结构,含水量为 2% ~ 6%;松脂岩具有独特的松脂光泽,含水量为 6% ~10%;黑曜岩具有玻璃光泽与贝壳状断口,含水量一般小于 2%。

珍珠岩原砂经细粉碎和超细粉碎,可用于橡塑制品、颜料、油漆、油墨、合成玻璃、隔热胶木及一些机械构件和设备中作填充料。

珍珠岩经膨胀而成为一种轻质、多功能新型材料,具有表观密度小、导热系数低、化学稳定性好、使用温度范围广、吸湿能力小,且无毒、无味、防火、吸音等特点,广泛应用于多种工业部门。

我国珍珠岩分布广泛,主要产于我国大陆地壳活动频繁的中生代。这个代的火山形成了北起黑龙江,南达南海海滨和海南岛,长 3 000 km ,宽 300 ~ 800 km 的火山岩带,此岩带可进一步划分为三个亚带。第一亚带是大兴安岭—燕山亚带,主要珍珠岩产地有内蒙古的多伦、太仆寺旗、正兰旗、察哈尔中后旗、赤峰南部,河北的宽城、平泉以及张家口、围场、沽源,辽宁的凌源、法库、建平以及锦州、锦西义县、黑山,山西的灵丘,河南的信阳等。第二亚带是东北北部、山东亚带,珍珠岩矿床有吉林九台、黑龙江穆棱等。第三亚带是东南沿海亚带,矿床有浙江宁海松脂岩矿床等。

(十五)芒硝

芒硝矿标本采自于锡林郭勒盟东乌珠穆沁旗额吉淖尔碱湖畔。

芒硝族芒硝为硫酸盐类矿物。中药名芒硝主含含水硫酸钠($Na_2SO_4 \cdot 10H_2O$)。具有泻下通便,润燥软坚,清火消肿之功效。常用于实热积滞、腹满胀痛、大便燥结、肠痈肿痛等病症的治疗;外治乳痈,痔疮肿痛。内蒙古地区分布有众多的第四纪现代盐湖。

(十六)佘太翠

佘太翠因产于内蒙古巴彦淖尔盟乌拉特前旗大佘太地区,以产地大佘太命名为佘太翠。佘太翠露天玉矿已探明资源量约为 4.19 万 m^3,海拔最高为 1 815 m,佘太翠矿区处于渣尔泰山群中的白山,距大佘太镇约 65 km。

地理位置为东经109°18′,北纬41°09′,北西—南东走向,长约 1 000 m,宽约 120 m。白山所产的佘太翠玉层位划分隶属于渣尔泰山群书记沟组,是不整合于乌拉山群之上的一套陆源碎屑岩岩石组合中的一部分。下部为粗碎屑的砾岩、含砾粗粒石英砂岩和石英砂岩;上部为粉砂岩、泥岩夹粗粒石英砂岩、粉砂岩与泥岩互层的岩石组合。上界以灰、灰黑色泥板岩与增隆昌组连续沉积。

出露的佘太翠矿体颜色以白色、青色、绿色三种颜色为主,还有一些过渡色,如青白色、灰白色、豆绿色、墨色,这些也是市场上较为常见的颜色。

"佘太翠"玉的颜色丰富,以绿色为主,常见浅绿色、蓝绿色、灰绿色、浅墨绿色,另有白色、青灰色、黄色、黄褐色、浅紫色等。"佘太翠"玉具粒状结构,结构较致密,玻璃光泽,断口呈油脂光泽,半透明－微透明,质地较细腻,抛光面呈弱玻璃－玻璃光泽;密度为2.65～2.79 g/cm³,折射率值为1.53～1.55(点测),除纯白色品种的硬度较低(硬度<5)外,其他品种的硬度为6～7,解理肉眼不可见,平坦状断口;样品在长波紫外荧光灯下为无至不等强度的绿色荧光,短波下无荧光;绿色系"佘太翠"玉具砂金效应,查尔斯滤色镜下浅绿色－绿色－翠绿色系的样品呈浅橙红色－淡红色,其他颜色的样品均不变色。

矿物组成略有差异。除白色品种的"佘太翠"玉以白云石(质量分数高于60%)为主要矿物外,其他颜色品种的均以石英为主要矿物,且石英的质量分数约占80%以上。"佘太翠"玉中的次要矿物主要有云母、方解石、长石、赤铁矿、叶蜡石、伊利石、高岭石等。代表性的蓝绿色系"佘太翠"玉主要矿物组成为石英和云母,石英的质量分数约为80%,云母的质量分数约为20%。石英主要为细粒－粒状结构。

(十七)巴林石

巴林石标本采购于巴林右旗大板镇。

巴林石是中华祖先最早开采和利用的美石之一。它的开采与利用上限,可以直接上溯到距今8 000年以前的兴隆洼文化时期。兴隆洼文化巴林石制品的出现,与我国玉器的起源和早期发展密切相关。到了公元10世纪初至13世纪初,契丹建辽期间,巴林石制品大量出现,成为辽玉发展史上的一大特色。

青田石、寿山石、昌化鸡血石、巴林石的产地特征存在以下差异:

(1)矿物组成。青田石矿物组成以叶蜡石为主,以叶蜡石为主的青田石约占青田石品种总数的70%以上,而寿山石、昌化鸡血石、巴林石矿物组成以地开石(高岭石族矿物)为主。蓝线石、红柱石、刚玉,特别是近宝石级的单晶体蓝刚玉为青田石的特征次要矿物。青田石中尚未发现含有辰砂,昌化鸡血石和巴林石中均含有辰砂。青田石中的叶蜡石较少含有硬水铝石,寿山石中的叶蜡石常见含有大量的硬水铝石次要矿物。青田石、昌化鸡血石和巴林石样品中均含有少量明矾石次要矿物,明矾石对它们的质"地"透明度和硬度有影响。青田石和寿山石中均产出绢云母型新品种。寿山石中的珍贵品种田黄石的矿物组成为珍珠陶石和地开石,而青田石中的珍贵品种灯光冻的矿物组成为叶蜡石。

(2)透明度。青田石的透明度普遍低于寿山石,这与青田石以叶蜡石为主,矿物组成复杂,次要矿物丰富,结构相对疏松,含铁量较多有一定关系。

(3)致色机理。青田石中的红色"血丝"为铁致色,不同于昌化鸡血石和巴林鸡血石的"血"为辰砂致色。

(4) Fe^{3+}的赋存状态。青田石和寿山石中地开石的电子顺磁共振谱特征存在差异,表明两者的 Fe^{3+} 的赋存状态和结晶环境存在差异。

(5)显微镜下观察。青田石样品中叶蜡石呈不规则叶片状,而寿山石样品中叶蜡石呈不规则鳞片状,两者结构致密度存在差异。

(6)分类。青田石目前分为叶蜡石型(又分为纯、高 Fe、高 Al 和高 Si 亚型)、地开石型、伊利石型和绢云母型。寿山石有田坑、山坑、水坑、原生矿、次生矿的分类。昌化鸡血石分为冻地、软地、刚地和硬地。巴林石有鸡血、冻石和彩石的分类。

青田石、寿山石、昌化鸡血石、巴林石的产地特征存在差异与它们的母源岩性、成矿环境和蚀变作用差异有关。

第三节　矿物岩石与人类历史发展的关系

古今中外的人类发展历史上与矿物岩石(包括物理性质特殊的矿物宝玉石)有关的历史文化内容非常丰富,到近现代,矿产资源也是影响国际区域政治发展的主要因素。下面简要介绍一些代表性的典型事例及矿产资源对国际政治的影响。

一、著名历史文物与矿物岩石

在古今中外的人类发展历史上,有没有一块在人类社会活动中充满传奇色彩的矿物或岩石? 翻遍古今中外的人类社会发展历史,应该说:有! 那就是中国历史上家喻户晓、妇孺皆知的和氏璧。和氏璧由春秋时楚国人卞和发现。卞和又作和氏,其宝石按照发现者命名为和氏璧。《韩非子·和氏》记载,卞和于楚山上伐薪偶尔得一璞玉,先后献于楚厉王、楚武王,但因楚厉王、楚武王不识璞玉,卞和惨遭楚厉王、楚武王先后分别砍去左、右脚;楚文王即位后,卞和"泣玉"于荆山之下,始得楚文王识宝,剖璞而得璧即为举世闻名的和氏璧。

先简要了解一下什么叫璧。用玉祭天,古而有之。西周初年,周公作礼乐,规定了祭祀制度,《周礼·春官·大宗伯》记载:"以玉作六器,以礼天地四方。以苍璧礼天,以黄琮礼地,以青圭礼东方,以赤璋礼南方,以白琥礼西方,以玄璜礼北方。"周礼中所提到的"璧、琮、圭、璋、琥、璜"就是我们经常所说的六器,详细内容如表5-11所示。

表5-11　六器涵义内容综合表

礼器	礼祭对象	代表方位的颜色	形态特征
璧	天	蓝色、灰白(苍)	圆(天圆)
琮	地	黄色	外方(地方)内圆(可通天)
圭	东方	青	尖首平端
璋	南方	赤	半圭为璋(扁平长方体状)
琥	西方	白	形似老虎
璜	北方	黑	半璧曰璜(半圆形片状或窄弧形)

璧分大璧、谷璧、蒲璧。大璧径长一尺二寸,天子礼天之器。诸侯享天子者亦用之。礼天须用苍色,盖璧形圆,象天苍,象天之色。谷璧子所执,饰谷纹,取养人之义。蒲璧男所执,琢饰为蒲形,蒲为席,取安人之义。三者统称为"拱璧",因皆须两手拱执。

通过上述内容可判断,和氏璧这块玉石,在当时能受到六国国君好评和追捧,具有如下特点:颜色与天上的淡淡白云颜色一样,"天高云淡,望断南飞雁",此玉应该是天蓝色中有零星絮状白色;"大璧径长一尺二寸,天子礼天之器",此玉大小应该最小为40 cm;此玉后来被秦始皇帝制为印玺，说明成玺之前并不是璧，而是可制作璧的理想玉料。所以说，"和氏璧"的意思是卞和发现的、可制作玉璧的上好玉料。

和氏璧面世后，成为楚国的国宝，从不轻易示人。后来楚国向赵国求婚，使和氏璧到了赵国。公元前283年，秦昭襄王听说赵国有和氏璧，作为需求者的买方秦昭襄王主动提出以十五座连城相交换。

战国时代一座城所管辖的区域范围最小也相当于现在的一个县，如果十五座城不连，那么有可能是十五个自然条件不好的县，也不利于赵国接收和管理。而连在一起既有利于赵国接收和管理，也包括自然地理条件不错的县区。根据当时秦、赵两国的区域地理位置而言，秦国如果要则需划给赵国十五座连城，应该是现在陕北南部、黄河西岸的宜川、洛川、渭南等地，这些地区在战国当时的农耕文明时代，都是膏腴富庶之地。秦昭襄王对交换和氏璧的报价是"十五座连城"，由此产生了一个闻名于世的成语——价值连城。

遍查古今中外的宝玉石交易历史，全世界价格最高者应该是"和氏璧"，"和氏璧"的"价"值"十五座连城"。

赵王得知秦王提出交换和氏璧的意愿时，明知秦国是借机强取豪夺，但赵弱秦强，怕得罪秦国招来灭国之灾，只好派智勇双全的蔺相如奉璧出使秦国。蔺相如见秦王后随机应变，偷偷将和氏璧送回了赵国，由此又留下了一个历史成语——完璧归赵。司马迁《史记》中"廉颇蔺相如列传"大家都非常熟悉，此处不再赘述。

但后来，和氏璧还是被秦国拥有，至于何时、如何被秦国拥有，史无记载。秦王政十年（公元前237年），李斯《谏逐客书》中提到："今陛下致昆山之玉，有随、和之宝。"其中的"和"即"和氏璧"。很有可能，赵国是在不得已的情况下，畏惧秦国的强大，后来主动将和氏璧"赠送"给秦国。

据《史记》记载，秦王政九年，始皇帝将和氏璧制成了御玺，至此，这方传国玉玺成为皇权正统的象征。

刘邦灭秦得天下后，子婴将御玺献给了刘邦，御玺成为"汉传国宝"。

王莽代汉时，曾派人向自己的姑姑汉孝元太后王政君索要传国玉玺，当时王政君大怒将玉玺砸在地上，致使传国玉玺受撞击而崩碎一角，遂让能工巧匠以金补得"完美无缺"，称其为"金镶玉"。这就是后来生活用语"金镶玉"的历史渊源。

到汉末董卓之乱，御玺先后落入孙坚、袁术之手，各路军阀列强围绕着传国玉玺的所有权，展开了一系列腥风血雨的战争，孙坚为此而陨命，袁术因此而丧身。

再传魏、晋、隋，隋亡后，御玺被隋朝萧皇后带到突厥，直到唐太宗贞观四年（公元630年）御玺归唐。五代时，天下大乱，流传的御玺不知所终。

下面我们再了解一下法国巴黎卢浮博物馆四大镇馆之宝中的汉谟拉比法典和断臂维纳斯。

《汉谟拉比法典》（The Code of Hammurabi）原文刻在一段高2.25 m，上周长1.65 m，底部周长1.90 m的黑色玄武岩石柱上，故又名"石柱法"。黑色也象征着庄严，将法律刻在黑色岩石上体现了法律的威严与神圣。甚至有中国学者李荣建等认为《汉谟拉比法典》是商汤历史时期的高度文明传播和影响到西方文明的历史见证。

《汉谟拉比法典》是古巴比伦王国第六代国王汉谟拉比（公元前1792至公元前1750

年在位)颁布的一部著名法典,是最具代表性的楔形文字法典,也是迄今世界上最早的一部完整保存下来的成文法典。

法典由序言、正文(282 条)和结语三部分(共 3 500 行)组成。内容从道德说到国家义务,又说到私人社会生活的各个领域,其内容包括诬陷、盗窃、窝藏、抢劫、兵役、租地、关于土地的经济纠纷、果园、实物租赁、商贸、托送、人质、债务、寄存保管、婚姻、继承、收养、人身伤害、医疗、理发、建筑、船业、租业、委托放牧、雇工、关于奴隶的纠纷等,涉及面之广,规定之细,令后人乃至现代人赞叹不已。

《汉谟拉比法典》是世界上现存的古代第一部比较完备的成文法典,在世界法制史上占有重要地位,是了解和研究古巴比伦王国历史的第一手文献,较为完整地继承了两河流域原有的法律精华,使其发展到完善地步。它公开确认奴隶主阶级的统治地位,严格保护奴隶主阶级的利益,并对各种法律关系作了比较全面的规定,特别是有关债权、契约、侵权行为、家庭以及刑法等方面的规定所确立的一些原则:如关于盗窃他人财产必须受惩罚,损毁他人财产要进行赔偿的法律原则以及诬告和伪证反坐的刑罚原则,法官枉法重处的原则等,均对后世立法具有重大影响。《汉谟拉比法典》不仅被后起的古代西亚国家如赫梯、亚述、新巴比伦等国家继续适用,而且还通过希伯来法对西方法律文化产生一定的影响,中世纪天主教教会法中的某些立法思想和原则便渊源于《汉谟拉比法典》。

法典的上部是巴比伦人的太阳神沙玛什向汉谟拉比国王授予法典的浮雕。太阳神形体高大,胡须编成整齐的须辫,头戴螺旋型宝冠,右肩袒露,身披长袍,正襟危坐,正在授予汉谟拉比象征权力的魔标和魔环;汉谟拉比头戴传统的王冠,神情肃穆,举手宣誓。太阳神的宝座很像古巴比伦的塔寺,表示上面所坐的是最高的神。法典碑石书法精工,属于巴比伦第一王朝的典型官方文献。

法国巴黎卢浮宫另一镇馆之宝就是断臂维纳斯。断臂维纳斯高 204 cm,是一尊著名的古希腊大理石雕像,雕刻者为亚历山德罗斯,表现的是希腊神话中爱与美的女神阿佛洛狄忒,罗马神话中与之对应的是维纳斯女神,成为赞颂女性人体美的代名词。

矿物、岩石与人类社会的发展关系非常密切。在我国历史上,深山老林中修仙养道的不少方士等烧丹炼汞实际上是从事于冶金或实验化学。

有许多人以为"烧丹炼汞"是一个形容方士等寻求长生不老而炼制丹药的形容词,实际上,"烧丹炼汞"是化学中的分解反应方程式。

"烧丹炼汞"中的"丹"就是朱砂,"汞"就是液态金属水银。朱砂又称丹砂、赤丹、汞沙,是硫化汞(化学成分 HgS)的天然矿石,大红色(朱、丹都是红色)。我国各地以湖南辰州(现属于怀化市沅陵县)出产的朱砂以品质好而著名,故据产地又将朱砂称为辰砂。丹(朱)砂的化学稳定性较差,在空气中加热分解生成水银:$HgS + O_2 \rightarrow Hg + SO_2$。古代炼丹家葛洪曾记载:"丹砂,烧之成水银,积变又还成丹砂",积变又还成丹砂就是:

$$Hg + S = HgS \downarrow$$

远到人类社会旧石器时代使用的石器,它们是自然作用力形成的岩浆岩(如玄武岩、花岗岩或矿物石英、斜长石等)。新石器时代以使用磨制石器为标志的人类物质文化发展阶段,石器材料同样主要为岩浆岩石、高级变质岩(如片麻岩等或矿物石英、斜长石)等;新石器时代的陶器主要为含矿物石英砂的黏土矿物烧制。

青铜时代(或称青铜器时代或青铜文明)在考古学上是以使用青铜器为标志的人类文化发展的一个阶段,它是人类主动开发利用铜矿的标志性时代。

地球上的天然铁是少见的,所以铁的冶炼和铁器的制造经历了一个很长的时期。随着在青铜冶炼技术基础上的不断积累,人类逐渐达到了冶铁技术水平,从而进入铁器时代。

铁器时代是人类发展史中一个极为重要的时代,铁器时代是人类有效开发利用铁矿资源的开始。铁器时代为人类社会提供了当时最为先进的生产工具,极大地推动了生产力的发展,进而推动人类社会向着高度文明迈进。人类文明的发展,与人类开发利用矿产资源的关系确实非常密切。

发展到现代社会,某一个地区矿产资源丰富的储量,影响着地区稳定与国际政治走向。

二、矿产资源与国际政治

矿产资源往往是影响国际地缘政治稳定的要素。

(一)矿产资源与第二次刚果战争

1998年第二次刚果战争被称为非洲的世界大战,乌干达、卢旺达、布隆迪、乍得、苏丹、津巴布韦、安哥拉、纳米比亚等8个国家相继卷入其中,造成的财产损失和人道主义灾难之重在非洲历史上都尚属首次,诱发战争的因素虽然有很多,但获取矿产资源开采权是其中的一个核心因素。刚果(金)矿产资源丰富,种类齐全,被称为世界地质博物馆,被誉为"世界矿产原料仓库"。然而,丰富的矿产资源却成了刚果动乱的诱因。第二次刚果战争中,卢旺达、乌干达等国及其他反政府武装分子在各自的武装势力区域内大肆掠夺刚果的矿产资源,它们掠夺刚果(金)矿产资源的坚定决心,可与殖民时代的欧洲列强相媲美。战争期间,仅卢旺达就在刚果(金)成立了一支特别小分队,其主要任务就是有组织地掠夺占领区的经济资源,包括黄金、钻石、钽矿石等,在2000年钽矿石每个月能够为卢旺达挣回2 000万美元。1999年,卢旺达军队每个月大约出口100 t的钽矿石。

可以说,在占领区内刚果(金)的矿产资源就是卢旺达的钱包,他们想拿多少就拿多少。乌干达国内缺乏黄金矿产资源,但刚果(金)战争期间乌干达却成为该地区的主要黄金出口国家,矿产资源也是津巴布韦、安哥拉、纳米比亚等直接出兵的主要原因之一。所以,矿产资源永远是世界各国采用政治、经济甚至军事的手段争夺和控制的对象。

矿产资源是现代国民经济发展的基础,没有矿产资源就没有机械制造业,工业的全面发展更无从谈起。没有矿产资源,一个国家要走向强盛就缺乏物质支撑。丰富、稳定的矿产资源,成为美国发展为国际强国的保障。

(二)美国的全球矿产战略及其实施经验

美国作为世界大国对全球矿产资源控制权的争夺,在其200多年的扩张性发展史上就一直没有停止过。

从工业化的进程看,美国正是依仗开发利用国外矿产资源而得以起家的。早在18世纪工业革命时期,英国依靠其率先制造的纺织机、蒸汽机和铁路建设成为称霸世界的工业强国,使19世纪成为英国的世纪,该过程中英国依靠国内的铁、煤起家,而美国在20世纪初,抓住技术革新成果,大力发展飞机、汽车、电力和化学工业,在大力开发国内石油和铜资源的同时,还逐步控制了智利的铜矿山、苏里南和圭亚那的铝土矿矿山以及加拿大萨得伯里的镍矿山,后来还在某种程度上控制了非洲等地区的矿产资源,这就从根本上充分保证了世纪初美国实现工业化所必须的、廉价的铜、铝、石油等战略矿产的供应,使美国在第一次世界大战前就迅速成为世界头号工业国。到 1913 年,美国的钢产量和石油产量均在 3 000 万 t 以上,煤产量达到 4.3 亿 t,各相当于英、法、德 3 国的总和。当时美国对争夺全球资源已十分重视,一战后的巴黎和会期间,美国专门派矿物原料特别顾问就是明证,但此时美国的势力范围主要还在拉美和加拿大,争夺的重点矿种是铜、铝、石油和镍等。

第一次世界大战后的 1919～1928 年间,美国以及英国控制着当时世界已知煤蕴藏量的 53%、铁矿石蕴藏量的 48%、石油蕴藏量的 76%、铜蕴藏量的 79%、铝蕴藏量的 81%、铅蕴藏量的 74%。同时,在这一时期,美国在海外的矿业投资从 8.76 亿美元上升到 12.27 亿美元。19 世纪末 20 世纪初,在马汉"海权论"的刺激下,美国推行海洋强国的扩张主义战略,掀起了海外扩张高潮,其势力从大西洋发展到太平洋,从西半球走向东半球,成为两洋国家,其扩张目的之一就是增加对矿产等主要资源的控制权。1945 年 9 月 28 日,美国总统杜鲁门发表的《大陆架公告》宣称:"处于公海之下但毗连美国海岸的大陆架底土和海底的自然资源属于美国,受美国的管辖和控制。"这一声明主要是针对海底的"石油资源和矿产资源"。

二战前的 1937 年,美国就已建立起战略矿产储备。这期间美国争夺全球资源的势力范围除继续立足于拉美和加拿大这些后院外,还积极向非洲、远东地区渗透,争夺的重点矿种除铜、铝、石油和镍等外,还包括钨、铁矿石等。当时美国对中国的钨等矿种就十分感兴趣,二战期间的一些美援就是换取中国的钨砂。

美国利用第二次世界大战后德国、意大利战败以及英国、法国等受到严重削弱之机,通过实施马歇尔计划和策划建立北约组织,确立了对西欧的影响力和控制权。到第二次世界大战后,美国已成为资本主义的超级强国,1947～1948 年间,美国的工业产值已占资本主义世界的 54.69%,其主要矿产量已占全世界的 40%(其中 1947 年煤产量达 6.24 亿 t,石油产量达 2.7 亿 t)。这时,矿产资源的大量消耗,已超过了其资源基础。国内矿产资源的日益短缺和环境污染日趋严重,使美国进一步加强了对国外矿产资源的勘查、开发、控制和占有,进一步完善和强化了其全球矿产控制战略。

早在 1952 年,美国就成立了总统矿物原料委员会,该委员会所提交的佩利报告就明确声称,鉴于苏联的威胁和来自中国供应的中断,必须加紧对战略矿产的争夺和控制,扩大在海外的战略控制,扩大储备。美国前国务卿黑格(1980 年 12 月至 1982 年 6 月在里根政府)就说过,冷战实质上是一场资源战。鉴于这种情况,美国在这一时期将全球矿产战略上升到国家角度考虑,并作为美国国家全球战略的一个重要组成部分。

作为全球矿产战略的一部分,美国垄断资本第一步的选择是控制澳大利亚矿业,到 1968 年,澳大利亚的国外矿业投资占总投资的 80%～90%,其中美国资本占 80%。这样,美国分享了澳大利亚丰富的铁、锰、铜、铀、铅、锌等矿产资源的控制权。同时,美国还以石油资本为急先锋,大举侵入中东、近东和北非,当时石油"七姊妹"中有 5 家是美国公司,美国除控制石油外,对铀、铁矿石、富锰、铬铁矿、钴、铂族金属等给予了特别重视,此外还继续关注铜、铝、镍、钨等矿产。1960 年代末到 1970 年代初(第三世界国家大规模国有化前),美国控制西方所有国家全部石油储量的一半左右。

随着第三世界民族独立和解放运动的高涨,美国的资源掠夺更多地采用了所谓援助的方式,通过投资或贷款控制资源国矿产的开采和生产。到 20 世纪 70 年代初,美国垄断资本在非洲控制了利比亚 87% 的石油产量,操纵了当时的扎伊尔即现在刚果(金)100%的钴、90% 的铀、81% 的工业用金刚石和 50% 锂的开采量,在委内瑞拉控制了 100% 的铁矿石生产和 70% 的石油生产,还控制了拉丁美洲 64% 的铝土矿、62% 的铁矿石,45% 的锰和锌,40% 的铅的开采量。

冷战后,美国跨国矿业公司向国外投资迅速增长。整个 20 世纪 90 年代,由于发展中国家矿业投资环境的不断改善,美国到国外特别是到发展中国家投资矿产勘查和开发活动日益增多。石油是其重中之重,20 世纪 90 年代,美国各石油公司在海外的投资几乎都高于国内投资。美国的大型石油公司如埃克森公司在 30 个国家开展勘探、开发和生产活动,在 76 个国家从事石油炼制和销售业务,美国埃克森公司是世界最大的石油公司,其60% 的资产在国外,其 2/3 的利润来自国外;美国莫比尔公司的勘探开发活动遍布五大州的 34 个国家;雪佛龙涉足 20 多个国家的油气勘探开发。

在固体矿产勘查方面,以纽蒙特为代表的美国矿业公司在墨西哥、印度尼西亚、智利、秘鲁、厄瓜多尔、泰国和老挝勘查金矿和铜矿,对苏联的 10 多个金矿开展了研究,以确定合资企业的可能性,到 1998 年美国公司 75% 的金矿勘查工作在海外。美国铝公司在澳大利亚、巴西、几内亚、苏里南和牙买加从事铝土矿开采;菲尔普斯道奇公司约 1/3 的勘查费用(1991 年)用于博茨瓦纳、加拿大、哥斯达黎加、智利、墨西哥和南非等国贵金属和贱金属勘查。《联合国海洋法公约》已于 1994 年 11 月生效,但美国一直拒绝签字。美国前总统里根还说"这一进程是一个愚蠢",并鼓励美国公司按照美国法律自由采矿。为了开发太平洋东部锰结核最富地区,美国成立了四家国际财团(肯奈科特、斯契尔、因科、洛奇德),投资 5 亿多美元,抢占的海底区域蕴藏有数 10 亿 t 锰结核。世界各地都可以看到美国矿业公司的活动,到 1998 年全球 140 个大型矿业开发项目中,矿业公司跨国开发的项目中美国就占 65% 左右。"9·11"事件后,美国携北约进入地处欧亚大陆腹地、介于黑海与里海之间的外高加索(即南高加索)地区,导致俄美两国在该地区的地缘政治争夺加剧,其背后不乏出于控制里海能源和管道走向的战略考量。

冷战结束后,在矿产资源的战略供应方面,美国充分利用矿业全球化和世界经济一体化的趋势,主要完成了以下四项战略步骤:

(1)加强对加拿大和墨西哥的控制(美国与加拿大和墨西哥签订了北美自由贸易协定 NAFTA,协议规定由加拿大供应美国铀、镍、钛、铁矿石、铂族金属和钾盐等,由墨西哥向美国供应石油、银、铜等矿产)。

(2)与加拿大公司携手重建拉美矿产资源供应基地(充分利用拉美国家率先实行私有化、通过修订矿业政策法规改善矿业投资环境所提供的便利条件)。

(3)通过政治、经济、外交行动促使南非(铬铁矿、锰、铂族金属、金、金刚石等重要矿产的资源国)重新"回到自由世界怀抱"。

(4)渗透俄罗斯、中亚(特别是哈萨克斯坦)及其他新独立的苏联国家(也包括越南、蒙古、东欧等转轨国家)，抢占控制权。

在矿种方面，美国坚持将石油排在第一位，将金、铜、金刚石及贱金属列位重点。

迄今为止，在能源矿产中，美国的煤炭国内生产可以满足国内需求并可出口，石油进口依赖程度约 50%，但美国所有需要进口的石油，全部是由自己的跨国石油公司在海外开采的。在非燃料矿产中，美国公司在海外所开采的矿产，每年价值在 40 亿美元以上，这相当于美国国内非燃料矿产年产值的 10% 强。美国能够从拉美的几内亚、牙买加、苏里南、委内瑞拉、巴西获得铝土矿，从智利、墨西哥、秘鲁、加拿大等国得到铜矿，从巴西、墨西哥、委内瑞拉、智利获得铁矿石，从墨西哥和秘鲁得到铅，还有加拿大和多米尼加的镍，墨西哥、秘鲁和智利的银，秘鲁和墨西哥的锌；再控制非洲的铬铁矿、钴（赞比亚、扎伊尔）、金刚石（博兹瓦纳、南非、扎伊尔、纳米比亚）、锰（南非、加蓬）等。至于石油，美国仍坚持其地缘观点，即立足拉美，争夺中东，渗透非洲和中亚，原则是减少来自于风险国家（地区）的石油供应。由此，美国从全球角度解决了其矿产资源安全供应问题。

美国的全球矿产战略对我国建设和完善战略性矿产储备有着重要的借鉴意义和启示。

三、中国"一带一路"与矿产资源开发战略

"丝绸之路经济带"和"21 世纪海上丝绸之路"即"一带一路"战略构想，是新时期中国进一步扩大对外开放的重大国家国际战略思想，目前已获得近 60 个国家和地区的支持与认同。

"丝绸之路经济带"大致在古丝绸之路范围之上，是中国与西亚各国之间形成的一个经济合作区域。国内经济区域包括西北陕西、甘肃、青海、宁夏、新疆等五省区，西南重庆、四川、云南、广西等四省（市）区。新丝绸之路经济带，东边牵着亚太经济圈，西边系着发达的欧洲经济圈，被认为是"世界上最长、最具有发展潜力的经济大走廊"。"丝绸之路经济带"地域辽阔，有丰富的自然资源、矿产资源、能源资源、土地资源和宝贵的旅游资源，被称为 21 世纪的战略能源和资源基地，但该区域交通不够便利，自然环境较差，经济发展水平与两端的经济圈存在巨大落差，整个区域存在"两边高，中间低"的现象。

海上丝绸之路，是指古代中国与世界其他地区进行经济文化交流交往的海上通道，最早开辟于秦汉时期。从广州、泉州、杭州、扬州等沿海城市出发，抵达南洋和阿拉伯海，甚至远达非洲东海岸。"21 世纪海上丝绸之路"的战略合作伙伴并不仅限于东盟，而是以点带线，以线带面，增进同沿边国家和地区的交往，串起连通东盟、南亚、西亚、北非、欧洲等各大经济板块的市场链，发展面向南海、太平洋和印度洋的战略合作经济带，以亚欧非经济贸易一体化为发展的长期目标。

根据地域属性"一带一路"大致划分为以下六大板块：

（1）蒙俄（蒙古、俄罗斯）。

（2）中亚（哈萨克斯坦、吉尔吉斯斯坦、塔吉克斯坦、乌兹别克斯坦、土库曼斯坦）。

（3）东南亚（越南、老挝、柬埔寨、泰国、马来西亚、新加坡、印度尼西亚、文莱、菲律宾、缅甸、东帝汶）。

（4）南亚（印度、巴基斯坦、孟加拉国、阿富汗、尼泊尔、不丹、斯里兰卡、马尔代夫）。

（5）中东欧（波兰、捷克、斯洛伐克、匈牙利、斯洛文尼亚、克罗地亚、罗马尼亚、保加利亚、塞尔维亚、黑山、马其顿、波黑、阿尔巴尼亚、爱沙尼亚、立陶宛、拉脱维亚、乌克兰、白俄罗斯、摩尔多瓦）。

（6）西亚及中东（土耳其、伊朗、叙利亚、伊拉克、阿联酋、沙特阿拉伯、卡塔尔、巴林、科威特、黎巴嫩、阿曼、也门、约旦、以色列、巴勒斯坦、亚美尼亚、格鲁吉亚、阿塞拜疆、埃及）。

"一带一路"实际上就是通过区域经济合作参与经济全球化，扩大对外开放的一项举措，也是中国与"一带一路"沿途国家和地区构建优势互补、互惠互利、共同合作、共同发展的新型区域合作关系，其中矿产资源开发利用的优势互补是"一带一路"战略中的基础性要素。

中国快速的经济发展对矿产资源的需求越来越大，供需矛盾日益突出，中国可以通过充分利用中亚的矿产资源服务于中国的经济建设。例如中亚地区矿产资源种类多、储量大，其矿产资源种类包括铜、锌、铅、金、磷块岩、钾、铀、铬、铁、锰、铝土、石油、天然气等优势资源；而东南亚如印度尼西亚、菲律宾的镍、铁，马来西亚、文莱的石油，越南的铝土、铁，泰国、老挝的钾盐等，都是中国急需进口的大宗矿产品。同时，中国丰富的稀土和钼资源以及广阔的中国市场需求也可为相关国家所用，从经济发展上看，沿线国家大多与中国一样同属于发展中国家，拥有共同的利益诉求。

"一带一路"战略构想推动各国共同打造互利共赢的"利益共同体"和共同发展繁荣的"命运共同体"。"一带一路"以"政策沟通、道路联通、贸易畅通、货币流通、民心想通"为原则，精髓在于不冲突、不对抗的独立外交政策，其实质是借用古代丝绸之路的历史符号，向世界传达出中国将积极主动的与合作国一同打造政治互信、经济融通、文化包容的利益共同体，这对于建立健全亚洲产业链，建立亚欧之间新型的合作伙伴关系有着重要的意义。

第二篇　室内实验篇

第六章　地球实验内容设计

宇宙是众多星体构成的天体系统。要认识宇宙则应从认识银河系中的行星、恒星、星座来了解银河系的结构特征以及演化过程，进而了解河外星系乃至整个宇宙。在实验中，利用天球仪以及天文望远镜能够初步了解银河系内部行星、恒星的大致特征，也可以初步认识宇宙。

第一节　天球仪的使用

天球仪由天球、子午圈、地平圈和支架四部分组成。

一、天球

天球是天球仪的主体，其中心轴线代表天轴。天轴两端有轴承，装在子午圈上，用以支持天球的旋转。两个轴承即天北极 p 和天南极 p'。天球上距两天极相等距离的大圆为天赤道。和天赤道正交的半大圆是赤经圈，其间隔是 1 h(15°)。赤经值标注在天赤道上。和天赤道平行的小圆是赤纬圈，和天赤道斜交约 23.5° 的大圆为黄道，在其上注明黄经度数、日期和节气，表明不同日期太阳在周年视运动中的位置。黄道的两极是天北极和天南极，它们分别与天北极和天南极的角距离为 23.5°。黄道和天赤道相交于春分点和秋分点，0 h 赤经线通过的点是春分点，12 h 赤经线通过的点是秋分点，6 h 赤经线与黄道的交点是夏至点，18 h 赤经线与黄道的交点是冬至点。天球上绘有星座图形，肉眼可见的有星团、星云和银河等，银河的中心线是银道。

二、子午圈

子午圈是通过天极和测点所在地天顶的大圆。子午圈与天赤道正交，上面刻有自天赤道到两级 0°~90° 的刻度，刻度数值和天球上赤纬圈的度数相对应，子午圈的最高点是天顶，与之对应的最低点是天底。天顶和天底的连线即测点的铅垂线。

三、地平圈

地平圈是一个水平的圆环，地平圈与天赤道正交于北点和南点，与天赤道相交于东点和西点。地平圈上有 0°~360°的刻度,表示地平经度(方位角),自南点顺时针方向度量。

四、支架

支架包括竖环和底座两部分,竖环不但固定地平圈,而且支撑子午圈。

第二节　天文观测:星座的认识与观察

在宇宙中,有许多相对位置几乎不变的星体,称为恒星。为了辨认密布的群星,人们利用想象出来的线条将星星连接起来,构成各种各样的图形,或是将某一块划分成一个区域,取上名字。这些图形连同它们所在的区域称为星座。

一、四大星区的划分

为了对全年星座分布大势有一个全局性的认识,人们将星座按照赤经划分为四大星座。每一个星区跨赤经 6 h,且各自以其拱极星座或者著名星座命名。从 0 h 赤经线开始,自西向东依次为仙后星区、御夫星区、大熊星区、天琴星区。四大星区的主要星座和主要亮星的特征如图 6-1 所示。

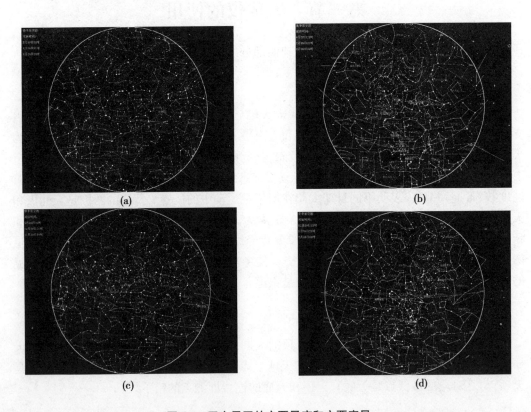

图 6-1　四大星区的主要星座和主要亮星

二、主要星座的观察

（1）仙后座。位于仙后星区。主要星体连起来形似字母 w，利用其可以找到北极星。

（2）御夫座。位于御夫星区。呈现出明显的五边形，我国古代称为"五车"。其主星（五车二）是北天重要的亮星之一。

（3）猎户座。位于御夫星区。为全天最壮丽的星座，横跨天赤道，在世界各地都能看到。它由两颗一等星（参宿四和参宿七）和五颗二等星组成。有"参宿七星明烛宵，两肩两足三为腰"之说。中部三颗星合称参宿三星，位于天赤道上。参宿三星东南有一肉眼可辨亮星云，即猎户大星云。

（4）大犬座。位于御夫星区。形如砍刀，主星（天狼星）是全天最明亮的恒星。

（5）小犬座。位于御夫星区。星数很少，主星（南河三）是著名的一等星。它同参宿四和天狼星构成一个等边三角形。

（6）大熊座。位于大熊星区。北天最著名的星座，七颗亮星排成"勺子"形状，称为北斗七星，可以利用它的两颗拱极星（天枢、天璇）来寻找北极星。

（7）牧夫座。位于大熊星区。形如风筝，也像一条倒挂的领带。主星（大角）是北天亮星，正处于北斗七星的延长线上。

（8）天琴座。位于天琴星区。范围很小。主星（织女）是北天头等亮星。织女由四颗暗星构成一个菱形，是传说中织女织布用的"梭子"。

三、月面观测

月球是离地球最近的星球，是地球的亲密伙伴。月相是人们最常见的一种天象。通过望远镜观察月面，可以直接了解月球表面形态以及月海、山脉、环形山和辐射纹等结构。

观察月面的最好时机是在上、下弦月前后，因为此时对于月面中部，太阳光是斜射的。月面上的山地具有明显的阴影，我们就能看到月面上更细的形态结构，在观察月相时，应遵循以下步骤：

（1）选择正确倍率的放大镜。观察月面一般运用较低倍率的望远镜。

（2）记录观察日期、时间、地点以及所用仪器。

（3）画一个直径为 10 cm 的圆面表示月面。在圆上标注出明暗线。值得一提的是，通过望远镜观察到的是倒像。即看到的是上北下南左西右东，分辨方法是记住月球南极附近是环形山的密集区。

（4）用望远镜观察月面形态。

经观察，月球形状是南北极稍扁，赤道地区稍微隆起的扁球。月球的表面也是高低起伏不平，既有山岭起伏、峰峦密布，又有低洼地区。一般比较低的地方成为"月海"，比较暗黑。高的地方成为月陆，比较明亮。月面上最明显的特征是具有环形山，环形山周围有月面辐射纹。典型的环形山有第谷环形山和哥白尼环形山及其周围的辐射纹。

第七章 地质实验内容设计

对于大学本科新生地质学课程内容的学习效果,应以促进学生发展为目标,从教会学生"学"出发,强化过程性评价并提高在课程学习评价中的比例,有利于使本科一年级新生得到个性化指导,学会大学课程的学习方法,提高大学生的自主学习能力,对激励学生平时学习能起到重要作用,能促进良好学风的建设。

地质学理论内容学习中主要评价知识掌握与运用、学会学习,重在评价学生的学习状态和效果。要求学生了解《地质学基础》在资源与环境学院地理科学、人文地理与城乡规划、地理信息科学等专业培养方案中的地位、作用,制订学习计划,主动参与学习活动,高质量地完成课程作业;能熟练运用地质学知识和方法,学会对学习的反思,提高学习能力。地质学课程实验内容学习中主要评价实验能力,重在评价学生实验操作的能力和效果。要求学生在理解矿物、岩石学等鉴定与分类等实验项目原理和方法的基础上,熟练掌握操作步骤,规范矿物、岩石鉴定方法与分类标准;要求观察数据可靠,结论分析科学,实验报告规范;具备良好的实践技能和创新精神。

地质实验课主要是使地理科学、人文地理与城乡规划、地理信息科学等专业的学生掌握地质学的基础知识、基本理论和研究方法的核心实验内容。学生通过学习地质实验课,掌握地质学的基础知识、基本理论和研究方法,认识矿物、岩石和地质构造的特点及其对经济地理格局的决定性作用,认识自然地理环境结构的各要素及其相互影响的机制,提高了解自然、认识自然和开展地理学研究的能力。

结合多年的教学经验和地质学学科专业知识构成特点,在过程性评价基础上确定地质学课程学习目标并细化课程内容结构,如表7-1、表7-2所示。表7-2中的课程内容在授课中重点讲授矿物－岩石－构造运动与构造变动－大地构造学说,并有5次实验课与重点理论内容相匹配,地震－经济地质与工程地质,以学生结合网络学堂自学为主,教师指导为辅,授课内容中尽量给学生介绍地质学科的最新科技成果。

表7-1 过程性评价的学习目标分级

学习目标	1 掌握矿物的基本物理性质		2 鉴定区别三大类岩石及其主要岩石类型	3 掌握构造地质的力学性质及构造变动	4 了解地质历史、经济地质与工程地质(包括灾害地质如地震等)的基本概念与基本知识
评价准则	a	掌握矿物的基本物理性质	从地质作用成因等方面掌握火成岩、沉积岩、变质岩三大类岩石的区别	褶皱与断层(从地质力学性质方面对褶皱和断层进行成因分析和分类),培养学生的分析能力	基本概念(了解地质历史、经济地质与工程地质(包括灾害地质如地震等)的基本概念)

评价准则	b	认识和鉴别最常见的造岩矿物,培养学生的观察能力和动手能力	根据火成岩的主要矿物成分、结构构造对火成岩石定名、分类,培养学生的观察能力和动手能力及类比推理能力	地质罗盘使用方法(使用地质罗盘测定岩层的产状),培养学生动手操作能力和合作学习的能力	能说出典型的古生物化石所代表的地质时代,能解释矿物的经济地质意义,能解释岩石和地质构造在工程地质方面的应用意义,培养学生运用专业知识进行综合分析问题的能力
	c		根据沉积岩的主要矿物成分、结构构造对沉积岩石定名、分类,培养学生的观察能力和动手能力及类比推理能力	李四光地质力学体系,培养学生的归纳概括能力,形成正确的地学观	
	d		根据变质岩的主要矿物成分、结构构造对变质岩石定名、分类,培养学生的观察能力和动手能力及类比推理能力		

表 7-2　教学计划安排

周数	学时	内容	章节	学习目标
3~4		新生入学并参加军训		
5	2	1.介绍教学大纲;2.介绍本门课程	1	
6	2	1a 矿物的形态和基本物理性质	2	1
7	2	实验一　认识矿物(1b)	2	1
8	2	2a 火成岩的分类指标、主要矿物成分、结构构造与主要类型	3	2
9	2	实验二　认识岩浆岩(2b)	3	2
10	2	2a 沉积岩的主要矿物成分、结构构造与主要类型	4	2
11	2	实验三　认识沉积岩(2c)	4	2
12	2	2a 变质岩的主要矿物成分、结构构造与主要类型	5	2
13	2	实验四　认识变质岩(2d)	5	2
14	2	3a 褶皱与断层及其力学分类	6	3
15	2		6	3
16	2	实验五　校园地质资源观察和简单使用地质罗盘(3b)	6	3

周数	学时	内容	章节	学习目标
17	2	李四光地质力学体系(3c)	7	3
18	1			
	1	地震的类型与大地构造地震(4a、4b)	8	4
19	1	野外地层研究方法(4b)	9	4
	1	地质历史、经济地质与工程地质(包括灾害地质如地震等)的基本概念与基本知识(4a、4b)	10 ~ 15	4
20	2			
	32			

第一节 地质实验课程内容

一、地质实验室安全操作规程

（1）地质实验室所有的各种地质标本都不得用力敲打或随意捏碎。

（2）用小刀刻划矿物鉴定其硬度时，要求小刀的刀口朝外，刻划方向与夹持标本的手指方向平行，防止小刀滑脱而伤手。小刀刀口方向如图7-1中箭头所示。

图 7-1 箭头为小刀刻划矿物的硬度方向

（3）鉴定地质标本中的碳酸盐类矿物时，先用小刀在标本上轻轻刻一道划痕，再往标本上的划痕上用滴管滴 1 ~ 2 滴盐酸。

（4）地质实验室中使用盐酸鉴定碳酸盐类矿物时，学生须持标本到盛放盐酸的小瓶旁用滴管吸少量盐酸，按上述第(3)条的要求往标本上滴盐酸，禁止将盐酸小瓶随便挪动。

（5）用显微镜观察岩石薄片使用电光源时，先安装好显微镜，经检查各方面都齐备后，再接通电源；用显微镜观察岩石薄片使用电光源，当完成观察任务要下课时，先断开电源，再收拾显微镜等部件并将其装箱。

（6）在地质实验室内工作（包括上实验课、打扫卫生、整理地质标本等）时，所有人都要保持安静，不得出现喧哗、打闹等行为。

二、实验内容及基本要求

(一)矿物

1. 实验目的

矿物学是一门培养学生具有认识、分析、鉴定各种基本矿物能力的技术基础课,在教学方面应着重基本知识、基本理论、基本方法的指导,通过实验可掌握野外工作能力。实验课是矿物学课程中重要的实践环节,通过实验使学生加深对课堂教学内容的理解,掌握肉眼鉴定基本矿物的方法并学会使用一些简单仪器、试剂综合分析。

2. 基本要求

矿物实验课是矿物学课程中重要的实践环节,通过实验使学生加深对课堂教学内容的理解,掌握肉眼鉴定基本矿物的方法并学会使用一些简单仪器、试剂综合分析。

3. 实验用具

小刀、放大镜、三角板等。

4. 注意事项

(1)完成作业时用厘米尺量橄榄石等矿物的粒度。

(2)用小刀刻划矿物鉴定其硬度时,将刀口背着手,以防闪失而划破手。

(3)在无釉陶瓷板上划矿物并观察其条痕色时,凡是矿物硬度大于或等于小刀者,由于此时矿物的硬度大于陶瓷板,故所划的条痕是无釉陶瓷板的粉末,而不是矿物的粉末,此种情况下,矿物的条痕色应该写“没有”,不应该写“无”,在颜色栏目中填写“无”,即为“无色”,例如“水是无色的”。

5. 实验内容

(1)认识晶体的理想形态。

(2)分析晶体分类的方法。

(3)矿物的物理性质认识与鉴别。

(4)矿物的形态特征。

(5)八大造岩矿物。

6. 观察与描述方法(主要以八大造岩矿物为例)

橄榄石:化学式为 $[Mg,Fe]_2SiO_4$。粒状集合体,颜色为黑绿色、橄榄绿色,条痕无色,玻璃光泽,透明度为透明至半透明,硬度大于小刀,无解理,目前地质实验室手标本中矿物粒度为 0.2~2 mm。透明度好、粒度大(直径 5~10 mm)的橄榄石可作宝石。

普通辉石:化学式为 $Ca[Mg,Fe,Al][(Si,Al)_2O_6]$。短柱状晶体,横断面近八边体,集合体常为粒状、放射状或块状,颜色为绿黑色,没有条痕色,玻璃光泽,不透明,硬度大于小刀,两组中等柱面解理中等,相交近直角(87°或93°)。

断口粗糙不平坦。目前地质实验室手标本中矿物粒度大部分为 6 mm,能见个别完好的晶体。普通辉石晶体可用于磨制黑宝石。翡翠的矿物成分即属于辉石族系列硬玉($NaAl[Si_2O_6]$)。

普通角闪石:化学式为 $(Ca,Na)_{2-3}(Mg^{2+},Fe^{2+},Fe^{3+},Al^{3+})_5[(Al,Si)_4O_{11}](OH)_2$。晶体呈长柱状,横断面为近菱形的六边体,集合体常呈粒状、针状或纤维状。颜色为绿黑至黑色,条痕浅灰绿色,玻璃光泽,近乎不透明,两组柱面解理完全,交角为 124°或 56°。

没有断口,硬度等于或略大于小刀。目前,地质实验室手标本中矿物粒度大部分为 9 mm。中国著名宝石之一和田玉矿物成分即为角闪石族中的透闪石。

正长石:化学式为 $KAlSi_3O_8$。长石族矿物划分为钾长石和斜长石两个亚族。钾长石亚族有正长石、透长石、微斜长石和歪长石。颜色为肉红色,玻璃光泽,条痕无色或白色,透明 - 半透明,硬度等于或略大于小刀,具两个方向中等或完全解理,解理交角 90°。宝石类矿物有月光石(正长石)、天河石(微斜长石)。

斜长石:化学式为 $NaAlSi_3O_8(Ab) - CaAl_2Si_2O_8(An)$。包括钠长石 $NaAlSi_3O_8(Ab)$、奥长石、中长石、拉长石、培长石和钙长石 $CaAl_2Si_2O_8(An)$。斜长石中的大多数品种会在表面产生细而且平行的条纹,有的还会有蓝或绿色的晕彩发生,这是由它们的双晶结构引起的。最常见的斜长石是奥长石,最少见的是培长石。板状集合体,颜色为灰白色或白色,条痕无色,玻璃光泽,透明度为半透明,硬度大于小刀,两组解理(一组完全、一组中等)相交成 86°24′,故得名斜长石。没有断口,目前地质实验室手标本中矿物粒度大部分为 4 mm。色泽美丽者可作宝玉石材料,如日光石、拉长石。中国著名宝石独山玉矿物成分就是以基性斜长石为主。

白云母:化学式为 $KAl_2[Si_3AlO_{10}](OH,F)_2$。片状、层状集合体,颜色为无色或者是白色,条痕无色,有丝绢光泽,极透明,硬度小于指甲,一组极完全解理,没有断口。优质白云母是制作电器元件的核心材料。

石英:化学式为 SiO_2。块状集合体,颜色为灰白色或者是白色,条痕无色,玻璃光泽,透明度为透明至半透明,硬度大于小刀,无解理,有典型的贝壳状断口,目前地质实验室手标本中矿物粒度大部分为 7~12 mm。石英质宝玉石种类有水晶、玉髓、玛瑙及二氧化硅交代的木变石(如虎睛石)等。

黄铁矿:化学式为 FeS_2。粒状、结核状集合体,颜色为浅黄色,条痕为黑色,强金属光泽,不透明,硬度大于小刀。黄铁矿因其颜色和明亮的金属光泽,常被误认为是黄金,故又称为"愚人金"。

黄铜矿:化学式为 $CuFeS_2$。致密块状集合体,颜色为黄色,条痕为绿黑色,金属光泽,两组不完全解理,不透明,硬度小于小刀。

方铅矿:化学式为 PbS。方铅矿往往呈完美的立方体的晶体,不过有时也有平顶金字塔状或者骨头状的晶体。铅灰色,条痕灰黑色,金属光泽,不透明,硬度小于小刀,三组解理完全。

闪锌矿:化学式为 ZnS。纯闪锌矿近于无色,但通常因含铁而呈浅黄、黄褐、棕甚至黑色,随含铁量的增加而变深,透明度相应地由透明、半透明至不透明,光泽则由金刚光泽、树脂光泽变至半金属光泽。硬度小于小刀,随着铁含量的增加,硬度增大而比重降低。具完全的菱形十二面体解理。晶体形态呈四面体或菱形十二面体,通常成粒状集合体产出。

方解石,化学式 $CaCO_3$。地质实验室的手标本为菱面体,颜色为无色,条痕为白色,玻璃光泽,透明度好,硬度小于小刀,有三组完全解理,没有断口。石灰岩和大理岩的主要矿物是方解石。无色透明的方解石也叫冰洲石,是重要的光学材料。

孔雀石,化学式为 $Cu_2(OH)_2CO_3$。钟乳状集合体,颜色为孔雀绿色,条痕为墨绿色,玻璃光泽,透明度为半透明,硬度介于小刀与指甲之间,有贝壳状的断口。色彩艳丽者为宝石。

7. 实验作业

(1)观察八大造岩矿物及黄铁矿、黄铜矿、方铅矿、闪锌矿、孔雀石、方解石等矿物学特征。

(2)使用已设计好的实验作业表格完成作业。

(二)岩浆岩

1. 实验目的

(1)通过观察超基性、基性岩各类岩石中有代表性的岩石类型,了解并掌握上述各类岩石的基本矿物共生组合和主要的结构构造。

(2)通过观察中性 – 酸性岩类常见的岩石类型,了解并掌握上述各类岩石的基本矿物共生组合和主要的结构构造。

(3)初步掌握各种常见火山岩岩石的基本特征、矿物组合结构构造特征。

(4)逐步学会独立地鉴定岩石,正确地给岩石定名及编写岩石鉴定报告。

2. 基本要求

逐步学会独立地鉴定火成岩石,正确地给火成岩石定名及编写岩石鉴定报告。

3. 实验用具

小刀、放大镜、盐酸、三角板等。

4. 注意事项

(1)使用盐酸时严格遵守中学上化学实验课时使用强酸的安全操作规程。

(2)本次实验课中实验室只提供一瓶(最大容量为 50 mL)盐酸,并放在固定位置,完成作业过程中需要往标本上滴盐酸时,先在手标本上用小刀刻划 2 ~ 3 道 2 ~ 3 cm 长的划痕,再拿着手标本到放盐酸的地方用滴管吸取少量盐酸滴在小刀刻的划痕中矿物粉末上,观察矿物粉末与盐酸的反应情况。

(3)不得随意挪动盐酸小瓶(规格为 50 mL);在手标本上滴盐酸 2 ~ 3 滴即可,不得太多。

5. 实验内容

(1)超基性:橄榄岩、金伯利岩。

(2)基性岩:辉长岩、玄武岩。

(3)中性岩类:闪长岩、安山岩;正长岩、粗面岩。

(4)酸性岩类:花岗岩、花岗斑岩、流纹岩。

(5)火山碎屑类:浮岩、火山弹、熔结凝灰岩。

6. 观察与描述方法

岩浆岩手标本的观察内容主要包括颜色、结构构造、矿物成分、次生变化和产状等。

1)颜色

岩浆岩手标本的颜色是由组成岩石的矿物颜色的总和构成的一种混合色,其深浅取决于色率即暗色矿物在岩石中的百分含量。一般由基性到酸性,暗色矿物的含量逐渐减少至使岩石颜色由深至浅,因此根据其颜色可以大致确定标本属于哪一类岩石。一般各类岩石的色率为：超基性岩＞90，基性岩30～90（一般在50左右），中性岩30左右，酸性岩＜20，但有时也不能完全按照此规律，如黑曜岩，是玻璃质岩石，虽然颜色很黑但属于酸性岩类，斜长岩颜色很浅却属于基性岩类。此外，岩石的风化程度也会影响岩石的颜色，所以观察时应尽量选择新鲜面。

2）结构构造

观察岩石结构构造的目的是了解岩石生成时的条件，推测岩石的产状。但岩石的产状最好在野外直接观察岩体出露的实际地质情况，否则有时会得出错误的结论。所以，室内鉴定均要求注明野外产状。一般情况下，产状不同的岩石具有不同的结构构造可作为参考。

喷出岩一般具有斑状结构、无斑隐晶质结构或玻璃质结构，流纹气孔和杏仁构造发育。

浅成岩一般具有斑状结构或微晶结构，块状构造居多。

深成岩一般具有全晶质粗粒状结构或似斑状结构，常具有块状构造，也可具有条带状构造。

3）矿物成分

岩浆岩中造岩矿物的种类和含量是岩石的种属划分及定名的最主要依据，因此正确鉴定出各种主要造岩矿物是鉴定岩石的关键。岩浆岩中常见的主要造岩矿物为橄榄石、辉石、角闪石、黑云母、斜长石、碱性长石类、石英等。对于一些隐晶质的岩石来说，在手标本上鉴定是困难的，需要在显微镜下或化学分析结果综合考虑。

4）定名

岩石手标本的定名分深成、浅成和喷出岩。定名时将按矿物成分含量，含量最多的矿物放在最后面，含量最少的矿物放在最前面。岩石定名多采用：颜色＋副矿物＋结构＋岩石名称。例如一块标本，颜色与矿物：墨绿（角闪石）、黑色（黑云母）、肉红（钾长石）、灰白（斜长石）、无色（石英），其中石英含量约20％，斜长石含量约30％，钾长石含量约40％，黑云母含量约6％，角闪石含量约4％，粗粒结构，块状构造。根据这些信息初步定名为花岗岩，详细命名：灰白肉红色角闪黑云钾长石花岗岩。后面沉积岩、变质岩的命名与此类似。

7. 描述实例

金伯利岩（角砾云母橄榄岩）：墨绿色。主要矿物为橄榄石，其次为金云母、石榴子石等。因1887年发现于南非的金伯利（Kimberley）而得名，是产金刚石的最主要火成岩之一。金伯利岩常呈岩筒、岩墙产出。有经济价值的原生金刚石矿床产于岩筒中。岩筒的面积一般不足1万 m^2，常成群出现，著名的南非金伯利岩就是由十多个著名的岩筒组成的岩筒群。其中，以具斑状结构且富含颗粒粗大橄榄石的金伯利岩含金刚石较富，而呈显微斑状结构，富含金云母的金伯利岩含金刚石较贫。

金伯利岩常具有斑状结构、细粒结构和火山碎屑结构。块状构造和角砾状构造。呈斑状结构的，斑晶主要为橄榄石和金云母，橄榄石呈浑圆状并普遍受到强烈的蛇纹石化和碳酸盐化蚀变；基质呈显微斑状结构，由橄榄石、金云母、铬铁矿、钛铁矿、钙钛矿、磷灰石等组成。呈角砾状构造的，角砾成分复杂，有来自上地幔的碎块，也有来自浅部围岩的碎块。大量角砾的存在反映了金伯利岩岩浆具有爆发作用的特征。超基性岩,成岩深度为喷出岩。

橄榄岩:新鲜岩石为橄榄绿色。常见黑色或墨绿色,由于空气氧化,橄榄石易风化为蛇纹石,故颜色变为浅墨绿色。以橄榄石为主,辉石为次,即矿物含量辉石＜橄榄石,橄榄石含量可占40%～90%。粗粒或中粒结构,块状构造。超基性岩,成岩深度为深成岩。

玄武岩:汉语玄武岩一词引自日文。日本在兵库县玄武洞发现黑色橄榄玄武岩,故得名。矿物成分以斜长石为主,其次为辉石,再次以橄榄石为主,矿物含量由少到多的次序是橄榄石＜辉石＜斜长石。黑色或黑灰色,由于风化作用出现黄褐色、灰绿色。细粒隐晶质斑状结构。细粒及斑状结构,气孔构造和杏仁构造普遍。基性岩,成岩深度为喷出岩,既是地球洋壳和月球月海的最主要组成物质,也是地球陆壳和月球月陆的重要组成物质。

辉长岩:灰黑色。矿物成分以斜长石为主,其次为辉石,再次以橄榄石为主,矿物含量由少到多的次序是橄榄石＜辉石＜斜长石。

岩石命名时,将最多的矿物名称放在最后岩,含量其次居前,含量最少居最前,故根据矿物含量大小命名为橄榄石辉石斜长石岩,简称为橄榄辉长岩,但橄榄石太少就不参与命名,就直接简称为辉长岩。后面各类所有岩石(包括沉积岩和变质岩)的命名原则都与此相同。

细粒结构,块状构造。基性岩,成岩深度为深成岩。

安山岩:安山岩一词来源于南美洲西部的安第斯(Andes)山名称,全称为安第斯山岩,简称为安山岩。灰色,紫红色。以中性斜长石为主,其次为角闪石,即矿物含量由少到多排序为角闪石＜斜长石。斑状结构,斑晶主要为斜长石及暗色矿物。暗色矿物主要为黑云母、角闪石(通常为褐色,具暗化边)和辉石。依斑晶中的暗色矿物种类,可分为辉石安山岩、角闪石安山岩和黑云母安山岩等。块状构造。中性岩,成岩深度为喷出岩。

安山岩线分布于活动大陆边缘、分隔不同岩石系列的一条岩相地理分界线(或称马歇尔线)。在此线一侧出现以蛇绿岩套为代表的拉斑玄武岩系列,靠陆一侧分布有以安山质火山岩、石英闪长岩和花岗闪长岩为主的钙碱性岩浆岩系列。安山岩线的形成是板块俯冲作用的结果。在环太平洋边缘,安山岩线大致位于从阿拉斯加经日本岛弧、马里亚纳海沟、帛硫群岛、俾斯麦群岛、斐济和汤加群岛至新西兰和查塔姆岛一线。

闪长岩:灰白色,灰绿色。暗色矿物以角闪石为主,有时有辉石和黑云母。实验室手标本观察到的矿物含量以中性斜长石为主,其次为角闪石,即矿物含量由少到多排序为角闪石＜斜长石。典型的闪长岩中浅色矿物含量为65%～75%,暗色矿物含量为20%～30%。结构多半为半自形粒状结构,斜长石晶形一般较好,呈板柱状,矿物颗粒均匀,多为块状构造。根据石英含量和暗色矿物种类,闪长岩(类)又可分为闪长岩、石英闪长岩、辉石闪长岩。中性岩,成岩深度为深成岩。

粗面安山岩:成分与二长岩相当的、介于粗面岩和安山岩之间的喷出岩。粗面安山岩呈白、灰、浅黄或红色,常为斑状及粗面结构,气孔状－块状构造。斑晶主要由斜长石(中长石、更长石)和暗色矿物组成。在一般情况下,斜长石斑晶有钾长石镶边,形成正边结构,或者碱性长石充填斜长石微晶的间隙。基质具有交织结构和玻基交织结构,基质矿物主要为斜长石及碱性长石,常含数量不等的玻璃质。中性岩,成岩深度为喷出岩。

辉石正长岩:灰色,褐红色。主要由长石角闪石和黑云母组成,不含或含极少量的石英。长石中碱性长石(通常为正长石,微斜长石、条纹长石)约占70%以上。矿物含量由少到多排序:黑云母＜角闪石＜正长石。中粗粒等粒结构,似斑状结构;块状构造。中性岩,成岩深度为深成岩。

流纹岩:灰色、灰白、粉红色或砖红色。以钾长石、富钙斜长石、石英、黑云母为主。矿物含量由少到多排序:黑云母＜石英＜富钙斜长石＜钾长石。细粒斑状结构(斑晶为钾长石),流纹构造。酸性岩,成岩深度为喷出岩。

珍珠流纹岩:是一种火山喷发的酸性熔岩,经急剧冷却而成的玻璃质岩石,因其具有珍珠裂隙结构而得名。珍珠岩矿包括珍珠岩、黑曜岩和松脂岩。三者的区别在于珍珠岩具有因冷凝作用形成的圆弧形裂纹,称珍珠岩结构,含水量为2%～6%;松脂岩具有独特的松脂光泽,含水量为6%～10%;黑曜岩具有玻璃光泽与贝壳状断口,含水量一般小于2%。而珍珠流纹岩为灰白色,岩石特征以流纹岩为主,具有珍珠构造。酸性岩,成岩深度为喷出岩。

花岗斑岩:白色、灰色或黑色。以钾长石、斜长石、黑云母为主。花岗斑岩的矿物成分与相应的深成岩——花岗岩相同,不同的是它具有斑状结构,表明它是浅成岩。花岗斑岩的斑晶含量一般为15%～20%,主要为石英和长石,有时也有黑云母和角闪石。石英斑晶往往呈六方双锥状。钾长石为正长石或透长石。黑云母和角闪石有时可见暗化边。斑晶通常被基质熔蚀,基质呈微花岗结构。花岗斑岩与斑状花岗岩不同,后者具有似斑状结构,属花岗岩的一种;而花岗斑岩则具斑状结构,不是花岗岩,只是与它的成分相当。实验室手标本观察到的斑晶成分为钾长石,斑晶大小为3～10 mm,自形－半自形晶体。块状构造。酸性岩。

花岗岩:质地坚硬,难被酸碱或风化作用侵蚀,汉字名词花岗岩由日本人翻译而来。明治初期的辞典与地质学书籍将 Granite 翻译作花岗岩或花刚岩。花形容这种岩石有美丽的斑纹,刚或岗则表示这种岩石很坚硬,也就是有着花般斑纹的刚硬岩石之意。中国学者则沿用此译名。

颜色:黑色、灰白色、褐红色、红色等。花岗岩主要组成矿物为长石、石英、黑白云母等,石英含量为10%～50%。长石含量约为总量的2/3,分为正长石、斜长石(碱石灰)及微斜长石(钾碱)。粗粒结构,块状构造。酸性岩,成岩深度为深成岩。

花岗岩类型很多。按所含矿物种类,可分为黑云母花岗岩、白云母花岗岩、二云母花岗岩、角闪花岗岩、钾长花岗岩、斜长花岗岩、二长花岗岩等;按结构构造,可分为细粒花岗岩、中粒花岗岩、粗粒花岗岩、斑状花岗岩、似斑状花岗岩、晶洞花岗岩及片麻状花岗岩等。

角闪二长花岗岩:黑色、白色、肉红色。钾长石与斜长石含量相等,其次为角闪石,矿物含量由少到多排序:角闪石＜钾长石＝斜长石。钾长石与斜长石颗粒基本上为3～12 mm,粗粒结构,块状构造。酸性岩,成岩深度为深成岩。

钾长花岗岩:灰白色、肉红色。矿物成分以钾长石为主,其次为石英、斜长石,再次为黑云母,矿物含量由少到多排序:黑云母＜石英＜斜长石＜钾长石。粗粒结构,块状构造。酸性岩,成岩深度为深成岩。

浮石(浮岩):黑褐色、褐红色。矿物成分为非晶质石英、钾长石等,与流纹岩成分一致。玻璃质结构,气孔状构造。酸性岩,成岩深度为喷出岩。

火山弹:火山弹是直径大于 64 mm、形状圆滑的熔岩块。火山弹是火山爆发时,熔融或部分熔融的火山喷气发射到空中,岩屑团块飞行过程中受流体动力学作用即空气阻力的影响,边飞行边成形边冷却,从而使岩屑团块趋近于流线型,落到地面上时已经成形。火山弹包括圆形、长形、纺锤形等多种。黑褐色、褐红色。矿物成分为非晶质石英、钾长石等,与流纹岩成分一致。玻璃质结构,气孔状构造。酸性岩,成岩深度为喷出岩。

8. 实验作业

(1)超基性:橄榄岩、金伯利岩。

(2)基性岩:辉长岩、玄武岩。

(3)中性岩类:闪长岩、安山岩。正长岩、粗面岩。

(4)酸性岩类:花岗岩、花岗斑岩、流纹岩。

(5)火山碎屑类:浮岩、火山弹、熔结凝灰岩。

使用已设计好的实验作业表格完成作业。

(三)沉积岩

1. 实验目的

(1)认真观察各种沉积构造的特征,要求掌握各种沉积构造类型的基本特征,学会测量有关参数及各种沉积构造的描述方法。

(2)了解各类沉积构造的成因。

2. 基本要求

认识各种主要沉积岩,掌握各种沉积构造类型的基本特征。

3. 实验用具

小刀、铅笔、三角板、盐酸、量角器。

4. 注意事项

(1)使用盐酸时严格遵守中学上化学实验课时使用强酸的安全操作规程。

(2)本次实验课中实验室只提供一瓶(最大容量为 50 mL)盐酸,并放在固定位置,完成作业中需要往标本上滴盐酸时,先在手标本上用小刀刻划 2~3 道 2~3 cm 长的划痕,再拿着手标本到放盐酸的地方用滴管吸取少量盐酸滴在小刀刻的划痕中矿物粉末上,观察矿物粉末与盐酸的反应情况。

(3)不得随意挪动盐酸小瓶(规格为 50 mL);在手标本上滴盐酸 2~3 滴即可,不得太多。

5. 实验内容

(1)层理构造:水平层理、平行层理、板状斜层理、槽状斜层理、波状层理。

(2)层面构造:流水波痕、泥裂、晶痕。

(3)化学成因的构造:结核、叠锥。

(4)生物成因的构造:虫孔、叠层构造。

(5)颜色。

(6)掌握砂岩、泥岩及碳酸盐岩的分类及命名原则和主要岩石类型。

6.沉积构造的观察与描述

（1）观察层理细层的形态及与层面的关系。

（2）观察沉积岩物质成分、结构、粒序性、构造。

（3）描述岩石的颜色。

（4）要详细量取岩石中矿物颗粒的粒度，据此确定结构特征。

（5）岩石定名参照依据岩浆岩定名的原则。

7.描述实例

1）层理

板状斜层理：该层理从两个方向观察发现细层倾向50°细层倾角10°左右。细层由砾屑砂屑白云岩交替排理组成，砾屑长轴与细层平行，可见粒序性，细层呈微凹形，与底面呈切线接触。由两个层系组成，下部层系厚约7.6 cm，上部层系厚约3.5 cm，层系顶底界面平行。该层理属中型板状斜层理。

2）碎屑灰岩

岩石呈灰白色，主要矿物成分为方解石，加盐酸后剧烈起泡，属于石灰岩类。

主要粒屑由生物碎屑及砂屑组成。

生物碎屑：截面为长条状、弯曲，并可见到5 mm左右的生物介壳，表面可见纹饰，呈乳白色，放大镜下可见到细小的乳白色生物碎屑，分选好，磨圆度好。含量为80%左右。

砂屑：呈乳白色混圆状，粒度为0.5 mm左右，含量为20%左右。

填隙物主要为亮晶胶结物，无色透明，玻璃光泽，为结晶粗大的方解石，含量为89%。

结构：粒屑结构、颗粒支撑、孔隙式胶结。

块状构造。

定名：灰白色亮晶含砂屑生物碎屑灰岩。

主要的沉积岩详细描述内容如下。

细砂岩：灰白色、肉红色。主要矿物成分以石英、正长石为主，黏土质胶结。细粒结构，水平层理构造。其他：每厘米4层约1 mm的石英细砂，3层厚约2 mm的正长石细砂，两者互为韵律性。

粉砂岩：红褐色、灰绿色。主要矿物成分以白云母、石英为主，黏土质胶结。细粒结构，水平层理构造。粉砂岩形成于弱的水动力条件下，常堆积于潟湖、湖泊、沼泽、河漫滩、三角洲和海盆地环境。

长石砂岩：肉红色为主，白色为辅并有暗紫红色。主要矿物成分以长石为主，其次为石英，黏土质胶结。细粒结构，水平层理构造。沉积相为滨海相、湖相。

石英砂岩：黄褐色为主（褐铁矿化颜色），灰白色次之。主要矿物成分为石英，硅质胶结。粗粒（直径1～2 mm）结构，块状构造。滨海相沉积。

钙质页岩：灰白色为主。主要矿物成分为黏土，富含钙质（滴盐酸冒泡），钙质，黏土质胶结。泥质结构，薄层状页理构造。常见于陆相、过渡相的红色岩系中，也见于海相、泻湖相的钙泥质岩系中。

铝土页岩：灰色。主要矿物成分为黏土，富含铝土矿，黏土质胶结。泥质结构，薄层状页理构造。

泥质页岩:黑褐色为主。主要矿物成分为黏土,黏土质胶结。泥质结构,薄层状页理构造。湖相沉积。有植物茎、杆、叶、穗化石。

石灰岩:灰色为主,有少量白色和橙黄色。主要矿物成分以方解石为主,与稀盐酸反应剧烈(滴盐酸剧烈冒泡)。钙质胶结。

石灰岩结构较为复杂,有碎屑结构和晶粒结构两种。碎屑结构多由颗粒、泥晶基质和亮晶胶结物构成。颗粒又称粒屑,主要有内碎屑、生物碎屑和鲕粒等,泥晶基质是由碳酸钙细屑或晶体组成的灰泥,质点大多小于0.05 mm,亮晶胶结物是充填于岩石颗粒之间孔隙中的化学沉淀物,是直径大于0.01 mm的方解石晶体颗粒;晶粒结构是由化学及生物化学作用沉淀而成的晶体颗粒。

石灰岩按成因可划分为粒屑石灰岩(流水搬运、沉积形成);生物骨架石灰岩和化学、生物化学石灰岩。按结构构造可细分为竹叶状灰岩、鲕状灰岩、团块状灰岩等。石灰岩主要是在浅海的环境下形成的。

介壳灰岩:灰色、灰绿色为主。主要矿物成分为方解石。生物碎屑结构,块状构造。标本中有贝壳化石(约等于1 cm)。湖相、海相沉积。钙质胶结。

竹叶状灰岩:灰黑色为主,有少量白色。主要矿物成分为方解石。标本中的"竹叶"是石灰岩砾石的断面。竹叶状结构,竹叶状构造。钙质胶结。

白云岩:灰绿色,灰白色为主。主要矿物成分为白云石。碎屑结构,块状构造。白云岩是一种沉积碳酸盐岩,主要由白云石组成,常混入石英、长石、方解石和黏土矿物。性脆,硬度小,用铁器易划出擦痕。遇稀盐酸缓慢起泡或不起泡,外貌与石灰岩很相似。按成因可分为原生白云岩、成岩白云岩和后生白云岩;按结构可分为结晶白云岩、残余异化粒子白云岩、碎屑白云岩、微晶白云岩等。沉积相:湖相,滨海相。

熔结凝灰岩:红褐色为主。主要矿物成分为非晶质石英、钾长石、斜长石。凝灰岩质结构,块状构造。火山相。

硅华:肉红色为主。主要矿物成分为石英(二氧化硅),非晶质–半晶质结构,海绵状、块状构造。火山相。

8. 实验作业

观察细砂岩、粉砂岩、长石砂岩、石英砂岩、钙质页岩、铝土页岩、泥质页岩、石灰岩、介壳灰岩、竹叶状灰岩、白云岩、熔结凝灰岩、硅华等岩石学特征。

使用已设计好的实验作业表格完成作业。

(四)变质岩

1. 实验目的

(1)掌握区域变质岩常见岩石的基本特征,物质组合及结构构造特征。

(2)了解混合岩、接触变质、动力变质及汽液变质形成的岩石类型。

(3)掌握各类岩石的分类命名原则与定名方法。

(4)了解变质岩的原岩建造。

2. 基本要求

掌握区域变质岩常见岩石的基本特征,物质组合及结构构造特征,掌握各类岩石的分类命名原则与定名方法。

3. 实验用具

小刀、放大镜、盐酸、三角板等。

4. 注意事项

(1)使用盐酸时严格遵守中学上化学实验课时使用强酸的安全操作规程。

(2)本次实验课中实验室只提供一瓶(最大容量为50 mL)盐酸,并放在固定位置,完成作业中需要往标本上滴盐酸时,先在手标本上用小刀刻划2~3道2~3 cm长的划痕,再拿着手标本到放盐酸的地方用滴管吸取少量盐酸滴在小刀刻的划痕中矿物粉末上,观察矿物粉末与盐酸的反应情况。

(3)不得随意挪动盐酸小瓶(规格为50 mL);在手标本上滴盐酸2~3滴即可,不得太多。

5. 实验内容

板岩类、千枚岩类、片岩类、片麻岩类、长英质粒岩、角闪岩类、麻粒岩类、榴辉岩类、石英岩及大理岩类。

6. 岩石的观察与描述

(1)颜色:风化面与新鲜面。

(2)矿物成分:主要与次要矿物、百分含量,斑晶大小、含量、矿物成分有关。

(3)结构:晶粒结构、变斑晶结构等,晶粒间关系等。

(4)构造:片状、片麻状等构造。

(5)次生变化。

(6)定名:颜色+杂质+特征矿物+岩石名称。

7. 描述实例

板岩:黑色。矿物成分主要有绢云母、绿泥石等,少量石英。细粒或隐晶质结构,板状构造。变质类型:浅变质。原岩为泥质、粉质或中性凝灰岩,沿板理方向可以剥成薄片。板岩的颜色会随其所含有的杂质不同而变化。含铁的为红色或黄色;含碳质的为黑色或灰色;含钙的遇盐酸会起泡,因此一般以其颜色命名分类,如绿色板岩、黑色板岩、钙质板岩等。

千枚岩:具典型千枚状构造的浅变质岩石。由黏土岩、粉砂岩或中酸性凝灰岩经低级区域变质作用所形成。变质程度比板岩稍高,原岩成分基本上全部重结晶,主要由细小的绢云母、绿泥石、石英、钠长石等新生矿物组成。灰绿色。具细粒鳞片变晶结构。岩石的片理面上具有明显的丝绢光泽,并常具皱纹构造。千枚岩可根据矿物成分和颜色的不同详细命名,如硬绿泥石千枚岩、黄绿色钙质千枚岩等。

绿片岩:灰绿色,一般为淡黄绿色。主要矿物成分有透辉石,绿帘石,石榴子石,阳起石,绿泥石,少量石英、方解石。中细粒鳞片状变晶结构,片状构造。变质类型:中变质。发育于造山带,常是太古代绿岩带的重要组成部分。

黑云角闪斜长片麻岩:灰白、黑色。矿物成分主要有石英、斜长石,次为角闪石,再次为黑云母。矿物含量由多到少的顺序是石英>斜长石>角闪石>黑云母。鳞片粒状变晶结构,片麻状构造。变质类型:深变质。

透辉石大理岩:白色。矿物成分以方解石为主,其次为透辉石,粗粒结构,块状构造或条带状构造。变质类型:深变质。我国产的白色大理石一般称为汉白玉。

榴辉岩:红褐色、墨绿色。矿物成分以辉石为主,石榴子石次之。中粗粒变晶结构,块状构造。变质类型:深变质。

蛇纹岩:主要是由超基性岩受低－中温热液交代作用,使原岩中的橄榄石和辉石发生蛇纹石化所形成。黑色、墨绿色。矿物成分主要为蛇纹石。常见为隐晶质结构,镜下见显微鳞片变晶或显微纤维变晶结构,致密块状或带状、交代角砾状、块状等构造。变质类型:深变质。

断层角砾岩(或构造角砾岩):指在应力作用(断层作用)下,原岩破碎成角砾状,被破碎细屑充填胶结或有部分外来物质胶结的岩石。一般认为,角砾碎屑含量大于30%的称为断层角砾岩,而角砾碎屑含量小于30%的称为断层泥。它是动力变质岩中碎裂程度中等的岩石。灰绿、红褐色。矿物成分主要为绿泥石、斜长石。碎裂结构,角砾状构造。变质类型:深变质。构造角砾岩在断层破碎带广泛分布。其厚度取决于破碎的强度,有时可厚达数百米,延伸数十千米至数百千米。

8. 实验作业

观察板岩、千枚岩、片岩、片麻岩、角岩、大理岩、石英岩、矽卡岩、豹皮状蛇纹岩、构造角砾岩的岩石学特征。

使用已设计好的实验作业表格完成作业。

(五) 校园地质资源观察——简单使用地质罗盘

1. 校内地质资源综合观察(包头师范学院南校区)

1) 实验目的

了解和认识学校校园内建筑装饰材料及校园景观材料的变质岩、火成岩、球状风化岩石、化石等,使学生更接近经济生活环境观察岩石,提高学生理论联系实际的能力,了解矿物学与岩石学的经济应用意义。

2) 基本要求

认识矿物学与岩石学的经济应用意义及其对经济地理学的决定性作用。

3) 实验用具

放大镜、钢卷尺、三角板等。

4) 实验内容

(1)副变质岩大理石及其所赋含的最古老化石——叠层石,在美术学院楼楼门柱上。

(2)球状风化特征,为美术学院楼对面的“师魂”花岗石。

(3)副变质岩、中细粒长石石英岩,现图书馆南面草坪上“长江石”。

作业:博学楼二楼大厅柱子及地板上的岩石观察与命名。

5) 纪律要求

(1)要有严明的组织纪律。

(2)在楼门口观察时,学生站在楼门口两旁,方便其他人进出。

(3)不得大声喧哗,以免影响其他班同学在教室上课。

(4)认真记好现场的听课笔记。

(5)不得随意刻划所观察的建筑材料及校园景观。

（6）爱护绿地，爱护校园的所有景观。

2.简单使用罗盘

1）实验目的

地质罗盘仪是进行野外地质工作必不可少的一种工具。借助它可以定出方向、观察点的所在位置，测出任何一个观察面的空间位置（如岩层层面、褶皱轴面、断层面、节理面等构造面的空间位置），以及测定火成岩的各种构造要素、矿体的产状等。因此，必须学会使用地质罗盘仪。

本实验主要了解罗盘的结构。掌握罗盘的使用方法，运用罗盘测量岩层地质产状，运用罗盘测量导线的方向。

2）基本要求

掌握罗盘的使用方法，运用罗盘测量岩层地质产状，运用罗盘测量导线的方向。

3）实验用具

罗盘、皮尺、三角板等。

4）实验内容

（1）了解罗盘的结构。地质罗盘式样很多，但结构基本是一致的，我们常用的是圆盆式地质罗盘仪。由磁针、刻度盘、测斜仪、瞄准觇板、水准器等几部分安装在一铜、铝或木制的圆盒内组成。

（2）学会地质罗盘的使用方法。

（3）岩层产状要素的测量。

（4）导线方向的测量。

使用已设计好的实验作业表格完成作业。

学生自己整理并撰写实验报告。

在完成上述实验课程内容之后，总结地质学理论教学方法，有条件的话，学生再在显微镜下观察矿物、岩石薄片，提高对矿物、岩石的微观认识，对培养学生的探究性学习能力有很重要的实践意义。

第二节　地质学理论与实践教学研究

地质学的教学方法很多，下面从个人多年来进行地质学理论和实践教学的角度谈谈自己的见解。

一、地质学理论课教学方法研究

完全学分制是一种把必须取得的毕业总学分作为毕业标准的一种教学管理制度，它要求按照培养目标和教学计划中各门课程及教学环节的学时量，确定每门课程的学分，设置必修课和选修课，规定各类课程的比例，以及准予学生毕业的最低总学分。完全学分制可激发学生学习的积极性、主动性和独立性，有利于因材施教，有效开发学生的潜能，充分体现"以人为本"的教育思想。完全学分制下的基础课程授课学时量也同时减少，如地理科学专业基础核心课"地质学基础"由原来的 64 学时下调到 32 学时。在"地质学基础"

授课学时数随学分减半的情况下,选定哪些内容作为核心授课内容,既显示了教师的教学技巧、教学艺术,也考验着教师的教学智慧。

(一)"地质学基础"授课内容安排

结合多年的教学经验和地质学学科专业知识的构成特点,在完全学分制下对课程内容的结构安排采用细化的内容,如表7-3所示。

表7-3 "地质学基础"教学内容安排与学时分配

主要章节	主要内容	学时
第一章 绪言和总论	地质学的概念,研究地质学的三大原则:将今及古、见微知著、以古证今。地球的圈层构造	1
第二章 矿物	矿物的基本特性主要掌握晶质体、非晶质体、晶形、集合体形态,物理性质重点学习光学性质和力学性质。掌握最常见造岩矿物的鉴定特征,它们是岩石学分类和命名的基础。 其中,实验课2学时	4
第三章 火成岩	鲍温反应系列(火成岩分类和命名的基础);火成岩的颜色、矿物成分、结构、构造,主要分类。其中,实验课2学时。 附加内容:与全球主要山系伴随的断裂带同时是岩浆活动带	4
第四章 沉积岩	沉积岩的形成过程;沉积岩的颜色、矿物成分、结构、构造,沉积岩的分类和主要沉积岩。其中,实验课2学时。 附加内容:全球的地槽系曾经是沉积岩	4
第五章 变质岩	变质岩的概念,变质作用的因素,矿物成分、结构、构造,变质作用的类型。其中,实验课2学时。 附加内容:全球的主要山系(地槽系)都是区域变质带	4
第六章 构造运动和构造变动	前面三大岩类的附加内容,已经为地质构造、大地构造学说、地震带等内容的学习奠定了基础。 构造运动的特征,地层接触关系,岩层的产状及其要素,岩石变形的三个阶段,褶皱(复背斜与复向斜)。节理的力学成因分类。断层的几何要素,断层分类(根据两盘相对位移分类,根据力学性质分类),区域性深大断裂。 其中,实验课2学时	8
第七章 大地构造学说	简要介绍槽台学说、超级地幔柱;重点学习李四光地质力学理论中的构造体系。 江苏省东海县毛北镇大别—苏鲁造山带上的中国大陆科学钻探工程。青藏高原发现的双变质带。中国深海大洋远航科考	3
第八章 地震	要求学生掌握地震与大地构造的关系及其空间分布规律	
第九章 地壳历史的研究方法	地壳历史研究方法与地层系统	1

主要章节	主要内容	学时
第十章 下寒武纪 – 太古宙和元古宙	寒武纪标志性化石叠层石;寒武纪生命"大爆炸"的窗口和有力佐证是云南省澄江县动物化石群。冰河时代与全球环境演变	
第十一章 早古生代	标志性化石三叶虫,三大地台	1
第十二章 晚古生代	蕨类时代、鱼类时代、两栖动物时代所代表的地质时代。晚古生代泛大陆与中国在南极的研究成果	
第十三章 中生代	中生代恐龙的繁盛与灭绝、地质构造运动与成矿的关系。裸子植物时代、苏铁时代、爬行动物时代、菊石时代所代表的地质时代。新成果:中生代白垩纪大洋红层与富氧作用	
第十四章 新生代	青藏高原的崛起、人类的出现、现代环境的演变。黄土与水土流失及其区域环境恶化的关系	2
第十五章 经济地质与工程地质	以矿产资源、地质构造为主。在中国的国际标准地层剖面"金钉子"	
学时合计		32

表 7-3 中的课程内容在授课中重点讲授第一章至第七章,并有 5 次实验课与重点理论内容相匹配,第八章至第十五章,以学生结合网络学堂自学为主,教师指导为辅,授课内容中尽量多地给学生介绍国际上地质学科的最新科技成果。笔者认为,在完全学分制下完成对"地质学基础"核心内容教学既要坚持基本的教学原则,也要采用科学的教学方法。

(二)教学原则

完全学分制下基本的教学原则应该坚持"以学生为中心,以教师为主导",该原则在教学实施过程中体现为如下内容。

1. 以学生为中心

"以学生为中心"的丰富内涵应该表现为学生的自动性学习和自主性学习。

1) 自动性学习

自动性学习表现为学生对学习具有浓厚的兴趣。兴趣孕育希望,兴趣滋生动力,兴趣是人们力求认识某种事物或从事某种活动的心理倾向。美国心理学家布鲁纳曾指出:"学习的最大刺激是对所学知识发生兴趣",能够有效激发起学生学习的内部动机和热情,大学生要从"要我学"转变为"我要学",从"学会"转变为"会学"。积极、主动的自动性学习能够激发学生掌握学习策略的动机,而学生能有效运用学习策略则进一步能够促进学习自我效能感的提升,促进学习动机增长,当遇到困难时就表现出顽强的钻研精神,并将学习视为一种日常生活中不可缺少的乐趣,正如孔子所说"知之者不如好之者,好之者不如乐之者"。

2) 自主性学习

学习的主体是学习者,布鲁纳"发现式学习"的核心思想也是鼓励学生自主学习、自主探究。只有学习者的学习自主性得到调动,积极发挥学习的自觉性和主动性,教师的主导性才能体现。教学活动中学生要想成为真正的主体,成为学习的主人,就一定要积极、主动地参与到学习实践中去,而教师成为教学活动的组织者和学生学习的指导者,让学生拥有足够多的时间和空间对自己作出客观正确的自我评价,从而对自己的行为进行自我激励、自我控制、自我调节,形成健康的心理品质,使自己的注意力、意志力和抗挫折能力不断提高,在学习方面从"被动依赖"向"自主学习"转变,从而推动教学方式由"以授为主"向"以导为主"转变。

2. 以教师为主导

"以学生为中心"有了内涵丰富的自动性学习和自主性学习这个前提,就非常需要"以教师为主导"的另一个基本原则。"以教师为主导"的核心内容表现为严密组织教学过程和构建和谐师生关系,笔者根据多年的教学经验和教学效果认为,要严密组织教学过程就要实施精细化管理,构建和谐师生关系就要对学生实施启发式教学。

1)实施精细化管理严密组织教学过程

课程的主讲教师,必须具有严谨治学、敬业爱教、诲生不倦等良好师德和从严执教、勤奋思考、奋进创新等教学作风。完全学分制下学时数少,教师上课前要布置学生先预习,对上课时的课堂结构、内容安排、时间安排、学生自学安排等都要有非常明确、细化的教学目标;每节课PPT课件文字内容安排与图片的匹配等都要精心设计、巧妙安排、严密组织,使之都成为激发学生学习兴趣的题材,这样才能体现出教师的主导作用。因为地质学研究的对象是地球,从研究内容看,研究对象从微观的显微世界到宏观的宇宙空间,既有从显微镜下通过岩石薄片对矿物的鉴定、岩石微观结构的观察等,也有地球在太空中运动时,各星体之间对地球万有引力合力的变化导致地球上大气圈、水圈、岩石圈运动规律剧烈变化的状况;地质学本身独具的特点诸如时间上的漫长性(以万年为单位)、空间上的广阔性(以每百平方千米为单位)以及地质学的实践性等决定了地质学是一门实践性较强的学科。所以,管理精细、组织严密的教学过程对学生本身也是一种素质教育,教师通过该过程充分发挥自身感染力的作用,以饱满的热情授课,以自己的人格魅力影响学生,使学生得到知识的充实感和交往的满足感,并在愉快的情绪中把智力活动由最初发生的快乐感和兴趣点引向积极而紧张的思考,最终成为学习的情感动力,从而使学生学会学习。

2)实施启发式教学构建和谐师生关系

教师既是学生精神的熏陶者、人格的影响者、道德的体现者,也是知识的传播者、智慧的启发者。例如,学习岩石时首先了解岩石中辉长岩、辉绿岩、玄武岩等命名依据及沉积岩、变质岩的命名原则,在此基础上再进一步探索其物质组成及形成过程等,该过程中教师的任务是引导学生举一反三,激起他们探究问题的热情,并进一步提高学生鉴别事实,发现普遍规律,正确、清晰地进行推理和有效解释结论的能力。因而,启发式教学通过引导学生思维,调动学生思维,激发其学习热情,培养独立思考能力和促进学生个性得到良好发展的同时,还帮助学生树立学习信心,激发他们的学习兴趣,消除思想障碍,建立起民主和谐的师生关系。

（三）教学方法

完全学分制下，在已经确定地质学课程的教学内容和教学原则的前提下，对教学方法的研究有如下较详细的内容。

1. 复杂问题简单化

地质学本身就是一个独立的大专业，而如何让学生在有限的 32 个学时内掌握地质学基础的精髓，就需要高度概括，提炼其知识精髓。教师在教学中应该指导学生学习地质学时抓住三个词："矿""岩""构造"。"矿"指掌握矿物的基本性质及最常见八大造岩矿物橄榄石、普通辉石、普通角闪石、黑云母、白云母、正长石、斜长石、石英等最基本的物理性质和鉴定方法；"岩"指掌握三大类岩石（火成岩、沉积岩、变质岩）最主要的矿物成分、结构和构造、最常见类型及其命名原则；"构造"是地质构造，主要指掌握褶曲与褶皱、节理与断层根据力学性质进行的基本分类及其形成机制。作为"教书育人"者，我们既需要有"复杂问题简单化"的思维，更需要有"简单问题精细化"的行动。

2. 简单问题精细化

对地质学基础中复杂的知识点进行提纲挈领式的学习，就需要将核心内容学懂学精，所谓面面俱到不如一面独到，要达到此效果就要体现出钻木取火的精细化学习精神。例如在火成岩实验课上观察的标本有超基性岩中的金伯利岩（角砾云母橄榄岩）、橄榄岩，基性岩中的玄武岩、辉长岩，中性岩中的安山岩、闪长岩和粗面岩、正长岩，酸性岩中的流纹岩、花岩斑岩、花岗岩，还有火山岩、火山弹。鉴定这些岩石都是在完成矿物学实验的基础上，从岩石的颜色、矿物成分、结构、构造来对岩石进行分类和定名，即根据岩石的主要颜色和次要颜色来确定两种主要矿物的成分，再根据矿物成分来确定岩石类型，根据结构构造确定成岩深度，最后准确定名。整个实验作业都做得非常精细，使学生以掌握最常见造岩矿物的基本特征为基础，以鲍文反应系列为桥梁，弄清楚火成岩的类型划分与命名根据，类似操作程序同样运用于沉积岩、变质岩的实验课中，并能较容易地根据沉积岩、变质岩的岩石学基本特征进行岩石、类型划分和岩石定名，能够取得举一反三、触类旁通的学习效果。

3. 抽象问题形象化

地质学的基本概念、基本理论对地理科学专业本科一年级新生初次接触并学习时都感到非常抽象，这就需要教师在教学中寓教于乐，努力营造和谐宽松的课堂氛围，让学生都怀着轻松愉快的心情主动参与学习，极大地调动学生学习的兴趣和主动性。如学生上完矿物实验课后，仍感到矿物是工业的原料，似乎与日常生活的距离遥远。因而，在做完矿物学实验后就及时给学生布置电子版作业"宝石资源地理特征"，指导学生通过网络资源收集宝石学材料，让学生任选 10 个自然宝石，介绍宝石的化学成分、矿物学性质、宝石学性质、宝石的自然成因及其主要产地，作业中要附宝石原料图片和宝石首饰工艺品图片各 1 张。使学生在完成作业的过程中运用矿物学知识不但了解、认识了宝石，还轻松、快乐地完成了作业，应用、复习了矿物学知识并预习了岩石学基础知识，使学生充分感受到矿物与生活的密切关系。这种将抽象问题形象化、专业内容生活化的教学方法，既改善了学生的知识结构，扩大了学生的视野，也培养了学生发散性思维能力，提高了学生实践操作的技能。

4. 特殊问题典型化

学生在掌握了光泽与透明度、解理与断口等矿物基本物理性质的概念后，可以将一些特殊问题典型化，如白云母具有一组极完全解理，冰洲石（方解石）有三级完全解理，正长石因两组解理正交（解理夹角90°）而得名，斜长石因两组解理斜交（解理夹角94°或86°）而得名，黄铁矿的光泽是所有金属矿物中最有代表性的强金属光泽，等等。还如一些核心内容中最关键的专业名词如地质学、地壳、地幔、矿物、岩石、火成岩（岩浆岩）、沉积岩、变质岩、岩石的结构与构造、向斜、背斜、节理、断层等，授课时匹配相应的英文单词或精练的英文短句，使学生在学习专业课的同时，还不断扩大专业英语词汇量，极大地提高了学生对专业课和英语的学习兴趣，达到了一举两得、事半功倍的效果，这种将特殊问题典型化的教学方法加深了学生对专业知识的影响，极大地提高了学生的学习兴趣和学习效率。

5. 一般问题规律化

如前面所述，岩石鉴定、分类和定名都遵循特定的鉴定程序，是将一般问题规律化的典型体现。此外，还如褶曲的形态分类在地质学教材中有3大类32种，褶皱的组合类型有2大类9种。笔者授课时重点从构造地质力学成因的角度将褶曲分为向斜和背斜，将褶皱分为复向斜和复背斜。同样，节理和断层都重点学习和掌握力学成因分类。构造应力按力学性质分为张应力、压应力和扭（剪切应力）应力，处于构造应力场中的岩层在不同力学性质如张应力、压应力和扭（剪切应力）应力作用下分别形成张节理、剪节理，进而为学习断层做好铺垫。不同力学性质的应力分别形成正断层、逆断层、平推断层和枢纽断层。褶曲和褶皱、节理和断层的其他分类都是在力学成因基础分类之上的扩展和细化，让学生在课外的综合复习中根据力学成因的规律性逐渐消化理解并提高学生的地质思维能力。这种将一般问题规律化的教学方法极大地减轻了学生的学习负担，还能抓住核心内容。

6. 规律性知识扩展化

规律性知识扩展化在教学中表现为对学生所学知识的应用与深化，同时也使学生意识到地质学在地理学科中交叉与协同的重要性。例如学习李四光地质力学体系时，向学生重点讲解纬向构造体系和新华夏构造体系，授课时通过电脑中的"画图"工具分别打开电子版《中华人民共和国地图》和《世界地图》，用该图边讲解边在图上画出构造体系的位置。在此基础上深化和扩展的内容以欧亚板块为主要区域，以我国疆域为核心区域，通过构造体系形成的地貌格局，进一步简要分析"山（山系）、盆（盆地）、原（高原和冲积平原）"等地貌布局特征，使学生认识地质力学体系的应用意义，如地球第三极青藏高原的崛起，改变了北半球的大气环流特征，使天山－兴蒙地槽系和秦祁昆仑地槽系之间的区域成为北半球干冷空气南下的通道，干冷空气流动的同时还形成了黄土高原。地质力学体系也决定了我国主要水系黄河、淮河、长江、珠江等流域主体走向呈东西方向，使河流上游成为水电资源区，下游冲积平原成为发达的农业区，其中新华夏构造体系中的沉降带是煤炭石油等能源带，隆起带是金属－非金属矿产资源带。总之，李四光地质力学体系决定了我国地貌的基本格局，进而影响了我国大陆大气运行的基本特征、水系的走向和水电资源、农牧业、工业、交通地理等布局，为学生后续各学期专业课学习打好基础，也使学生明白"地质学基础"在专业课体系中的"基础核心地位和作用"。

在完成上述核心内容的教学过程中,首先要坚持"以学生为中心,以教师为主导"的教学原则。其中,"以学生为中心"的内涵是学生在课程学习过程表现为自动性学习和自主性学习;"以教师为主导"的内涵是教师要实施精细化管理严密组织教学过程,对学生实施启发式教学构建和谐师生关系。在此基础上的教学方法是将复杂问题简单化、简单问题精细化、抽象问题形象化、特殊问题典型化、一般问题规律化、规律性知识扩展化。在对教学内容进行科学安排的基础上,有了科学的指导原则和科学的教学方法,可培养学生养成良好的思维习惯,掌握地质科学最基本的工作方法并树立投身科学研究的正确态度。

二、感知规律在岩石薄片实验教学中的运用

在大学新生入学第一学期的岩石薄片实验中遵循感知规律教学并大力开展研究性学习,使学生在地质基础知识学习中通过感知形象的支持而取得事半功倍的效果,从而形成有利于新生成长的学术氛围,使其在研究性学习中获得学业成长的体验,以培养学生综合分析问题和创新的能力。

(一)教师在岩石薄片教学中的角色

岩石薄片的实验教学应该强化研究性教学。在研究性教学中,教师应该成为主导学生学习的设计者、组织者、引导者、启发者、鼓励者和促进者。岩石薄片实验课教学中,教师遵循教学规律设计好实验进度;选出对地学知识有浓厚兴趣的学生任"小助教",组织先进带动后进,形成竞争性合作学习的班级环境;给学生安排好观察岩石薄片的学习任务后,让学生自己发现、质疑和探究问题;启发学生逐步提高思维品质;如果学生在观察中有困难,也可适当点拨思路,鼓励和引导学生逐渐走上正确观察和鉴定岩石薄片的科学路径;在整个实验课过程中,教师的作用是促进和推动全班形成和谐的学习气氛,从而完成对知识的意义建构的课堂教学环境。

(二)岩石薄片实验课前期知识准备

教师的主导性作用从前期基础知识教学实验中就已经开始。前期基础教学实验内容是学生通过观察手标本认识最常见造岩矿物和最常见三大岩类岩石类型,有了这些知识积累,及时安排学生使用显微镜学习矿物岩石的基本知识,是充分运用感知规律科学教育学生提高专业知识素养的重要过程。

(三)感知规律的运用

教师在岩石薄片实验课教学过程中应该注意调动学生的多重感官,为提高教学效果而遵循如下感知规律。

1.感知的经验律

据感知的经验律,在学习过程中,学生已有的经验起着重要作用。例如,安排学生观察石灰岩薄片时,学生已经完成了观察石灰岩手标本的实验作业。当学生在显微镜下观察石灰岩薄片时,因"意外发现"小化石(见图7-2(a))而欣喜若狂。这种"意外发现"使学生直接感受到岩石的微观特征与手标本下的宏观特征差别太大了,显微镜下岩石薄片中的专业科学信息量真是太丰富了。教师应该及时抓住这种有利时机,以肯定性表扬等方式最大程度地激发学生的学习动机,使学生成为学习的主人,成为自主、自律的学习者。

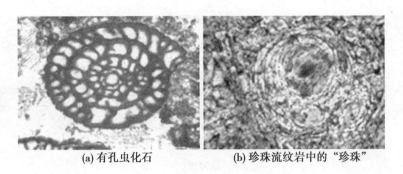

(a) 有孔虫化石　　　　　　　(b) 珍珠流纹岩中的"珍珠"

图 7-2　单偏光(－,一)

2. 感知的强度律

感知的强度律要求在实践中要适当提高感知对象的强度,并要注意那些强度很弱的对象。例如,学生观察珍珠流纹岩手标本时,对其"珍珠"有种似有似无的感觉,但在显微镜下看到基质中明显的球粒构造(见图 7-2(b))时,学生对珍珠流纹岩特征的理解就上升一级。再如,学生通过观察岩石薄片中鲕粒的形态(见图 7-3(a))及鲕粒中方解石晶体、解理(见图 7-3(b)、(c)),对鲕粒类别等全面的理解得以提高。

(a) 鲕粒　　　　　　(b) 鲕粒内方解石晶体　　　　　(c) 方解石晶体两组解理

图 7-3　单偏光(－,二)

强度律使学生非常明白课堂学习的主要任务及知识要点,它为学生拓展其思维空间的发散性奠定了基础,促使其充分发挥潜能并不断奋发进取,逐步形成创新意识。

3. 感知的差异律

感知的差异律是针对感知对象与其背景差异而言的。例如,学生通过显微镜对岩石中某些矿物颗粒结晶程度如自形晶(见图 7-4(a)、(b))、半自形晶(见图 7-4(c))、他形晶(自形晶矿物以外辉石、斜长石等其他矿物)的区别就非常容易。再如,辉长岩中辉石和闪长岩中角闪石,在斜长石含量为主的岩石薄片背景中各自的光性特征差异非常显著。这种学习可促进学生提高获取信息、解决问题的能力,并在问题发现与解决中不断发展其科学探究意识和创新的能力。

4. 感知的对比律

感知的对比律要求在观察中把具有对比意义的材料放在一起对比。大部分学生对手标本中的石英和斜长石难以区别,而在显微镜下观察石英则无色透明(见图 7-5(a)),斜长石最主要的特征是双晶发育呈明暗相间的双晶纹(见图 7-5(b))或棋盘格子状双晶纹(见图 7-5(c))。

  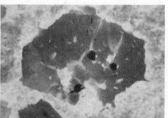

(a) 自形晶：石榴石　　　　　(b) 红柱石　　　　　(c) 黑云母半自形晶

图7-4　单偏光（ －,三）

(a) 石英　　　　　(b) 斜长石聚片双晶　　　　　(c) 棋盘格子状钠长石

图7-5　正交偏光（ ＋,一）

　　学生通过比较、鉴别等亲身经历的学习经验大大提高了自己对地学知识的学习兴趣、科学探索意识和创新意识,使得学生在面对学习、科研、生活中"习惯性"地创新。

　　5. 感知的活动律

　　感知的活动律是指活动的物体比静止的物体容易感知。例如,观察岩石薄片时旋转显微镜载物台,才能体现出矿物的一些光学特征,像角闪石的多色性、黑云母晶体平行消光（见图7-6(b)）、紫苏辉石双晶斜消光（见图7-6(c)）以及角闪石的对称消光、石英的波状消光、石榴子石和火山玻璃全消光等知识点。

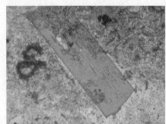  

(a) 黑云母　　　　　(b) 黑云母平行消光　　　　　(c) 紫苏辉石双晶斜消光

图7-6　正交偏光（ ＋,二）

　　旋转显微镜载物台使学生想象中死气沉沉的矿物在显微镜下表现得五彩斑斓,给学生对矿物学知识的掌握引起强烈震撼,极有利于激发学生的探索与创新欲望。

　　6. 感知的组合律

　　感知的组合律是指在观察中根据事物特点进行适当组合、编排等看出彼此的差异。如连续性观察基性深成岩辉长岩、浅成岩辉绿岩和喷出岩玄武岩,如图7-7所示,从矿物的粒度、结晶程度等方面区别即可对岩石结构有深刻地理解。通过组合递进式学习,使学生形成积极的情感,使教学充满了活力,学生的知识"跃迁"和突破性的创新也因此有了基础。

 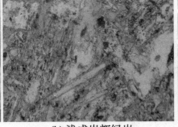 

(a) 深成岩辉长岩　　　　　　(b) 浅成岩辉绿岩　　　　　　(c) 喷出岩玄武岩

图7-7　正交偏光(＋,三)

7. 感知的协同律

感知的协同律要求能把学生的听、看、想、做等几个方面有机地结合起来,充分利用各种感觉器官的协同活动而获得更高的学习效率,而且印象会更深刻。如测定方解石的解理夹角,教师的指导与学生的操作充分调动了学生各种感觉器官的协同活动,协同活动是教师与学生互动的典型体现,学生对了解知识点学习的综合收效远远超过教学设计预期。

综上所述,岩石薄片实验教学中强化研究性教学时,充分运用感知规律创设积极的教学环境,调动学生积极的情感因素,有意识地指导学生在实验学习中成为学习的主人,自主、自律的学习者,以促进学生提高获取信息、解决问题的能力,使学生在问题发现与解决中不断增强其科学探究意识和能力,将创新变成学生的一种"本能冲动",使得学生在对学习、科研、生活中能够"习惯性"地创新,逐步培养创新精神,最终实现有效教学,以便进一步培养大学新生探究性学习的能力。

三、岩石薄片实验教学对大学新生探究性学习能力培养研究

探究性学习是指学生通过类似于科学探究活动的方式获取科学知识,并在这个过程中,学会科学的方法和技能、科学的思维方式,形成科学观点和科学精神。偏光显微镜下观察岩石薄片的实验教学过程不仅是地理科学专业大学本科一年级学生学习矿物与岩石等基础知识的过程,而且也是促进大学新生全面深刻地认识地质学专业基础知识和大力开展探究性学习的过程。该过程使学生在教师的指导下完成岩石薄片实验教学内容的同时,还可激发学生对地学形成浓厚地学习兴趣,进而对培养学生的探究性学习能力、形成良好的学习习惯等方面都有明显的促进作用。

(一)岩石薄片实验教学过程的基本规律

对于地理科学专业大一新生地质学基础知识的前期理论教育,应该从地球的物质组成、内部构造、外部特征、各圈层之间的相互作用和演变历史等方面切入,首先通过矿物与岩石探索天体演化的奥秘,从而诱发和激起学生对地质学基本知识的强烈求知欲,使学生对完成地质学的学习做好积极而充分的心理准备。学生在完成"地质学基础"理论内容的学习之后,首先通过观察手标本认识最常见造岩矿物如橄榄石、普通辉石、普通角闪石、正长石、斜长石、石英、白云母、黑云母及方解石、萤石、黄铁矿、黄铜矿、方铅矿、闪锌矿等

矿物形态和光学、力学性质等方面的感性认识,掌握鉴定矿物最基本、最常见的方法,进一步又认识各种常见岩石如岩浆岩、沉积岩和变质岩等类型。在完成对教材中理论知识理解、巩固的阶段之后,岩石薄片实验课将会及时帮助学生有效掌握地质学基本理论、基础知识、基本操作技能,使整个"地质学基础"课程的教学充满了活力,学生的知识"跃迁"和突破性的创新也因此有了基础。所以,使用显微镜学习矿物岩石的基本知识,对学生而言对于地质学基础知识的学习已经由宏观世界进入到微观世界的认识阶段,并由初级认识上升到高级认识阶段,它是充分运用探究性学习方法教育和培养学生形成探究性学习能力的主要教学过程。

(二)探究性学习能力的类型与培养方式

实践性、开放性、问题性、针对性、体验性、合作性是岩石薄片实验教学过程中进行探究性学习的主要特点。而在岩石薄片实验课这个教学平台上,可依赖于探究性学习特点有意识地对学生进行探究性学习能力的培养,如动手操作能力的培养依赖于实践性特点,创新能力的培养依赖于开放性特点,分析问题和解决问题能力的培养依赖于问题性特点,专业能力的培养依赖于针对性特点,探索能力的培养依赖于体验性特点,综合应用与协调能力的培养依赖于合作性特点,本书从如下方面进行详细分析。

1. 动手操作能力的培养依赖于实践性特点

偏光显微镜是广泛使用于地质、矿产、冶金等部门和相关高等院校对岩石矿物进行专业鉴定与实验的仪器,岩石薄片实验课的第一步就是学会操作偏光显微镜。一个专业技术人员的科学技术理论水平不管有多么高,如果面对先进的仪器不会操作,那么理论知识是无法转化为现实生产力的。使用显微镜是将教师的指导与学生的探索相结合,是教师与学生互动的重要性课程,学生通过亲自参与实践活动和亲手操作显微镜,能够激活学生自己在学科学习中的知识储存,提高学生对矿物鉴定和岩石准确定名等解决实际问题的能力,对提高学生的专业竞争能力和社会适应能力效果显著。

2. 创新能力的培养依赖于开放性特点

岩石薄片实验教学中让学生通过偏光显微镜先认识最常见的橄榄石、普通辉石、普通角闪石、正长石、斜长石、石英、白云母、黑云母及方解石等造岩矿物,例如不同的学生在教师指定的50张岩浆岩岩石薄片中可自由选择几张薄片,都可观察到最常见的造岩矿物。这对于不同学生而言不同的学习过程能够取得学习和认识矿物与岩石学基础知识的相同结果。学生在整个过程中对于最常见造岩矿物的观察并没有唯一的答案,但对最常见造岩矿物光学性质的认识却能取得一致的效果,这种让学生自己"发现"知识的本真意义,甚至去发现"新"知识的教学方法,为学生拓展其思维空间的发散性奠定了基础,促使其充分发挥潜能并不断奋发进取,逐步形成创新意识,能为学生的创新思维和能力的培养及发挥提供广泛的空间。

3. 分析问题和解决问题能力的培养依赖于问题性特点

当学生观察花岗岩、斜长花岗岩、二长花岗岩等手标本时,不少学生对手标本中斜长石、石英两种矿物常常混淆而造成困惑。教师要求学生围绕这一常见问题观察花岗岩系列的岩石薄片,并要求各小组学生互相交流和探讨,预先通过网络资源、图书馆等多种手段收集和选取斜长石和石英的光性特征,对显微镜下观察的现象再与手标本进行比对和分析研究。

实际上,显微镜下的斜长石与石英的区别实在是太大了,斜长石的双晶纹非常清晰,而石英透明无解理、表面洁净,如图7-8所示。这种最终寻找解决问题的答案,以解决问题和表达、交流为结果,更能培养和提高学生分析问题与解决问题的能力。在此基础上,再让学生在显微镜下连续观察、对比辉长岩和闪长岩、玄武岩和安山岩的矿物组成,以便充分认识和区别辉石和角闪石,从而极大地激发学生的学习兴趣。只有让学生对研究的问题产生了兴趣,才能激起学生研究探索的积极性,学生分析问题、解决问题的能力才有可能得到锻炼和培养,逐步培养学生综合分析问题和解决问题的能力。

(a) 石英　　　　　　(b) 斜长石聚片双晶　　　　(c) 棋盘格子状钠长石

图7-8　正交偏光(+ ,四)

4.专业能力的培养依赖于针对性特点

要认识不同性质的斜长石,就需要从观察和认识岩浆岩矿物成分、结构构造等岩石学特征方面入手,学生以矿物学理论为指导,以教师指定的岩浆岩岩石薄片为主导自由选择薄片进行观察,学生在不同的岩浆岩类型如酸性岩花岗岩、中性岩闪长岩、基性岩辉长岩薄片中,认识斜长石基本的光性特征,由此使学生认识到斜长石属于 $NaAlSi_3O_8$(Ab) – $CaAl_2Si_2O_8$(An)类质同象系列,并进一步细分为酸性斜长石(钠长石、奥长石)、中性斜长石(中长石和拉长石)、基性斜长石(培长石和钙长石)。这种针对性很强的实验内容可极大地提高学生对专业知识认识和掌握的深度。有的学生通过细致观察可以迅速提高对斜长石的认识并有新的"发现",教师应该及时抓住这种有利时机,以肯定性表扬等方式最大程度地激发学生的学习动机,使学生成为学习的主人,成为自主、自律的学习者,为学生加强专业知识深度的学习和专业能力的培养起到促进和激发作用。

5.探索能力的培养依赖于体验性特点

在探究性学习中,为了培养学生的探索能力,教师在岩石薄片实验课中,只是告诉学生根据矿物的消光类型可以判断玉石的性质是均质体、非均质体或晶质集合体,而我国的玉石又有和田玉、岫岩玉、独山玉三大著名类型。学生在此范围内围绕自己选择的专题直接参与对我国玉石类型特点划分与认识的学习探索活动。通过对学习探索中所涉及玉石的矿物成分、矿物性质与玉文化等问题会有更深的理解、思考和感悟,并能体验到探索的喜悦,从而进一步激发学生探索的兴趣和欲望,逐步形成勤于思考、善于思考、乐于探索的心理品质,培养和提高学生自己探索的能力。学生在探索中成功或失败的体验都是很有价值的。因为成功了可以让学生体验成功的乐趣,对探索学习产生强烈的兴趣,激发学生对其他问题探索的热情;失败了可以让学生体验到在探索科学知识的过程中也会遇到困难、挫折,只有克服这些困难和挫折才能提高探索能力,实现探索的目的。另外,教师应更多关注学生探索活动的过程,而不必过多关注探索活动的结果。

6. 综合应用能力的培养依赖于合作性特点

在探究性学习中,学生要研究解决一个问题,只依靠个人力量是很难完成的,它需要一个研究小组内的成员分工协作、共同努力。在共同的合作探究过程中,必然能培养学生正确处理人际关系的能力,例如根据矿物学特点对我国玉石进行分类,需要利用图书馆、网络资源等收集与玉有关的专业资料,它至少需要一个小组同学的协同工作才能完成任务。协同工作的效果是不但促使小组成员共同完成学习任务,而且培养同学们对专业知识的综合应用能力和不同成员之间的相互合作能力。

开展探究性学习,是现代社会发展对学校教育提出的必然要求,它是当前我国基础教育改革的一个新生事物,是培养学生创新意识和各种能力的重要手段。它既对培育良好的大学学术环境有一定的支持意义,也能够为培养创业型人才打好基础。

综上所述,偏光显微镜下观察岩石薄片的实验教学是理论和实践相结合,综合性、系统性地学习地质学专业基础知识的教学过程。

第八章 水文实验内容设计

通过对水文测验资料的分析,可以探索水文和地理环境的变化规律,为水利建设和水资源合理开发利用等国民经济建设服务。

实验一 绘制水位流量关系曲线图

一、实习目的与要求

掌握水位流量关系曲线图的绘制和使用方法。加深对课堂学习理论知识的理解。

二、实验准备

坐标纸、铅笔、彩色铅笔、实习教材。

三、主要内容

(1)绘制水位流量关系曲线图。
(2)分析在一次涨落水过程中,水位流量关系点据的分布及其原因。
(3)用水位推求其对应流量。

四、实验内容

(1)绘制三大洋平均水温垂直分布曲线图。
(2)根据绘出的图分析三大洋垂直水温分布规律。
(3)对比三大洋之间水温垂直分布的异同。

五、实验方法与步骤

(1)以纵坐标为水深,横坐标为水温,分大洋按顺序把坐标点绘在第Ⅳ象限里,然后按顺序把坐标点连成一圆滑曲线。并标明图例及图名。
(2)根据画出的图分析各大洋水温垂直分布规律的异同。

六、作业

(1)根据所给资料(见表8-1),在同一坐标图上绘出4条水温垂直分布曲线。
(2)编写该图的分析报告书一份。

表 8-1   三大洋 40°N ~ 40°S 之间平均垂直水温

深度（m）	温度（℃）				深度（m）	温度（℃）			
	太平洋	大西洋	印度洋	平均		太平洋	大西洋	印度洋	平均
0	21.8	20.0	22.2	21.3	1 000	4.3	4.9	5.5	4.9
100	18.7	17.8	18.9	18.5	1 200	3.5	4.5	4.7	4.2
200	14.3	13.4	14.3	14.0	1 600	2.6	3.9	3.4	3.3
400	9.0	9.9	11.0	10.4	2 000	2.5	3.4	2.8	2.8
600	6.4	7.0	8.7	7.7	3 000	1.7	2.6	1.9	2.1
800	5.1	5.6	6.9	5.9	4 000	1.5	1.8	1.6	1.6

实验二　洪水波的特征河长分段连续演算

一、实验目的及要求

（1）掌握特征河长的分析和计算方法。

（2）学会查算 S 曲线表。

（3）理解特征河长洪水连续演算的原理并建立沅陵至王家河河段的流量演算方案。

二、实验设备

计算机一台；洪水特征河长分段连续演算软件一套；S 曲线表一本。

三、实验原理

在河流的一个特征河长河段上，河段蓄水量 W 与河段下断面出流流量 O 为单值关系 $W = KO$，将预报河段划分为 n 个特征河长河段，如图 8-1 示；每段水量平衡式和蓄量出流关系分别为

$$I_1 - O_1 = W_1, \cdots, I_i - O_i = W_i, \cdots, I_n - O_n = W_n$$

$$W_1 = KO_1, \cdots, W_i = KO_i, \cdots, W_n = KO_n$$

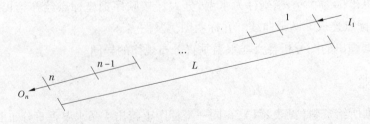

图 8-1   河段划分为 n 个特征河长河段示意图

各段水量平衡式和蓄量出流关系联解后可得：

（1）当 $I_1(t)$ 为瞬时脉冲入流，则出流 $O_n(t)$ 为瞬时单位线。

（2）当 $I_1(t)$ 为单位入流，则出流 O_n 为 $S(t)$ 曲线。

（3）当 $I_1(t)$ 为单位矩形入流，则出流 $O_n(t)$ 为 $S(t) - S(t-1)$ 曲线。

（4）当 $I_1(t)$ 为强度 I 的矩形入流，则出流 $O_n(t)$ 为 $I(S(t) - S(t-\Delta t))$ 曲线。

把实际的洪水入流 $I_1(t)$ 过程概化为 m 个连续的矩形入流，利用 $S(t)$ 曲线就可算出预报河段的出流 $O_n(t)$。

四、实验步骤

沅陵至王家河河段位于沅水流域下游，沅陵以上流域面积 76 400 km^2，王家河以上流域面积 80 500 km^2，河段总长 112 km，河底比降 0.000 4。按如下步骤将该河段上断面沅陵 1968 年 8 月的一次洪水过程演算为下断面王家河洪水过程（经分析，本河段流量传播时间 $T = 10$ h）。

（1）开机后调用"特征河长分段连续演算实验"软件，在计算机上按实验软件"特征河长计算表"数据计算特征河长 l，点绘 $O \sim l$ 关系点据，定出关系线。在计算机上按表 8-3 数据计算 1968 年 8 月的一次洪水过程的时段平均入流，按平均入流最大流量查 $O \sim l$ 关系线得采用的特征河长 l。

（2）按 $n = L/l$ 计算河段分段数，n 一般取为整数。

（3）按 $K = T/n$ 计算一个特征河长的流量传播时间 K。

（4）由 n 和 K 查 S 曲线表得按 $m = t/K$ 划分时段的汇流系数 $P_{n,m}$，填入表 8-3。

五、思考题

（1）洪水波的特征河长分段连续演算有无预见期？

（2）洪水波的特征河长分段连续演算在实际预报工作中有作用？

（3）分析造成演算误差的原因，并提出改进演算精度的可能方法。

表 8-3　S 曲线及 $t/K \sim t$ 时间转换表

$m = t/K$	3	5	7	8	9	10	11
$S(m)$	0	0.005	0.053	0.112	0.197	0.303	0.421
$t = mK$							
$m = t/K$	12	13	14	16	18	21	25
$S(m)$	0.538	0.647	0.740	0.873	0.945	0.987	0.999
$t = mK$							

（5）在计算机上点绘 $S \sim t$ 曲线，按计算时段 $\Delta t = 3$ h，在曲线上摘录 $S(t)$ 值。填入表 8-4 并计算计算时段 $\Delta t = 3$ h 的汇流系数 P。

（6）将汇流系数 P 填入表 8-4 后，自编程序计算王家河洪水出流过程。

表 8-4　流量演算表

日时		I	平均I	P	平均IP							O	实测O
17	8	1 950											
	11	2 200											2 050
	14	2 470											2 050
	17	3 340											2 150
	20	6 350											2 350
	23	7 150											3 450
18	2	6 580											5 710
	5	5 710											6 650
	8	4 820											6 400
	11	4 300											5 000
	14	3 980											5 900
	17	3 700											5 250
	20	3 450											4 710
	23	3 200											4 350
19	2	3 000											4 000
	5	2 750											3 700
	8	2 550											3 400
	11	2 400											3 200
	14	2 300											2 980
	17	2 180											2 780
	20	2 100											2 570
	23	2 000											2 400
20	2	1 970											2 320
	5	1 900											2 210

实验三　绘制水位过程曲线和水位历时曲线

一、目的与要求

(1)用给定的监测数据,在坐标纸上绘制河流水位过程曲线和水位历时曲线。

(2)熟练绘制曲线图,正确掌握分析水文数据方法。

二、方法与内容

(1)绘制出水位过程曲线:横坐标为时间,纵坐标为水位,绘制出水位过程曲线。

(2)绘制出水位历时曲线:

①对数据进行分析,按照从大到小的次序进行排列。

②对数据进行不等距分组,等距的选择是关键。

③累加各个水位出现的天数。

④以天数为横坐标,以水位为纵坐标,绘制水位历时曲线。

三、实验报告要求

认真写好实验报告,内容包括数据处理过程、曲线和结论。

四、监测数据及实验要求

(1)某河流一年的水文监测数据,并请根据这些数据:

①绘制水位过程曲线和水位历时曲线。

②指出最高水位、最低水位以及出现的时间。

③指出水位等于或者超过 4 m 的时间在一年内有多少天。

(2)监测数据(按实验要求另外收集)。

实验四　读水文地质图

一、实习目的

(1)了解水文地质图的基本内容,初步熟悉阅读水文地质图的方法。

(2)初步学会综合运用所学理论分析一个地区的水文地质条件。

二、有关基本知识

(一)水文地质图

水文地质图是反映一个地区地下水情况及其与自然地理和地质因素相互关系的图件,根据水文地质调查结果绘制。通常由一张图(主图)或一套相同比例尺的辅助图件来表示含水层的性质和分布、地下水的类型、埋藏条件、化学成分与涌水量等。主图是为对区域地下水的形成与分布建立总的概念而编制的反映主要水文地质特征的综合性图件。辅助图件则包括基础性图件(如地质图、地貌图、实际材料图等)、地下水单项特征性图件(如潜水等水位线及埋深图、承压水等水压线图、水化学类型分区图、地下水储量分区图等)以及专门性水文地质图(如供水水文地质图、矿区水文地质图、环境水文地质图、地下水开采条件分区图等),一般是小面积大比例尺,针对某一方面或某一项自然改造利用而编制的图件。综合水文地质图一般由平面图、镶图和剖面图组成。

(二)水文地质条件

水文地质条件是指有关地下水形成、分布和变化等条件的概括。一般包括地下水的埋藏分布情况、水质、水量、补给、径流与排泄等条件。这些条件受地区的自然地理环境、地质条件以及人类生产活动的影响而变化。因此,实际上它包括了影响地下水各方面的因素的总和。

（三）气候条件

气候是指某一地区多年的天气特征。根据其年平均温度可分为：热带（＞25 ℃）、亚热带（15～25℃）、温带（5～15 ℃）和寒带（＜5 ℃）；根据其水份状况可分为：湿润（降水量＞800 mm）、半湿润（500～800 mm）、半干旱（250～500 mm）、干旱（＜250 mm）。

（四）地下水埋藏条件

查明地下水的埋藏条件是水文地质调查的一项基本内容。

（五）地下水补给条件

开采地下水或疏干排水时，必须查明地下水补给条件，计算补给量。

（六）地下水排泄条件

地下水排泄条件是指地下水排泄的地点、排泄方式、排泄量及影响排泄的因素等。

（七）地下水动态

地下水动态是指地下水在形成过程中水位、水温、流量、化学成分、气体成分和物理性质等总的变化过程。

（八）地下水资源

地下水资源是指某一地区地下水的储藏量，可分为补给量、储存量和允许开采量。

（九）含水层的透水性分级

含水层的透水性是指含水岩石孔隙、裂隙或溶蚀空隙透过水的能力，通常是以渗透系数大小来划分的。水层是指渗透系数大于 0.001 m/d 的岩层，隔水层（不透水层）是指渗透系数小于 0.001 m/d 的透水性非常低的岩层。

（十）单位涌水量

单位涌水量是指抽水时，水井或钻孔中水位每下降 1 m 的涌水量，用 L/(s·m) 来表示。它是对比单井出水或含水层富水能力的重要指标：

$$q = Q/s$$

式中：q 为单位涌水量；Q 为井（钻孔）抽（涌）水量；s 为降深。

（十一）含水层富水性分级

含水层富水性是指含水层中地下水量的丰富程度。它取决于含水层的分布范围、厚度、透水性和补给条件。一般根据开采时井、泉的最大涌水量来衡量。

第九章　植物地理实验内容设计

植被是自然地理环境中最生动、最富有变化,也是最重要的要素之一。它不仅为人类的衣、食、住、行提供最直接的服务,而且在生物地球化学循环和全球环境变化中发挥重要作用。作为研究地球表层绿色植被的类型、分布、组成、结构和动态变化以及与其他地理要素之间相互作用的一门学科,植被科学在研究古环境、古气候变化,生态恢复和城市绿化等领域发挥越来越重要的作用。植被科学作为生物学的一门分支学科,自然也是一门实验科学。因此,植被科学学习除在课堂上掌握应有的理论知识外,还必须通过实验和野外实习,以加深对理论知识的理解,学会发现问题、分析问题和解决问题的方法。

实验一　植物检索表的使用

一、目的和要求

植被是由相同和不同种类的植物按一定的规律组合而成的集合体。地球上生长着形形色色的植物种类,它们可以按照亲缘关系的远近划分为不同的植物类群,如藻类、菌类、地衣、苔藓、蕨类和种子植物。因此,识别植物的类群是我们认识植被的前提和基础。通过本次实验,要求同学们了解几大植物类群的基本特征和代表植物,掌握植物检索表的简单使用方法。

二、实验材料和仪器设备

(1)实验材料:新鲜标本、干制和腊叶标本、装片和切片、载玻片和盖玻片、染色剂、酒精、酒精灯、蒸馏水、修枝剪、剪刀、镊子、吸水纸和标本夹等。

(2)参考材料:植物检索表、植物图鉴和有关影像资料。

(3)仪器设备:放大镜、实体显微镜、生物显微镜、投影仪和多媒体。

三、实验内容与步骤

(1)分6个小组、每组5人,每组派一名代表在实验前1天与任课教师联系,采集新鲜植物标本备用,并记录其生长环境。

(2)植物检索表的使用。每组在教师的指导下,利用检索表和图鉴对新鲜标本进行检索分类。

(3)结合各类标本和资料观察记录几大类群代表植物的主要特征。

四、作业

比较几大类群植物的异同点,交流植物检索表使用的心得。

实验二　植物对水环境的适应

一、目的和要求

水既是植物结构的组成部分,也是植物生长和分布的不可或缺的环境条件。同一种植物长期生长在不同的水分环境下,趋异适应的结果常形成不同的生态类型,如湿生或旱生类型;不同种类的植物长期生长相同的水分环境条件下,趋同适应的结果则形成形态相近的类型,如水生植物、湿生植物和旱生植物等。植物在个体生长的不同阶段对水分的要求或对不同水分压力的耐受性不同。本次实验就是通过人工控制水分环境,观察水分不同种子萌发和幼苗生长的影响;通过对旱生、湿生及水生植物形态结构的观察,比较它们的适应特征。

二、实验材料和仪器设备

(1)实验材料:几种常见植物的种子,旱生植物、湿生植物和水生植物的标本,结构的制片,载玻片和盖玻片、染色剂、酒精、酒精灯、蒸馏水、剪刀、镊子、吸水纸、纱布、白瓷盘若干,卷尺若干。

(2)仪器设备:光照培养箱2台、冰箱、烘箱、生物和实体显微镜、投影仪和多媒体。

三、实验内容与步骤

(1)每小组预选自行讨论实验方案,内容包括选用种子的种类、浸种时间、浇水的次数和强度、观测的频次、测定的内容等,每个小组实验应设对照,须经指导教师认可。

(2)课后每小组必须定期派人管理和记录小组的实验。

(3)课堂观测内容:取标本、制片观察记录旱生植物、湿生植物和水生植物形态结构的特点。

四、作业

(1)待实验全部结束后,小组报告实验结果,总结成功或失败的经验和教训。

(2)本次实验提交几种类型植物适应不同水环境的异同点的报告。

实验三　植物对光照环境的适应

一、目的和要求

光照是生态系统能量转换的最初来源,是推动生态系统运转的原始动力。光照不仅直接影响到植物的生长、发育,而且还影响到植物的分布。同样,植物在长期适应各自光照环境的过程中形成许多不同的植物类型和特征,如适应于强光环境的阳生植物、适应于低光环境的阴生植物等。因此,了解这些植物类型和特征对分析植物群落的结构、组成和功能具有重要意义,同时对理解和认识城市绿化具有重要的参考价值。本实验要求学生自己设计实验方案,分析不同光照强度对植物生长的影响;同时,通过观察标本、制片和影像资料分析比较阳生植物、阴生植物和中生植物对各自光照环境适应所形成的形态和结构方面的特征。

二、实验材料和仪器设备

(1)实验材料:油菜种子、1~2 种阳生植物和阴生植物的新鲜叶片、叶片的制片、载玻片和盖玻片、染色剂、酒精、酒精灯、蒸馏水、剪刀、镊子、吸水纸、纱布、白瓷盘若干、卷尺若干。

(2)仪器设备:光照培养箱、恒温培养箱、冰箱、烘箱、生物和实体显微镜、投影仪和多媒体。

三、实验内容与步骤

(1)预先萌发油菜种子若干盘。

(2)每组自己设计实验方案,内容包括人工控制光照强度、观测指标和观测方案。

(3)自己制片观测新鲜叶片,内容包括叶面积、叶片鲜重和干重(新鲜叶片在 80 ℃烘箱中保持 48 h。注意:在高温烘干时需要专人看管)、叶表皮的特征(表皮毛、气孔大小、密度等)。

(4)观察阴生植物和阳生植物叶片的制片,比较它们在结构上的差异。

(5)观看有关的影像资料。

四、作业

(1)总结、汇报和讨论实验结果。

(2)分析比较阴生植物和阳生植物形态、结构的异同,讨论它们对各自光照环境的适应性。

实验四 植物的光合作用测定

一、目的和要求

植物通过光合作用将无机物转化为有机物,将太阳能转化为化学能,这些初级生产成为生态系统物质循环和能量流动的基础,植物群落的功能也得以发挥。但由于影响光合作用过程的因素很多而且错综复杂,对植物的光合作用很难精确地加以测定,过去通常通过不同时间的生长量来表示植物的光合作用能力大小。不过近十几年来由于分析技术的不断改进,许多新的测定仪器不断出现,如美国 Licor 公司的 Licor – 6400、德国 Waltz 公司的 HCM – 1000 以及英国 CAD 公司的产品等,逐渐改变了这一状况,使得人们能够通过测定叶片 CO_2 浓度的变化,来比较便捷地测定植物的光合作用大小。本实验的目的就是要求学生了解光合作用测定的原理,较熟练地掌握光合作用仪的使用方法,并能利用仪器测定比较几种光合作用的能力。

二、实验材料和仪器设备

(1)实验材料:选择2~3种植物,预先用花盆培养,或实验前各剪取5个枝条,插入装有培养液的器皿中,黑暗培养,供食用。枝剪、吸水棉、纱布等。

(2)实验仪器:红外CO_2分析仪2台(北京)及其附件。

三、实验内容与步骤

(1)测定内容包括植物的光补偿点、光饱和点、光合作用曲线、呼吸速率。

(2)了解仪器的使用方法、步骤。

(3)将仪器打开预热10 min。

(4)待仪器稳定工作后,分两组开始测定。

(5)从最大光照强度测起,逐渐降低直至零。

(6)在每次记录数据后,通常要校零。

(7)整理并分析数据。

四、作业

分析比较2种植物光合作用的差异。

实验五 植物与土壤的关系

一、目的和要求

土壤是植物生长和分布的最重要的介质和营养库之一。植物生长除需要光照、水分、CO_2外,还需要N、P、K等大量元素和一些微量元素,这些营养以及水分通常是从土壤中获得。此外,土壤的结构和理化性质(如酸碱性、盐度等)都影响到植物的生长。同样,植物在长期的进化过程中也形成许多适应不同土壤类型的生态类型,如酸性指示植物、碱性指示植物和盐生植物等;这些类型通常具有特殊的形态结构和生理生化特性。本实验就是通过人工水培,控制营养物的浓度,观察分析某些营养物质缺少或不足时对植物生长的营养。同时,观测和比较不同生态类型植物的形态结构适应特征。

二、实验材料和仪器设备

(1)实验材料:1~2种适于水培的植物,盐生植物、酸性指示植物和碱性指示植物标本,有关影像资料;基本培养液和相关溶液(肥料),培养容器和工具。

(2)仪器设备:光照培养箱、分析天平等。

三、实验内容与步骤

(1)每组设计一个实验方案,包括某种营养元素浓度变化、营养元素的缺失对植物生长的影响,必须有2个重复,经指导老师审查后开始实验。

(2)编号培养容器,将苗木移入,置于25 ℃光照培养箱中培养。

（3）根据实验设计定期管理、记录相关内容。

（4）当植物抵达最大生长时，收割并按个体测定其鲜重和干重，记入设计的表格中。

四、作业

分析比较营养浓度变化和缺失对植物生长的影响。

实验六 污染胁迫对植物的影响

一、目的和要求

环境污染对生物的影响是多方面的，它可以直接影响生物的生理生化过程，进而对生物的生态过程和生态后果产生重要影响。环境污染对生物的影响可以从生物的形态结构、生理生态过程、种群动态变化、群落的结构组成、生态系统的功能以及景观格局变化等多个方面进行反映。叶片是植物光合作用的主要器官，叶绿素是植物光合作用最重要的色素。本实验通过模拟不同剂量重金属污染对植物叶片叶绿素 a、b 含量及其比率的变化影响，使学生认识污染对植物作用的剂量效应和毒害过程。

二、实验材料和仪器设备

（1）实验材料：将大小比较均匀的种子用蒸馏水浸泡、吸胀后，移入铺有滤纸的直径为 20 cm 的培养皿中，置入光照培养箱中培养。

（2）试剂：重金属溶液，用水配制成分别含 Cd^{2+} 为 0.00 μg/mL、5.00 μg/mL、10.00 μg/mL、25.00 μg/mL、50.00 μg/mL 的溶液；80% 丙酮水溶液。

（3）仪器设备：光照培养箱、分光光度计。

三、实验内容与步骤

（1）实验材料的培养。

（2）染毒处理。

（3）叶片叶绿素的提取。

（4）叶绿素含量的测定。

（5）分析实验结果。

四、作业

提交实验结果分析、讨论重金属污染对植物的危害。

实验七 植物的种内竞争和种间竞争

一、目的和要求

物种为了生存，其个体就必须生长和繁殖。而生长和繁殖可能受到其他生物和一定的非生物因子的影响。当环境资源(食物、水、光照和空间等)资源有限,一种生物或有机体使用这些资源时,资源对其他生物或有机体的可用性必然减少,于是竞争发生。如果竞争个体属于同一生物,这种竞争就是种内竞争;如果竞争个体属于不同的种类,就是种间竞争。竞争是生物间最为普遍的存在形式。物种通过竞争,优胜劣汰得到进化发展。竞争通常减弱植物的生长并减少生殖的产量。许多植物在开始繁殖之前个体必须要达到一定大小,但对一年生植物,如油菜(Brassica),有限的种子产量就可以保证其特定遗传性状的维持。本实验的目的就是分析种内竞争对一年生植物(油菜)生长和繁殖的影响。

二、实验材料和仪器设备

(1)实验材料:油甘蓝幼苗,一种十字花科的一年生植物,生活史较短。

(2)仪器设备:光照培养箱、冰箱、烘箱、分析天平等。

三、实验内容与步骤

(1)每组设计一个关于竞争对油甘蓝生长和繁殖影响的实验,包括重复,经指导教师认可。

(2)领取实验材料。

(3)对盆进行编号,包括姓名、日期。

(4)将幼苗移入盆中,用去离子水浇透后置于24 ℃下培养。

(5)日常管理:在头几天,每天检查幼苗、浇水、记录高度等。

(6)待幼苗生长正常后,每周管理记录一次。

(7)一旦开花,则进行人工授粉。

(8)生长结束后,收取每盆中每株植物的果实,统计种子数,称重。

(9)果实收割后,还要收取整个植物体地上部分,洗净、烘干、称重。

(10)最后挖取地上部分,洗净、烘干、称重,注意编号与地上部分一致。

(11)统计分析。

四、作业

(1)分析种群密度变化对植物生长和结实的影响。

(2)分析植物大小与种子产量的关系。

注:种间竞争实验采取多种混种的方法、实验过程和程序与种内竞争相似。

实验八　植物热值的测定

一、目的和要求

植物热值是指植物单位重量干物质在完全燃烧后所释放出来的热量。对热值测定可以了解植物固定太阳能的能力以及能量的储存。植物热值受环境的影响,也随植物种类、植物部位、物候期等不同而变化,因此热值的差异也是植物本身的重要特征。本实验通过热值的测定,掌握利用氧弹式热量计测定植物热值的方法,了解植物不同组织热值的差异。

二、实验材料和仪器设备

(1)实验材料:预先选择一种处于开花期的植物,分别采集植物叶片和花,带回实验室,在80 ℃恒温烘干至恒重。注意温度不要过高。保存在干燥器内。苯甲酸、氢氧化钠溶液(0.1 mol/L)、甲基红指示剂(0.2%)。

(2)仪器设备:氧弹式热量计、分析天平、压片机、压力表、贝克曼温度计。

三、实验内容与步骤

(1)水当量的标定。
(2)植物样品热值的测定。
(3)结果计算。

四、作业

分析比较植物不同组织热值的差异及其生态意义。

实验九　树木年轮与气候变化

一、目的和要求

科学家们已经认识到研究生态系统的历史变化对更好地理解今天和预测未来是十分重要的。尽管未来的变化不一定和过去相同,但历史的重建可以帮助我们理解可能发生的环境变化。树木气候学就是研究树木年轮的时间序列。通过比较来自一定数量树木的生长格局的交叉定年技术,确定每一个年轮的年龄。年轮可以告说人们很多过去发生的信息,如火灾、干旱和高雨量的年份等事件。用树木年轮重建的过去的气候变化的格局可以帮助我们认识现代气候变化的幅度和后果。本实验的目的就是让学生了解从树木气候学获得的信息的类型,学习测定年轮和定年的方法。

二、实验材料和仪器设备

(1)实验材料:树木生长资料应当从具有25年基本气象资料的地区获得。靠近树种地理分布或垂直分布范围边缘地区,似乎更能提供对各种气候因子年变动敏感的生长材料。选定一个或几个群落中收集几棵树的生长锥材料或树干截面圆盘。生长锥材料应取自每棵树3~4个不同半径处。这些木芯应置于保护管(塑料麦管、温度计管)内,标明树种、地点、采集日期、树木编号、半径位置)。树干截面圆盘应加标签。

(2)仪器设备:生长锥、解剖镜、计算机及其相关软件。

三、实验内容与步骤

(1)测定树木圆盘的年轮的宽度,记入表中。

(2)记录早材、晚材和木质部细胞大小和细胞壁的变化情况。

(3)数据输入计算机进行计算。

(4)比较不同样本的结果。

(5)结合当地的气象资料,对结果进行分析讨论。

(6)观看相关的影像资料,并开展讨论。

四、作业

讨论比较目前常用的重建过去气候方法的优缺点。

实验十 植被片断化分析

一、目的和要求

由于人类活动的持续破坏,地球上的原始森林逐渐减少,许多生物赖以生存的环境条件逐渐丧失,物种绝灭、生物多样性降低已经成为令人关注的全球问题。植被片断化是生态系统受损的一种重要形式,对物种的更新、种间相互作用的改变具有重要影响。本实验就是要求学生通过对有关影像资料的观看和植被片断化的实际分析,认识到植被片断化的生态后果,初步掌握植被片断化的分析方法。

二、实验材料和仪器设备

(1)实验材料:1~2幅区域的1:10万TM影像图,包含256个边长为0.5 cm小格子的透明格子样框、铅笔、记录纸等。

(2)计算机及相关软件、多媒体。

三、实验内容与步骤

(1)人工数据的采集:包括统计斑块的类型和数量、每个板块的周长、面积等,将结果记入表格。

(2)利用片断化指数公式进行计算。

(3)利用有关软件分析计算植被的片断化指数。

四、作业

(1)讨论植被片断化可能导致哪些后果,如何应对?

(2)分析比较不同区域植被片断化情况。

第十章　野外实习基本要求与线路设计

　　自然地理内容中的野外地质实习是培养学生观察、认识地质现象,掌握野外地质工作方法的现场教学活动,是教学活动的基本环节,是理论与实践相结合、技能训练和综合素质培养的有效途径。通过专业性的野外地质实习,要求学生基本掌握在野外观察、认识、记录、描述地质现象的方法,熟练掌握罗盘仪、GPS 等野外工作中常用工具的使用,初步了解分析地质问题的一般方法等,从而使学生的野外地质工作能力得到初步的训练,专业思想进一步巩固,为今后自然地理学研究中的地质工作和实践打下坚实的基础。

第一节　实习目的与要求

　　(1)通过野外典型地质现象、地貌景观、自然资源等的观察考察、参观、识别、描述、分析,获得感性认识,加深对室内所学的基本专业知识和理论的理解。

　　(2)初步掌握野外工作的基本技能、思维方法、分析方法和工作技巧,培养学生的地质思维能力和时空观念。

　　(3)初步掌握从野外收集资料、室内整理到编写实习报告的方法。

　　(4)培养艰苦奋斗、实事求是的工作作风,增强体质,逐步适应野外工作环境。

　　(5)通过野外实习,开阔学生眼界,激发专业兴趣,树立为地理事业献身的精神。

第二节　野外实习初步掌握并完成的基本工作方法和内容

　　(1)地形图的使用与观察点的标定。

　　(2)罗盘的使用(测量产状要素与确定方位)与 GPS 定点。

　　(3)野外地质记录的内容、格式、要求。

　　(4)采集标本的方法。

　　(5)编写实习报告。

第三节　成绩评定

　　成绩评定标准见表10-1。

　　在实习结束时,按上述评定方法,由带队老师评定优秀(90 分以上)、良好(80 ~ 89分)、中等(70 ~ 79 分)、及格(60 ~ 69 分)、不及格(＜60 分)。在成绩评定中,坚持标准,严格要求,实事求是。对不及格者要严肃审定,不及格者必须自理实习经费重新参加一次实习,并达到基本要求。

表 10-1　野外综合实习成绩构成

项目号	项目要求	成绩(%)
	野外实习表现成绩构成	
1	尊重老师并服从指挥,组织纪律性强	5
2	野外实习工作态度:眼勤(勤观察)、手勤(勤记录、勤采标本)、腿勤(不怕苦、不怕累)	10
3	野外综合实习记录	10
4	实习报告(详细指标见下部分"实习报告成绩构成")	70
5	社会内容:关爱集体、关爱同学、与他人善于合作;尊老爱幼,礼貌待人。不许随意践踏农作物、花卉,不得随意采摘瓜果、鲜花等。在单位参观时,不得随意落座,自觉维持该单位的环境和秩序	5
	成绩总计	100
	实习报告成绩构成	
1	全面结合实习观察的内容,资料翔实	40
2	充分运用所学理论	30
3	图、表内容丰富、美观,用电脑绘制(或数码相机拍摄)并打印	15
4	整体内容结构严谨、逻辑性强,文笔流畅	8
5	钢笔字(黑色的钢笔或中性笔都可)书写工整、美观	7
	成绩总计	100

第四节　野外现场教学过程要求

野外现场教学不受室内小环境、语言、图形、图片等的限制,要充分利用野外实地大空间、具体直观的特点,由室内教师书本讲解、学生提问、课下答疑转变为室外师生共同反复细致地观察,不同现象的相互联系,各抒己见,教师系统归纳总结,学生科学记录的过程,并在接受知识的过程中,使学生初步掌握野外工作的技能和技巧,并且得到专业思维能力的训练。具体要求及步骤如下:

(1)学生感性观察:对学生进行宏观思维训练,使学生初步掌握感性观察方法。

(2)教师指导学生进行现象性观察:启发学生深入观察,使学生学会深入观察的基本技能。

(3)学生理性观察:包括近观或微观的方法和系统与逻辑方法,进行定量证据收集和标本采集。

(4)教师指导证据性观察:对学生进行推理训练,使学生了解时空上逻辑关系,熟练运用历史比较法。

(5)教师详细口授,使学生系统掌握教学内容。

(6)学生现场讨论,提高教学效果。

第五节 野外实习分组指导原则

(1)分组时男、女同学必须在每个小组均匀分布,便于各小组在野外都有男同学能够出面承担苦重工作,女同学此时帮助承担工作的男同学拿包等重要物品,做到互相帮助。在此前提下自由组合。

(2)班长、团支部书记、生活委员、学习委员不能兼任组长,同时这四个人不能在同一小组,应该分布在管理力量薄弱的小组。

(3)班长负责对外联络工作,如联系住宿、租车等事宜。

团支部书记负责掌握全班同学的思想动态,对于同学们的想法、意见和建议,应该及时与老师沟通,同时负责确定1台数码相机并指定1名同学专门负责拍摄野外实习时专业性的工作照片。

生活委员负责全班同学野外实习过程的现金收集与支出,同时要指定一名体力好、办事心细的助手,既要防止在旅游点人多混乱中数钱时被别人抢夺,也要防止生活委员给景点售票员付钱时数错钱而引起争执。

学习委员负责从实验室借(包括实习结束后的归还)实习器材,贯彻实施实习指导老师对每天实习任务的具体要求。

(4)各小组组长首先选定党员担任,党员人数不足的情况下,再从本学期即将入党的积极分子、各学会会长等热爱社会工作且具有一定社会活动、组织能力的同学中选任。

(5)和学生党支部共同负责专门成立党小组,并任命党小组组长。

第六节 实习带队老师人数配备

如果实习生人数为单班(35～60人),带队老师一般为3～5人;如果为双班(80～120人),带队老师一般为5～7人。

第七节 实习进程及要求

一、动员准备阶段(1天)

包括实习动员、实习区概况介绍、实习目的、内容、安排与要求,以及实习成绩评定的方法和指标,从思想、组织和物质上做好准备。

二、教学阶段(9天)

在教师的带领下,以小组为单位进行野外考察。由浅入深、由点到线至面逐步掌握实习内容。

三、室内资料整理与休整(2 天)

室内资料整理与休整可与教学穿插进行,做到劳逸结合,调节学生的身体,有利于按期完成教学任务。

四、实习报告的编写(2 天)

由教师讲述资料整理目的和要求、图件格式、报告提纲。学生用 2/3 时间完成图件的编绘及报告初稿,经教师审阅图件、批改报告初稿,由学生 1/3 时间修改、清抄和装订。

第八节 野外地理综合实习的基本要求

实习生在野外穿着运动装;不管天晴与否,出野外随身带折叠式雨伞,预防下雨是非常必要的。

观察岩石要及时记录观察点三维坐标(手持 GPS 测量)、用罗盘量取岩石的产状。

第九节 包头市周边自然地理学实习线路与教学内容设计

包头市周边自然地理学实习线路与教学内容设计中,部门自然地理学实习线路包括包头—乌梁素海、白云鄂博—百灵庙、百灵庙—希拉穆仁—大青山—土默特左旗、石拐—五当沟—东园乡、包头沙尔沁莲花山、昆都仑河谷、黄河湿地、库布其沙漠—泊尔江海子、东胜—毛乌素沙地;除了野外购买,学生在学校时由任课教师指导,综合整理野外观察、记录的材料,并制作专业图件,编写实习报告。

综合自然地理学实习线路包括包钢冶炼厂轧钢生产线、包钢稀土三厂—包钢稀土研究院、达拉特旗电厂、巴彦淖尔三盛公黄河水利枢纽、固阳盆地、土默特右旗—甲尔坝村。实习线路上的每个项目由任课教师指导,综合整理实习观察、记录的材料,并制作专业图件,编写实习报告。

第三篇 野外实习篇

第十一章 野外地质实习内容设计

野外地质实习线路主要包括包头市周边、秦皇岛—北京、银川贺兰山段、延安—西安—华山—太原—大同。

第一节 包头地区周边地质实习内容设计

包头地区出露的地层单元主要为新太古界乌拉山岩群等变质岩。区内构造形迹以东西向为主,其中乌拉山–大青山山前断裂和山后(临河–集宁)断裂是区内规模最大的断裂构造,分别沿乌拉山南缘和北缘展布。有研究表明这两条断裂均为深切地幔的深断裂,具有多期继承性活动特点。区内侵入岩主要有位于大桦背花岗岩体和沙德盖岩体。

一、地层

地层详细内容如表 11-1 所示。

二、岩浆岩

包头地区岩浆活动主要以侵入岩为主,除喜马拉雅期外,其他各期均有活动。由老至新简述如下:

太古代片麻状岩黑云母花岗岩、紫苏斜长花岗岩、辉石闪长岩。

元古代片麻状石英闪长岩、片麻状黑云母花岗岩。有少量二长花岗岩和钾长花岗岩。

加里东期片麻状黑云斜长花岗岩和片麻状辉石花岗岩。有少量安山玢岩。

华力西期黑云母花岗岩、二长花岗岩、黑云石英闪长岩。

印支期石英正长岩、二长花岗岩、花岗闪长岩。

燕山期黑云母花岗岩、流纹斑岩。

三、构造

包头地区处于华北地台北缘、内蒙古地轴西南部、内蒙古台隆、阴山断隆的构造带中。南邻鄂尔多斯坳陷带的呼包断陷,处于两个大地构造单元的临界处。基底和盖层比较发育。包头地区位于河套断陷盆地的中东部。地质构造横跨了白彦花坳陷、包头凸起和呼和浩特坳陷三个构造单元,称为前套盆地。

表 11-1　包头主要实习区地层系统简表

界	系	统	群	滨太平洋地层区大兴安岭－燕山地层分区		
				组	代号	岩石组合特征
新生界	第四系	全新统			Qh	
		更新统			Qp	
	新近系	上新统		宝格达乌拉组	N_2b	红色砾岩、砂砾岩、砂岩、泥岩及泥灰岩
		中新统		汉诺坝组	N_1h	橄榄玄武岩及致密块状玄武岩
中生界	白垩系	下统		白女羊盘组	K_1bn	玄武岩、凝灰岩
				固阳组	K_1g	砾岩、砂岩、泥岩
				李三沟组	K_1l	粗砾岩、砂岩、泥岩
	侏罗系	上统		白音高老组	J_3b	下部为凝灰火山角砾岩、上部为流纹斑岩
				大青山组	J_3d	紫红色砾岩、砂岩、粉细砂岩、泥灰岩、页岩
		中下统		五当沟组	$J_{1-2}w$	砂岩、页岩、碳质页岩及煤层
古生界	二叠系	上统		老窝铺组	P_3l	砂岩、钙质粉砂岩
		中统		脑包沟组	P_2n	砂砾岩、砂岩、粉细砂岩
		下统		大红山组	P_1d	砾岩、砂岩夹晶屑玻屑凝灰岩
	石炭系	上统		拴马桩组	C_2s	变质砾岩、变质砂岩、碳质板岩、煤线及煤层
新元古界	震旦系			什那干组	Zs	燧石条带微晶白云质灰岩、灰岩夹炭质板岩
古元古界			马家店岩群		Pt_1m	由底至顶为变质砾岩、长石石英岩、变质砂岩
新太古界			色尔腾山岩群	点力素泰岩组	Ar_3dl	大理岩夹二云石英片岩
				柳树沟岩组	Ar_3l	黑云石英片岩夹长石石英岩、石英岩
				东五分子岩组	Ar_3d	阳起绿帘片岩夹石英岩、黑云石英片岩
中太古界			乌拉山岩群	桃儿湾岩组	Ar_2t	大理岩、夹变粒岩长石片麻岩
				哈德门岩组	Ar_2h	变粒岩、片麻岩夹大理岩、石英岩

　　本区在漫长的地质构造演化过程中,呈现以复杂和多样为主要特征的构造框架。太古代时期以塑性流动剪切变形为主要形态。其构造形式表现为紧闭的基底同斜褶皱及多期褶皱叠加和剪切变形。早元古代时期由于地表漂移引涨作用形成北西—南东向裂陷槽和轴向北西的褶皱构造。中元古代以后进入盖层发育活跃期,形成北西向的褶皱及以西坡－昆都仑韧性剪切带、卯独沁韧性剪切带为代表的近东西向构造带。古生代时期多为宽阔褶皱。鸭老坝－酒馆韧性剪切带呈北东方向延伸,该构造带是内蒙古地区较典型的金矿成矿带之一。中生代则演化为一系列断陷盆地,并伴随大规模推覆构造。新生代主要以升降为特征。在地质演化过程中,本地区经历了多期构造运动,不同时期的地壳运动

和地层岩浆相互作用,逐步形成现今复杂多样的地质构造。

包头地区断裂构造比较发育,主要断裂构造有8条。其中,以东西向或近东西向断裂构造为主,北东、北西向断裂次之。现将各条断裂构造的分布及特征叙述如下:

(1)F1(山前断裂):山前断裂系由一系列正断层或阶梯状正断层组成,断面倾向南,地表倾角较陡,在60°~75°变化,深部变缓,为44°~62°,总体构成铲形断层特征。乌拉山、大青山山前断裂为高角度压性正断裂,断裂北盘上升,南盘下降,属长期缓慢蠕动断裂。新生代断裂继续发育,断裂南翼下沉加快,直至全新世断裂仍有活动。

(2)F2(兰阿断裂):该断裂由兰贵窑子经麻池、万水泉、程户窑子至阿善沟门村,全长45 km。根据断裂带的展布方向、地貌与第四纪活动特征,分两段描述:①麻池段——断裂西南起自昭君坟南,呈北东方向延伸至包头市东河区,沿二级台地前缘展布,长约30 km。断层倾向南东,倾角45°~75°,为张性正断层,第四纪仍有明显活动。②东河区至永富村段——断裂沿山前台地前缘呈近东西向展布,断裂带北侧发育二级、三级台地,台地前缘基岩断崖十分壮观。该断裂由多个断裂组成。断裂带为南倾张性正断层,倾角为55°~75°,向深部变缓为44°~60°。

(3)F3(物探解译活动性断裂):该断裂呈西南—北东向展布,经大相公窑子—高油房—青山区东。属于正断层,倾向北西,断距在200 m以上。

(4)F4(物探解译活动性断裂):位于包头钢铁公司北,走向约30°,长约8 km,断层西盘地貌为山地,东盘地貌为山前冲洪积扇,相对高差约100 m,东盘相对向北位移,推测为平推断层。

(5)F5、F6、F7(物探解译活动性断裂):该三条断裂位于麻池潜山地带上,长5~6 km,均在重力、航磁异常带轴的平移、扭曲部位。其断裂性质:F5、F6为平推断层,F7为性质不明断层。

(6)F8断层:位于韩庆坝与二道沙河一线,走向35°,沿断裂地貌为一沟谷,重力异常曲线有形变和扭曲,航磁剖面平面图上断裂西北侧较东南侧异常梯度稍缓,异常变化也没有东南侧剧烈;航片卫片上也有较好显示,断层倾向北西,为断距不大的正断层。

四、包头周边实习区主要观察点及内容设计

安排实习路线的总体思路,南北方向一条地质地貌剖面:

内蒙古高原—大青山(内蒙古高原的南缘,天山兴蒙地槽系的一部分)及其山前大断裂—大青山山前冲积扇和黄河冲积平原—库布其沙漠—鄂尔多斯高原—毛乌素沙地—黄土高原。

观察点号:NO.1

观察地点:固阳盆地南缘

观察内容:

(1)地质褶皱构造:复向斜。

(2)地貌:山间盆地。

(3)罗盘的使用:量产状、定方向。

固阳盆地是内蒙古高原内部的山间构造复向斜盆地,地貌特征与地质褶皱一致。复

向斜为整个大盆地,背斜为隆起,向斜为凹地(水文地貌为小河谷)。整个盆地地形表现为波状起伏。

观察点号:NO.2

观察地点:固阳北桥附近河岸边(河谷小阶地)

观察内容:

(1)沉积岩及其剖面特征。

从上往下依次为:

表土层　　厚15 cm。

砂砾层　　最大砾径5 cm 左右,不等粒结构,层状构造。

中砂层　　个别砾石最大砾径40 cm。

交错层　　交错层理,构成物质为砂、砾交错。

巨砾层　　砾径40~60 cm,最大一块砾石达120 cm。

(2)河谷侵蚀阶地。

现场观察河谷的构成要素:谷肩、阶地、谷地、河漫滩、河床、洪水位与平水位。

观察点号:NO.3

观察地点:白云鄂博

观察内容:

(1)变质岩。

白云鄂博岩性以陆源碎屑砂质泥岩建造为主,夹有薄层碳酸盐沉积。著名的铁-铌、稀土(Fe-Nb-REE)矿床赋存于南部白云鄂博群尖山组上部。

尖山组上部岩性:灰黑色碳质板岩,夹暗色石英砂岩及灰岩透镜体,厚284 m,暗灰色变质不等粒石英砂岩夹砂质泥板岩。

(2)山地地貌:舒缓波状的平原。

观察点号:NO.4

观察地点:石拐盆地

观察内容:石拐盆地地层、断层、山体滑坡。

石拐盆地位于大青山南坡中段,北为麻粒岩、片麻岩等组成的太古界原地结晶变质岩系,南有近东西向的古生代地层大致呈条带状分布,再向南为一套推覆于古生代和中生代地层之上的外来变质结晶岩席。

盆地南部被河滩沟-公山湾-楼华山逆冲断层切割,形成其北侧的石拐主盆地,以及南侧杨圪楞、黑麻板一带几个东西走向的小型山间残留盆地。

(1)石拐盆地地层。

在石拐盆地,主要沉积为侏罗系地层,自上而下为:

上侏罗统大青山组紫红色砂砾岩夹粉砂质泥岩岩,厚约330 m。

中侏罗统长汉沟组灰绿色粉细砂岩夹砂砾岩,厚约380 m。

下-中侏罗统五当沟组含煤碎屑沉积,厚约950 m。

在盆地北部,侏罗系角度不整合于太古界之上;在盆地南部,侏罗系平行不整合于二叠系之上。

五当沟组分为5段,在盆地西部外缘呈环状分布;长汉沟组分为3段,分布在盆地西段中部和盆地中部;大青山组分为3段,主要分布于盆地的中、东部。盆地西段的侏罗系煤层主要赋存于五当沟组底部一段地层中,可分为J、K、L等3个煤组。

(2)石拐盆地构造地质特征。

石拐盆地为一轴向近东西的不对称向斜,其地表与深部构造具有明显的不一致性。在盆地西段向斜表现最明显,以盆地中部的长汉沟组为核部,呈环形分布的五当沟组形成向斜的两翼,两翼地层产状总体一致,北翼130°∠15°~40°,南翼130°∠30°~60°;盆地东部由于大青山组向北超覆于太古界之上,使向斜特征不明显。

(3)石拐盆地地质灾害之一——山体滑坡。

山体滑坡的成因条件:

(1)构成山体的地质体结构疏松或层理发育,如黄土、沉积岩、变质岩石等。

(2)坡度角。长期的风化剥蚀、搬运,使山体的坡度角远远大于地质体(岩石)的自然安息角。

(3)岩体基础。山坡坡底被流水冲蚀而悬空,使山体无基础而稳定性变差。

(4)裂隙。岩石层间裂隙发育,裂隙中富含高岭土等风化形成的黏土物质。

(5)表流水。主要为自然降水(也有人为水源)所形成的表流水渗入裂隙,黏土遇水即加大了岩石(地质体)的不稳定性。

(6)重力作用。重力作用下,使岩体移动,此时富水黏土在岩层间起"润滑剂"作用,反而加大了地质体的滑动。

具备上述条件,山体滑坡就发生了。

观察点号:NO.5

观察地点:五当召、五当沟中下游

观察内容:

(1)变质岩:黑云斜长片麻岩,粒状结构,片麻状构造。

(2)植物地质作用:树根在生长过程中对岩石的根劈作用。

(3)推覆体构造。

包头—呼和浩特北部发育3期大型逆冲构造,尤以中侏罗统末—晚侏罗统最强烈,并基本奠定了本区的断裂构造格局。大佘太—营盘湾、庙沟早—中侏罗统煤盆地、石拐煤盆地、厂汗脑包—新地沟石炭—二叠纪煤盆地、苏勒图—上股子早—中侏罗统煤盆地以及榆林镇—碌碡坪早—中侏罗统煤盆地,东西向带状展布,南北上平行排列,但共同的特点是每个盆地的南北两侧均向盆地中心逆冲推覆。有的南强北弱(大青山一带),有的北强南弱(色尔腾山一带),上盘岩系绝大多数为下寒武统中深变质岩系。实习观察点在五当沟到土默川南沟出口(沟口东为东园村、沟口西为西园村)。

观察点号:NO.6

观察地点:达茂旗吉木斯泰(花果山)

观察内容:

(1)岩浆岩(花岗岩),浅灰色花岗岩,中粗粒结构,块状构造。见褐铁矿化、高岭土化。

（2）球状风化是物理风化为主的地质风化作用。由于岩石是热的不良导体，当地日光照温差大，白天温度高，使岩石表层膨胀，而夜晚降温快，表层岩石迅速且不均匀地冷却。久而久之，岩石沿着岩块能量集中的棱角方向首先剥落，使岩石形状风化为球状。

（3）球状风化形成的地貌特征为，坡度大（地势险峻），山顶呈圆形，为良好的旅游自然资源。

观察点号：NO.7

观察地点：梅力更

观察内容：钾长花岗岩，主要矿物成分为钾长石，粗粒结构，块状构造。

观察点号：NO.8

观察地点：沙尔沁大青山主峰（莲花山）

观察内容：

（1）七大造岩矿物：石英、正长石、斜长石、黑云母、白云母、辉石、角闪石。

（2）山脉地貌的构成要素：山坡（陡坡与缓坡）、山谷（山沟）、山脊线、鞍部、山顶、山峰（最高峰主峰）、分水岭等。

（3）形成地貌的地质动力：①地壳板块运动的构造地质作用力形成的地貌，如内蒙古高原；②水动力作用形成的地貌，如河水冲积物与洪水形成的冲积扇群叠加形成冲积平原，典型地貌如内蒙古河套平原；③风动力作用形成的地貌，如鄂尔多斯以南的黄土高原。

（4）地质构造特征：①背斜褶皱为山，如大青山为复背斜，推而广之，整个内蒙古高原亦为复背斜；②断层，"逢沟必断"，地貌上的大型沟谷都为断层；③大青山山前深大断裂，既是当地地下水的导水、贮水构造体系，也是引起当地地震的主要动力源。

观察点号：NO.9

观察地点：黄河大桥下面，滨河岸

观察内容：

河流地质作用：搬运与沉积。

观察点号：NO.10

观察地点：乌梁素海

观察内容：河成湖（河流地质作用）。认识湖泊的成因与演化。

乌梁素海湖泊沉积物特征：

黏土（<4 μm）平均含量28.7%。在6~15 cm黏土含量最大，平均含量在37.8%。

细粉砂（4~16 μm）含量34.4%，在5~15 cm为一较低的阶段，平均29.3%。

粉砂（16~64 μm）组分平均含量31.5%，砂（>64 μm）组分含量整体较低，平均5.5%，在35~40 cm以及20 cm之上存在两个含量较大的阶段，含量平均分别为7.4%和6.9%。

湖泊沉积物是陆地环境变化的天然档案库，保存了丰富的环境演化以及人类活动等信息，成为研究过去环境变化的良好载体。河套平原地区开发历史悠久，早在秦汉时期就开始开渠引水，发展农业，人类活动已经深刻影响到区域环境的变化。

观察点号：NO.11

观察地点：恩格贝（库布其沙漠的一部分）

观察内容:沙丘(风力地质作用)。

沙漠物质成分为红褐色细中粒石英长石砂。

测量沙丘的坡度。

观察点号:NO.12

观察地点:泊尔江海子

观察内容:构造运动形成的复向斜盆地。

泊江海子流域是一个完整的闭合流域,位于鄂尔多斯市东胜区以西约45 km处,流域面积约744.6 km²。

六、河套地区古湖相沉积岩性

位于鄂尔多斯高原之北蒙古高原南部的河套平原起源于新生代河套断陷盆地,其形成演化受盆地周缘F1~F7断裂控制,如图11-1所示。

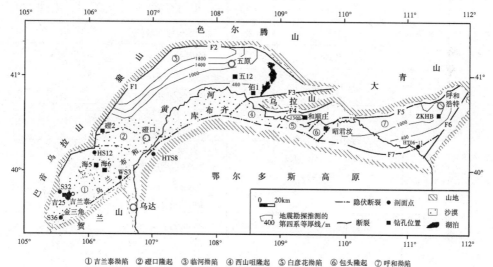

①吉兰泰拗陷 ②磴口隆起 ③临河拗陷 ④西山咀隆起 ⑤白彦花拗陷 ⑥包头隆起 ⑦呼和拗陷

F1—狼山山前断裂;F2—色尔腾山山前断裂;F3—乌兰山北缘断裂;F4—乌拉山山前断裂;

F5—大青山山前断裂;F6—和林格尔断裂;F7—鄂尔多斯北缘断裂

图11-1　河套地区主要断裂(F1~F7)和第四纪河湖相沉积厚度分布

除盆地周缘断裂外,盆地内部的断裂将整个盆地分割为两个隆起(即包头隆起和西山咀隆起)和3个拗陷区(即呼和拗陷、白彦花拗陷和临河拗陷-吉兰泰断陷),如图11-1所示。

在磴口一带存在近东西向的潜伏基底隆起(磴口隆起)。将最西部的吉兰泰断陷与临河拗陷分隔。现今吉兰泰断陷盆地的基本轮廓在燕山期末、喜山期初就基本形成,河套盆地也几乎在同一时间开始进入了盆地演化阶段,在第三纪时期河套盆地和吉兰泰盆地就出现了河湖相环境。在河套平原下游方向的黄河晋陕峡谷中,黄河在距今1 917万~716万年开始下切加快。到距今5万~6万年前后湖泊开始退缩,形成吉兰泰周围的最高湖岸堤,之后形成海拔1 050~1 060 m的湖岸堤,末次盛冰期时统一大湖消失。

七、鄂尔多斯北部盖层层序地层及地质发展简史

鄂尔多斯地台,基底是前震旦统(距今 6 亿年以前)沉积岩经吕梁运动变质硬化而成。自震旦系在继续沉积的同时,局部地区上升剥蚀,逐步形成地台的盖层,详细资料如表 11-2 所示。

表 11-2 鄂尔多斯盆地北部盖层层序地层特征

系	统	组(段)		代号	厚度(m)	岩性简述	沉积相
第四系				Q	>5	风成砂、黄土	冲积
上第三系	上新统			N_2	>30	棕红粉砂泥岩泥质粉砂岩	河流
下第三系	渐新统			E_3	157	土红粉砂泥岩及粉砂岩	河流
白垩系	下统	伊金霍洛组	上段	K_1e^3	>50	棕红砂岩	河流相
			中段	K_1e^2	>280	砖红粉细砂岩	河流相
			下段	K_1e^1	>118	砂砾岩、砂岩	洪积风成
侏罗系	中统	安定组		J_2a	227	紫红泥岩与细砂互层、夹泥灰岩	洪泛
		直罗组		J_2z	>10	紫红泥岩与灰绿细砂互层	洪泛
				J_2z	>20	灰绿、灰色砂岩砂砾岩及泥岩	河流
		延安组		J_2y	166	灰色泥质粉砂岩砂岩及煤层	三角洲
	下统	富县组		J_1f	130	粉砂泥岩及砂岩	冲洪积
三叠系	上统	延长组		T_3y	>35	含砾砂岩夹泥岩	河流相湖滨相

第二节 秦皇岛—北京野外地质实习设计

秦皇岛实习内容以野外自然地理内容为主,北京实习以博物馆(园)自然地理内容为主。

一、秦皇岛实习区地层概述

秦皇岛市实习区出露地层属华北地台型(包括前古生界及古生界)。除较普通缺失中上奥陶统至下石炭统、下中三叠统、白垩系、第三系外,就华北型地层而言,该区地层出露较全,化石较丰富,各单位地层划分标志清楚,地层特征具有一定代表性。全区范围内所有出露的地层有元古界的青白口群,下古生界的寒武系、下奥陶统,上古生界的中石炭统至二叠系,中生界的上三叠统至侏罗系,新生界的第四系。本区的地层顺序见表 11-3。

表 11-3　秦皇岛实习区地层系统简表

界	系	统	组	厚度	岩性描述
新生界 Kz	第四系 Q				黏土、黄土及砂砾石层。与下伏地层角度不整合接触
中生界 Mz	侏罗系 J	上统	孙家梁组 J_3s	>350	流纹质、粗面质和粗安质火山熔岩、凝灰岩、火山角砾岩与集块岩
		中统	蓝旗组 J_2l	>1 000	流纹质、安山质、粗安质、玄武质火山熔岩、凝灰岩、火山角砾岩和集块岩。与下伏地层角度不整合接触
		下统	北票组 J_1b	493	砾岩、含砾粗砂岩夹粉砂岩、黑色炭质页岩,夹煤线,含植物化石及少量双壳类化石。与下伏地层角度不整合接触
	三叠系 T	上统	黑山窑组 T_3h	162	黄灰色含砾粗砂岩、粉砂岩、黑色炭质页岩互层,夹煤线,含植物化石及双壳类、昆虫类化石。与下伏地层角度不整合接触
上古生界 Pz_2	二叠系 P	上统	石千峰组 P_2sh	150	紫色粉砂岩、细砂岩、中粗砂岩和含砾粗砂岩
			上石盒子组 P_2s	72	灰白色含砾粗粒长石砂岩夹少量紫色细砂岩和粉砂岩
		下统	下石盒子组 P_1x	115	黄褐色含砾粗粒杂砂岩、长石岩屑杂砂岩、泥质粉砂岩、黏土质粉砂岩构成三个韵律
			山西组 P_1s	62	灰色、灰黑色中细粒长石岩屑杂砂岩、粉砂岩、炭质页岩及黏土岩,具可采煤层
	石炭系 C	上统	太原组 C_3t	51	中细粒长石岩屑砂杂岩、粉砂岩、炭质页岩夹泥质灰岩透镜体
		中统	本溪组 C_2b	82	青灰色细砂岩、粉砂岩、泥页岩,铝土质岩夹 4~5 层泥灰岩透镜体,含植物化石和又壳类、腕足类、蜓类等化石。与下伏地层平行不整合接触
下古生界 Pz_1	奥陶系 O	中统	马家沟组 O_2m	101	白云质灰岩、白云岩及少量灰岩
		下统	亮甲山组 O_1l	118	灰色中厚层豹皮灰岩夹砾屑灰岩,含头足类、腹足类、海绵类等化石
			冶里组 O_1y	126	灰色泥晶灰岩、砾屑灰岩、泥质条带灰岩,上部夹黄绿色页岩
	寒武系 ϵ	上统	凤山组 ϵ_3f	92	泥质条带灰岩、砾屑灰岩、泥灰岩、钙质页岩互层
			长山组 ϵ_3c	18	粉砂岩夹砾屑灰岩、生物碎屑灰岩,化石丰富
			崮山组 ϵ_3g	102	紫色砾屑灰岩、粉砂岩夹灰色藻灰岩、鲕粒灰岩和泥质条带灰岩
		中统	张夏组 ϵ_2z	130	灰色鲕粒灰岩、藻灰岩夹泥质条带灰岩、生物碎屑灰岩
			徐庄组 ϵ_2x	101	黄绿色页岩、粉砂岩、暗紫色粉砂岩夹少量鲕粒灰岩透镜体
		下统	毛庄组 ϵ_1mo	112	紫红色页岩、粉砂岩为主,夹少量灰岩透镜体
			馒头组 ϵ_1m	71	鲜红色页岩。与下伏地层平行不整合接触
			府君山组 ϵ_1f	146	暗灰色厚层豹皮灰岩、细晶灰岩,底部为角砾状灰岩。与下伏地层平行不整合接触
上元古界 Pt	青白口系 Qb		景儿峪组 Qbj	28	黄褐色细粒石英砂岩、紫色页岩、杂色泥灰岩和白色板状灰岩构成一个沉积韵律
			长龙山组 Qbc	91	灰白色含砾粗粒长石石英砂岩、石英砂岩、海绿石砂岩夹紫色、黄绿色页岩。与下伏地层不整合接触
上太古界					绥中花岗岩 γ_2

二、秦皇岛地层布局概述

结合表 11-3,本节主要介绍各地层的空间布局如下。

(一)元古界青白口群

1. 龙山组

龙山组分布于张崖子至东部落,南部鸡冠山等地。由两个沉积韵律组成。属典型滨海相沉积,与下伏的绥中花岗岩呈沉积接触关系。

2. 景儿峪组

景儿峪组主要分布在区内的东部地区,出露最好剖面在李庄北沟,在黄土营村东也有出露。岩性由粗至细,由碎屑岩—黏土岩—碳酸岩构成一个完整的韵律,具有海侵沉积的特点。本组地层属滨海相至浅海相沉积。

(二)古生界

1. 寒武系

(1)府君山组在东部发育良好,东部落的北剖面可作为标准剖面。本组属浅海沉积相。

(2)馒头组由于岩体的侵入破坏和构造破坏,出露零星,东部落的北部和西部都有出露,可作为标准剖面。本组上下界限明显,与毛庄组的分界是以顶部的鲜红色泥岩作为标志层的。

(3)毛庄组在沙河寨西出露比较好,化石丰富,可作为标准剖面。化石以褶颊虫类三叶虫化石为主。厚约 112 m。

(4)徐庄组分布较广,东部落西剖面出露较好,化石十分丰富,本组地层上下界限清楚,可作为标准剖面。岩性为浅海相的黄绿色含云母质粉砂岩,夹暗紫色粉砂岩、细砂岩和少量鲕状灰岩透镜体或扁豆体。含有三叶虫化石。

(5)张夏组受到覆盖和破坏较少,是寒武系地层在区内分布最广的地层之一,几乎盆地周围都有分布,在揣庄北 288 高地以东的山脊上出露最好,是区内较好的标准剖面。下部为鲕状灰岩夹黄绿色页岩;上部以鲕状灰岩为主,夹藻灰岩、泥质条带灰岩。三叶虫化石最丰富。本组与下伏地层为整合接触。厚 130 m。

(6)崮山组与张夏组在区内的分布相仿,比较好的有 288 高地上的剖面,可为标准剖面。化石十分丰富,几乎每层都可以采到。主要三叶虫化石有蝙蝠虫未定种、帕氏蝴蝶虫。

(7)长山组出露较好的剖面在揣庄北 288 高地,为标准剖面。岩性为紫色砾屑灰岩、粉砂岩与页岩互层,夹有藻灰岩及生物碎灰岩。三叶虫化石主要有蒿里山虫未定种、长山虫未定种、状氏虫未定种。与下伏地层为整合接触两者分界清楚。

(8)凤山组分布与崮山组、长山组相同,出露较好的揣庄北 288 高地可作为标准剖面。化石丰富,三叶虫化石垂直分带明显。

2. 奥陶系

(1)冶里组分布于区内东、西部,主要分布在东部地区。出露较好的是在潮水峪至揣庄一带。

（2）亮甲山组位于石门寨亮甲山，属浅海沉积。含有头足类、腹足类和蛇卷螺未定种等化石。与下伏冶里组为整合接触，分界以亮甲山底部的中厚层状豹皮灰岩为标志，风化后呈泥质条带状，局部含泥质结核。

（3）马家沟组本组分部与亮甲山组一致，以亮甲山及北部茶庄北山发育较好。属浅海相沉积，较深水环境。

3. 石炭系

（1）本溪组在本区的东、西部分布都很广，发育和出露最好的是半壁店 191 高地、小王庄一带发育较好，小王庄剖面可作为本区的标准剖面。有 2～3 个由陆相到海相的完整沉积韵律。

（2）太原组在半壁店、小王山一带发育较好。本组岩性比较稳定，以灰黑色砂岩含铁质结核为主要特征，夹少量煤线及灰岩透镜体，由两个韵律组成，是海陆交互相沉积。含植物化石脉羊齿、鳞木，动物化石网格长身贝、古尼罗蛤。

4. 二叠系

（1）山西组主要分布于东部黑山窑至曹山一带，西部也有出露。有两个韵律，第一个韵律含煤层，第二个韵律的顶部含铝土矿。含植物化石芦木未定种、带科达、纤细轮叶。

（2）下石盒子组分布于黑山窑至石岭一带，西部有零星分布。由三个韵律组成。属湖泊相沉积。含植物化石多脉带羊齿、山西带羊齿、带科达。

（3）上石盒子组主要在黑山窑、欢喜岭至大石河西侧有出露。发育较好的剖面是欢喜岭，可作为标准剖面。

（4）石千峰组最初的命名地点在山西省太原市西 25 km 的石千峰。本组是二叠系最上一个组。出露较好的剖面是欢喜岭至瓦家山一带，可作为标准剖面。含植物化石太原带羊齿、尖头轮叶、朝鲜羽羊齿。

三、秦皇岛三大岩类主要岩性特征

（一）岩浆岩体

1. 岩墙

岩墙的分布较多，在沙锅店东头的老虎山和亮甲山等地岩墙较明显，清晰可见，在老虎山上是花岗斑岩侵入体岩墙，属于浅层侵入，在以前并未喷出地表但后期暴露于地表属碱性喷出岩。在亮甲山岩墙是辉绿玢岩侵入体，是不整合侵入体。

2. 岩床

在亮甲山上有一条明显的岩床大致成东西方向，从亮甲山北面采石场剖面上看是辉绿玢岩侵入体，它与上下围岩产状上看是不整合侵入体，其基质为隐晶质。

（二）岩性特征

1. 岩浆岩

侵入岩：花岗岩、花岗斑岩、辉绿岩、闪长玢岩。

喷出岩：安山岩。

1）花岗岩

出露于东部张崖子村附近，或西南部鸡冠山下，沉积不整合在马岭组石英砂岩之下，属于中生代晚期侵入的花岗岩。岩体很大,呈肉红色,由正长石、斜长石、石英和少量黑云母组成,中细粒显基斑状结构,块状构造。详细命名:中细粒斑状花岗岩。

2)花岗斑岩

花岗斑岩:出露于石岭东南等地,呈细粒基质的斑状结构,岩墙状产出,侵入在晚寒武统至中奥陶统的地层中,常见被基质熔蚀的钾长石和石英斑晶,潮水峪村西有一宽达5 m以上的花岗斑岩墙。

石英斑岩:出露于砂锅店东等地,是花岗斑岩的又一种变种,具隐基斑状结构,石英斑晶特多,普遍具有熔蚀现象。

正长斑岩:出露于角山长城烽火台正下方。正长石为自形-半自形晶斑状结构,块状构造。

3)辉绿岩

亮甲山采石场比较集中,岩石呈暗绿色,细均粒结构,镜下具典型辉长结构,部分辉石已绿泥石化和硅酸盐化。

4)闪长玢岩

分布于潮水峪村西北,砂锅店东等地,呈岩墙状产出,具隐基斑状结构,斑晶主要是斜长石,有时含角闪石较多,有的基质中含少量石英,有的可见球粒结构和流线结构等。

5)安山岩

分布于柳江向斜核部的中侏罗统地层中,类型相当丰富,有玄武安山岩、辉石安山岩、角闪安山岩、闪辉安山岩、斜长安山岩、粗安山岩和英安山岩等。绝大多数都具隐基斑状结构。颜色以灰绿色为主,少数为暗紫红色,一般都呈块状构造,少数有气孔构造和杏仁构造。

2. 沉积岩

含海绿石的石英砂岩、纯灰岩、豹皮状灰岩、含微层理的白云质灰岩。

1)含海绿石的石英砂岩

位于张崖子的青白口群龙山组含有表面被风化成黄褐色内部为灰白色的中粗粒石英净砂岩,浅海相沉积,含海绿石和少量云母。

2)纯灰岩

以方解石为主要成分的岩石。灰黑色、性脆,硬度不大,小刀能划动。在石门寨能观察到的亮甲山组纯灰岩含有砾屑,为盆地内生成的隐晶灰岩或微晶泥岩碎屑。

3)豹皮状灰岩

主要分布于亮甲山组地层内。花斑由白云岩组成,呈浅黄色或褐黄色,与周围灰色或深灰色灰质组分界线明显,特别是那些花斑状似虫孔的,两者界限平直。岩石风化面上,常有虫孔和花斑共生,是豹皮灰岩的标志。

4)含微层理的白云质灰岩

分布于下寒武统府君山组地层内,张崖子一带发育较好。层内构造均匀,形成于浅海深水环境。

3. 变质岩

断层角砾岩,又称压碎角砾岩、构造角砾岩。

四、秦皇岛地质构造

本区位于燕山沉降带东段，山海关隆起的东南边缘，又因现代燕山隆起与渤海拗陷的过渡带以及燕山山脉由东西转向北东向的肘状部位，应力比较集中，故新、老构造均比较发育。本区断裂构造发育，其中以 NNE 向断裂最为发育，其次为 NW 向断裂、NE—NEE 向断裂和 EW 向断裂，此外，在山海关之北尚发育有环状断裂。实习区主要断裂构造有如下两大类。

（一）潮水峪断层

在潮水峪一带，断层走向 N20°E，倾向东南（实际上倾向为东西向摆动）。上盘为凤山组泥质条带状灰岩；下盘为冶里组厚层灰岩。断层面无论在倾斜方向上，还是在走向方向上均表现为舒缓波状。断面上镜面、垂直擦痕、阶步以及断裂带内挤压透镜体等特征明显。

（二）地堑

地堑在鸡冠山与大平台间的河谷中，由于几条正断层的影响，两侧青白口系下马岭组石英砂岩相对上升，中间石英砂岩下降。断层面近于南北走向，倾角较大，河谷东侧断层面西倾，河谷西侧断层面东倾，成一地堑构造，河谷本身位于地堑构造的中心部位。

五、北京野外地质实习内容设计

北京小平原是华北大平原的组成部分，位于北京东南部，北依军都山，西靠西山，东南与华北平原相连。面积 6 300 多平方千米，约占北京市总面积的 40%。

自中生代末以来，平原区多处于沉降运动中。由永定河、潮白河、温榆河、泃河等河流挟带大量泥沙、砾石在下降的基底上沉积而成，为典型的山前洪积冲积平原。平原上沉积中心的新生界堆积层厚千米以上。

地势由西北向东南缓倾，地面坡降 1‰～3‰，地面高程多为 100～200 m，东南部最低点海拔 8 m。山前平原的地貌组合较典型，由高向低依次出现山前洪积扇、中部洪积冲积平原和东南部冲积平原。

第四系以来，平原区新构造运动强烈，大幅度的沉降运动曾使平原区一度遭受海侵，形成海湾。在平原区下部，由于沉降幅度的差异，形成"两凹一隆"的格局（见燕山沉降带）和一系列断裂构造。断裂带的活动，对现代地貌的演变和区域内的生产活动有较大影响。

（一）北京主要地层与地质构造

本实习线路地层主要介绍北京西山地层系统中的寒武系，北京的古近系－第四系地层。

北京西山的地层系统里，震旦系地层只能见到下马岭层及其以上的地层。寒武－奥陶系地层有三处出露，其间的界限不清晰。石炭－二叠系杨家屯煤系的军庄层、大白煤层、灰裕砾岩、西山阴山层（含子煤层、郝房砾岩、老爷庙层、神庙砾岩和杨家屯层），与下伏地层呈假整合接触。二叠－三叠系红庙岭砂岩层；三叠系双泉统，底部有一层砾岩，其上为熔岩和凝灰岩。侏罗系门头沟系下姚坡层砂岩和黑色页岩为主要含煤层，上姚坡层以砂页岩为主,底部有一层长石石英岩;龙门系其中有二层砾岩,砾岩性质与九龙山系很相似;侏罗纪九龙山系及髻髻山系,后者相当于前者较高部位。

1. 北京西山寒武系地层

北京西山青白口地区寒武系实测剖面地层多为碳酸盐岩,岩石类型为各种灰岩及白云岩、泥岩、页岩等。地层主要包括昌平组、馒头组、毛庄组、徐庄组、张夏组、固山组、长山组、凤山组。

2. 北京的古近系－第四系地层

1)古近系

根据岩性、岩相、沉积旋回以及孢粉组合特征,将北京平原区的古近系划分为始新统长辛店组、始－渐新统前门组,古新统缺失。

(1)始新统长辛店组在长辛店一带出露,岩性为紫红色砂砾岩、泥岩夹少量灰绿色粉砂质泥岩,呈半胶结状。

(2)始－渐新统前门组地表未出露。

2)新近系

根据岩性、岩相、沉积旋回以及孢粉组合特征,将北京平原区的新近系划分为中－上新统天坛组、上新统天竺组。

3)第四系

北京平原区第四系可划分为更新统、全新统两部分。

(1)更新统。

在北京平原区北部形成马池口－沙河、孙河－天竺两个沉积中心:马池口－沙河沉积中心在南口－孙河断裂的西北段,该沉积中心呈北西—南东向展布,受南口山前断裂、南口－孙河断裂和黄庄－高丽营断裂共同控制;孙河－天竺沉积中心在良乡－顺义断裂的东北段,该沉积中心呈北西—南东向展布,并向北东向扩展,受到顺义－良乡断裂和南口－孙河断裂的共同控制。

(2)全新统。

全新统主要分布在河谷区,其中有两个沉积带比较显著,一是沿永定河发育一个明显的沉积带,最大沉积厚度可达 10 m 以上,这个沉积带沿永定河断裂发育;二是沿沙河发育,最大沉积厚度超过 20 m,该沉积带沿南口－孙河断裂的西北段发育。

北京断陷为中、新生代断陷盆地,可作为华北平原区一个相对独立的构造单元。

(二)中国地质博物馆

中国地质博物馆以历史悠久、典藏量大、珍品率高、陈列精美、科研成果丰硕称雄于亚洲地学博物馆。收藏地质标本 20 余万件,其中有蜚声海内外的巨型山东龙、中华龙鸟等恐龙系列化石,北京人、元谋人、山顶洞人等著名古人类化石,以及大量集科学价值与观赏价值于一身的鱼类、鸟类、昆虫等珍贵史前生物化石;有世界最大的"水晶王"、巨型萤石方解石晶簇标本,精美的蓝铜矿、辰砂、雄黄、雌黄、白钨矿、辉锑矿等中国特色矿物标本,以及种类繁多的宝石、玉石等一大批国宝级珍品。

(三)国家博物馆

国家博物馆展出与宝玉石有关的文物,其中还有部分国家禁止出国展出的文物精品,如表 11-4 所示。

表 11-4 中国禁止出国展出的 64 件文物中矿物岩石类文物精品

材料类型	名称	时代	出土时间与地点	保存单位
陶土	彩绘鹳鱼石斧图陶缸	新石器	1978 年 河南省临汝县阎村	中国国家博物馆
陶土	陶鹰鼎	新石器	1957 年 陕西省华县太平庄	中国国家博物馆
绿松石	嵌绿松石象牙杯	商代	1976 年 安阳市殷墟妇好墓	中国国家博物馆
软玉(透闪石)	良渚玉琮王	新石器	1986 年 余杭反山 12 号墓	浙江省 文物考古研究所
水晶(石英)	水晶杯	战国	1990 年 杭州半山镇石塘村战国墓	浙江省 文物考古研究所
黑色岩石	涅盘变相碑	唐	山西省 临猗县大云寺遗物	山西省博物馆
白色岩石	常阳太尊石像	唐	山西省运城盐湖区安邑镇道观遗物	山西省博物馆
软玉	大玉戈	商代前期	1974 年黄陂盘龙城李家嘴三号墓	湖北省博物馆
黄土(沉积岩)	红山文化女神像	新石器晚期	1983 年辽宁朝阳牛河梁遗址女神庙	辽宁省 文物考古研究所
石英	鸭形玻璃注	北燕	1965 年北票西官营子北燕冯素弗墓	辽宁省博物馆
软玉	三星堆玉边璋	商	1986 年四川广汉三星堆一号祭祀坑	三星堆博物馆
岩石	茂陵石雕	西汉	西安汉武帝茂陵霍去病墓石刻	陕西茂陵博物馆
陶土	河姆渡陶灶	新石器	1977 年 河姆渡遗址 T243	浙江省博物馆
黑色岩石	大秦景教流行中国碑	唐建中二年 (781 年)	陕西西安 大秦寺遗物	西安碑林博物馆
玛瑙(石英)	兽首玛瑙杯	唐代	1970 年 西安南郊何家村	陕西省 历史博物馆
软玉(闪石类)	刘胜金缕玉衣	西汉	1968 年河北满城 中山靖王刘胜墓	河北省博物馆
高岭土	青花釉里红瓷仓	元代	1979 年江西 宜春丰城县收集	江西省博物馆
制砖黏土	竹林七贤砖印模画	南朝	1960 年江苏南京 西善桥南朝墓葬	南京博物院

中国禁止出国展出的 64 件文物精品中,与地质学中矿物、岩石有关的文物达 18 件,其中有 7 件是与宝玉石有关的文物。另外,青铜器类文物达 25 件,属于冶炼铜矿获得。

(四)北京天文馆

北京天文馆有直径 23.5 m 象征天穹的天象厅,中间安装精致的国产大型天象仪,可表演日、月、星辰、流星彗星、日食以及月食等天象,能容 600 人观看。门厅正中有反映地球自转的傅科摆。西侧展厅陈列天文知识展览,东侧演讲厅经常举行学术交流和普及天文科学知识报告。庭院中陈列广西南丹陨石。

(五)中国国家图书馆

中国国家图书馆位于北京市中关村南大街 33 号,与海淀区白石桥高粱河、紫竹院公园相邻。中国国家图书馆总馆占地 7.24 hm², 建筑面积 28 万 m², 主楼为双塔形高楼,采用双重檐形式,孔雀蓝琉璃瓦大屋顶,淡乳灰色的瓷砖外墙,花岗岩基座的石阶,再配以汉白玉栏杆,通体以蓝色为基调,取其用水慎火之意。图书馆分为总馆南馆、总馆北馆和古籍馆,馆藏书籍 3 119 万册,其中古籍善本有 200 余万册。图书馆内的电子阅览室可查阅英文专业科技论文,是亚洲规模最大的图书馆,居世界国家图书馆第三位。

第三节　陕西—山西野外地质实习内容设计

陕西—山西野外地质实验线路主要是包头—延安—西安—翠华山—华山—太原—大同—包头这条闭合的实习线路。实习观察点的地质内容请查看本书第十四章地貌中对应的相关内容。

一、洛川黄土地层

研究地球环境演变规律有三本书,南极洲的冰川、太平洋的海底泥和中国的黄土高原,黄土学研究表明黄土是可与深海沉积物和极地冰盖相媲美的研究全球古气候变化的三大支柱之一。中国对于黄土的研究已经遥遥领先于国际先进水平,其研究方法、手段和成果等方面,国际必须与我们接轨。

黄土地层是黄土高原第四系地层的主体,地层厚度大,层序完整齐全,结构清晰易辨,研究程度高,也是发育较为完整的第四系陆相沉积之一。对黄土地层开展空间序列和时间序列的研究不仅能够为黄土高原区工程地质、水文地质、地震地质等环境地质问题提供基础的地质依据,而且可以为黄土高原周边的沙漠、沙地的古气候恢复提供依据。东亚季风是影响中国及东亚其他地区的主要气候系统,是控制该地区降水的重要因子。受东亚夏季风控制,中国大陆地区降水自东南向西北递减,植被由森林演替为森林草原、草原、荒漠。黄土高原恰位于植被变化的过渡地带,是研究季风系统演化的理想区域。

黄土高原是中华民族的发祥地之一,其北界为毛乌素沙地及腾格里沙漠,西接祁连山东端,南抵秦岭北麓,东达吕梁山,面积约为 27.56 万 km², 占中国黄土分布面积的43.72%。本实习线路上有洛川黄土地质公园,公园内以黄土剖面和黄土地质地貌景观为特色,并保存有脊椎动物化石、极其特殊的典型黄土地质景观遗迹等真实记录第四系以来古气候、古环境、古生物等的重要地质事件和信息,是研究中国大陆乃至欧亚大陆第四系地质事件的典型地质体。

自从刘东生院士首次发现并报道洛川黄土剖面以来,该剖面就因其地层序列的完整性、出露的良好性,且位于黄土高原主体部位的最大的洛川塬上而成为中国黄土地层的经典剖面。该剖面也是世界范围内研究程度最高、涉及的国内外研究人员最多的黄土剖面。对洛川剖面的研究几乎囊括了第四系地质学的所有研究内容,包括了土壤地层学、沉积学、磁性地层学、古生物学、环境磁学、年代学、地球化学等,因而是全球最经典的第四纪陆相黄土剖面(洛川黄土以午城黄土为主)。

黄土地层有三个标准剖面,即马兰黄土、离石黄土和午城黄土。

马兰黄土标准剖面地点在北京市门头沟区斋堂川对面清水河右岸二级阶地。马栏阶地高出河面30~40 m,由松散黄土类物质及砂、砾石层组成,但马栏阶地上并无黄土沉积。时限属于晚更新统,年代测定为126 000年(±5 000年)至10 000年。马兰黄土呈浅灰黄色,疏松、颗粒较均匀,以粉砂为主,呈块状,大孔隙显著,垂直节理发育,偶夹黑垆土型古土壤。层中钙质结核小而少,常零散分布。黏土矿物主要是伊利石、蒙脱石和少量高岭土、针铁矿等。其厚度分布不均匀,从数米到数十米不等。如秦岭北翼仅厚2~5 m,甘肃兰州可达50 m。假整合覆于离石黄土之上。黄土高原马兰黄土分布呈条带状。在马兰黄土中段见哺乳动物化石方氏鼢鼠(Myospalax fontanieri)、鸟类化石鸵鸟(Struthi-lithus sp.)。含大量孢粉(Artemisia, Chenopodipollis, Graminidites),还有较多木本植物(Pinus, Abies, Carpinus, Morus)等,同时仍有一些蕨类和苔藓的孢子。北京斋堂剖面马兰黄土中的古土壤,^{14}C测年为(2.3±0.15)万年。在洛川剖面,马兰黄土厚35 m,分二个粗粒层和中间一个细粒层,记录了距今7万~5万年、2万~1万年两个干冷气候期。

离石黄土命名剖面在山西省离石县王家沟乡陈家崖。时限为78万~13万年。分布于华北与西北地区。黄土层根据岩性分为上、下两部:下部为黄色-浅黄色黄土状亚黏土,呈块状,较致密,质地均匀,不具层理,具大孔隙,层中含14条红色埋藏土壤层,厚44 m,整合于午城黄土剥蚀面上;上部为灰黄-黄色黄土,土质较松软,垂直节理发育,含7层较厚的古土壤,厚51.5 m。离石黄土富含钙质结核,有时成层分布。其颜色较午城黄土为浅,较马兰黄土深,粒度成分以粉砂为主,粉砂与黏土含量较马兰黄土高。其中发现不少哺乳动物化石。下部含丁氏鼢鼠(Myospalax tingi)、赵氏鼢鼠(Myospalax chaoyatse-ni)、裴氏转角羚羊(Spiroceros peii)、午城马(Equus wuchenensis)等化石;上部含方氏鼢鼠(Myospalax fontanieri)、拟鼠兔(Ochotonoides)等化石。离石黄土中的古土壤(S5),表明是在50万年发生的最暖气候条件下的产物。

午城黄土标准地点位于山西省隰县午城镇的昕水河支流柳树沟内砾石层之上,未见其直接和三趾马红土层接触。属于黄土塬、梁、峁上土状堆积的下部黄土层。岩性为:棕黄色、浅棕褐色亚砂土、亚黏土,间夹多层棕红色古土壤及灰-灰白色、灰褐色钙质结核层。古土壤常以密集平行(3~4条)排列成组(2~3)出现。午城黄土中发现有松科、禾本科等花粉,说明当时植被具有森林草原性质,动物化石有李氏野猪、短脚野兔、中国貉、中国长鼻三趾马、踵骨鹿、午城马、裴氏转角羊、鼹鼠等。自下而上,干旱气候条件下的蒿属、藜属和禾本科等花粉数量增多,说明当时气候向干旱方向发展。午城黄土下限磁性地层测年为248万年。与上覆以离石组黄土平行不整合;平行不整合覆于静乐组或保德组红土之上,或直接不整合覆于古老基岩地层之上。厚10~40 m。

二、华山地层

华山地层主要属于小秦岭太华群,下太华群和上太华群各含三个组,地层由上而下为:

(1)桃峪组(ArZt):见于华山南麓,为斜长角闪片麻岩。

(2)秦仓沟组(ArZq):分布于南部,为含石榴石黑云斜长片麻岩。

(3)三关庙组(ArZs):斜长角闪岩、角闪岩及部分紫苏辉石角闪麻粒岩。

(4)洞沟组(Arldg):条带状磁铁石英岩,部分黑云母石英片岩,其中含有单斜辉石。

(5)板石山组(Arlb):由石墨片岩、云母石墨片岩、石英岩及含石墨金云母大理岩组成。

(6)大月坪组(Arld):可分为三个岩性段,下段位于小秦岭山脊,为复背斜轴部。中、上段位于北山坡。下段岩性为斜长角闪岩、角闪岩、条带状混合岩等。中段以混合岩化黑云母斜长片麻岩、变粒岩为主,夹有斜长角闪片麻岩。其中有几条变辉绿岩岩墙。这个岩性段是含金石英脉型金矿床的赋存层位。上段为黑云母斜长角闪岩和石榴石斜长角闪岩,赋存有石英脉型金矿床以及多金属矿床。

出露总厚度4 000 m以上,且没有见底。

太华群变质岩系主要岩石类型可分为以下五类:

(1)角闪石质岩石。包括斜长角闪岩、角闪岩、斜长角闪片麻岩以及紫苏辉石角闪麻粒岩。据60多个薄片镜下鉴定资料,矿物成分有斜长石(20%~70%)、角闪石(30%~60%)、石英(<5%)、黑云母(0~10%)、石榴石(0~5%)、紫苏辉石(0~15%)。

有的薄片中含有钾长石、钠长石,为遭受混合岩化作用所致。紫苏辉石仅见于紫苏辉石角闪麻粒岩,含量变化较大。稳定的副矿物有磁铁矿、榍石、磷灰石及锆石。次生矿物普遍分布的是绿帘石、绢云母、绿泥石和碳酸盐。

一般呈花岗变晶结构,有的样品可见到变余拉斑状结构及变余杏仁状构造。

斜长石以中长石为主,部分为钠长石,蚀变较强烈。黑云母棕褐色,铁高于镁。石榴石为铁铝榴石。

(2)黑云母斜长片麻岩及变粒岩。斜长石为主要矿物,微斜长石20%~30%,黑云母5%~15%,石榴石5%~30%,石英10%~25%,副矿物常见有绿色尖晶石、榍石及磁铁矿。

(3)石英岩及磁铁石英岩。以石英为基本成分,磁铁矿含量5%~50%。磁铁石英岩常含有少量斜长石及单斜辉石。偶见圆化的锆石粒。

(4)片岩主要为云母石墨片岩,其次为白云母石英片岩。局部云母片粗大,可达10 cm。在云母石墨片岩中云母主要为水黑云母,富集处可开采蛭石矿。

(5)大理岩。一般含白云石10%~25%,含少量透闪石、金云母及石墨。

混合岩化作用较强烈,前两种岩石尤其明显,即在下太华群有较强烈的混合岩化。一般为花岗质脉体及长英质脉体沿片理方向注入,亦有部分伟晶岩脉体。形成平行条带及肠状体,有的已为注入混合岩。

变质岩原岩主要类型,斜长片麻岩类的原岩为中、酸性火山岩(安山岩－英安岩－流纹岩)－中、酸性火山碎屑岩(二长安山质、英安质凝灰岩);浅(变)粒岩类的原岩为中酸性火山岩(英安岩、流纹岩)－中酸性火山碎屑岩(二长安山岩、英安质凝灰岩),并以后者为主,斜长角闪岩的原岩为基性火山岩－拉斑玄武岩。

三、渭河盆地地质构造

渭河盆地位于秦岭和渭河北山之间,西起宝鸡东至潼关,东西延伸约 300 km,东宽西窄,呈一喇叭形,向西封闭于宝鸡附近,东部最宽达 80 km。秦岭与渭河平原接触线是一条长 350 km、断距近万米、依次北降的阶梯状断裂带。高差近千米的渭河北山与渭河平原接触线是一条长 300 余 km、断距大于 1 km、依次南降的断裂带。因此,渭河盆地是一个地堑构造(见图 11-2)。

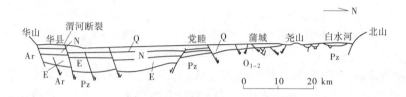

图 11-2　渭河盆地构造分区

渭河盆地位于华北地块西部鄂尔多斯断块南缘,是鄂尔多斯周缘新生代的一个断陷盆地(被夹持在鄂尔多斯断块和秦岭地块之间。该盆地由两个斜列的次级拗陷组成,即西安拗陷、固市拗陷(见图 11-3)。

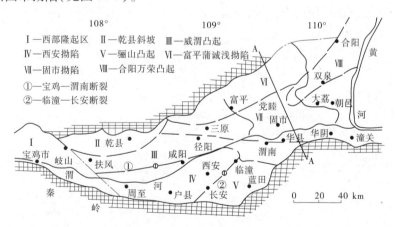

图 11-3　渭河盆拗陷分布

控制渭河地堑轮廓的断裂构造,大致呈向南突出的北东东向弧形断裂系,以及伴有花岗岩体侵入的横张断裂带,该弧形断裂系主要由秦岭纬向构造系、祁吕贺兰山字形构造系、新华夏构造系以及陇西系等构造复合叠加而成(见图 11-4)。

渭河盆地所处的构造位置,是上述四个巨型构造体系交汇的地区。其中,秦岭纬向构造体系自古生代以后,经历过多期活动,至今仍有活动的迹象。其余三个体系,大体都是

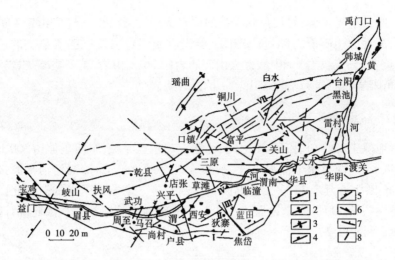

1—祁吕系断裂;2—背斜;3—向斜;4—纬向构造形迹;5—新华夏系构造形迹;
6—陇西系构造形迹;7—北西向构造形迹;8—南北向破裂形迹

图 11-4　渭河盆地拗陷分布

在中生代开始先后发生、发展并最后定型完成的,但至今仍有活动的表现。这些构造体系,在渭河盆地交汇在一起,互相穿插、干扰和利用,发生复合和联合,形成一个非常复杂的区域大地构造体系。

四、大同盆地火山群地质构造

大同火山群大小有 29 座火山锥。火山区内较大的活动断裂有陈庄-许堡断裂、陈庄-于家寨断裂、六棱山山前断裂和许堡-阁老庄断裂等,如图 11-5 所示。

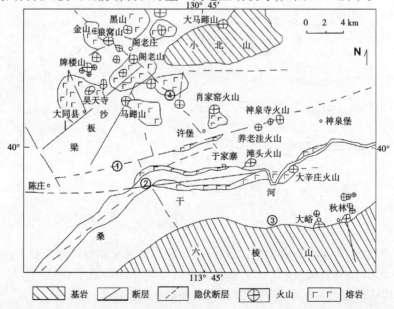

①—陈庄-许堡断裂;②—陈庄-于家寨断裂;③—六棱山山前断裂;④—许堡-阁老庄断裂

图 11-5　大同火山分布

大同火山群北起阳高县下深井一带，南到六棱山山脚，玄武岩出露面积 15 km^2，东西长约 30 km、南北宽约 20 km。火山活动主要以陈庄–许堡断裂为界，将火山群分为北区和南区，两区的火山喷发特点、活动时期和岩石学特征各有差异。陈庄–许堡断裂以南、养老洼以东的南区火山群火山碎屑喷发物含量较少，火山爆发系数较小，火山喷发以溢流式为主，火山锥外形多为盾状火山，以大辛庄、神泉寺火山为典型；火山群北区熔岩厚度较小，火山喷发系数较大，火山以爆发式喷发为主，火山体多为锥状火山，以牌楼山为典型。火山群的火山岩均为玄武岩类，南区火山岩 SiO_2 含量较北区稍高，属拉斑玄武岩，北区火山岩属碱性玄武岩，与前人火山研究的区域划分有所差异，但都认为，大同县东北部火山锥比较密集的区域，火山的岩石特性为碱性玄武岩，大同县东南侧陈庄–许堡断裂以南的岩石特性为拉斑玄武岩。根据碱性越强岩浆来源的深度越大，推测沿许堡–阁老庄断裂分布的狼窝山、金山等火山喷发物的来源相对较深，沿六棱山山前断裂分布的秋林、于家寨等岩浆来源深度相对较浅。

第十二章 野外气象气候实习内容设计

野外气象和气候实习内容着重点为内蒙古中部及包头地区。

包头地区属于半干旱中温带大陆性季风气候。该地区春季区干旱且大风天气较多。4~5月的平均降雨量在32 mm左右,占全年降水量的10%左右,春季大风天气较多,蒸发量相对较大,容易发生干旱。夏季短暂热雨相对集中,夏季将会持续3个月,最热7月的平均最高气温为29 ℃,6~8月的平均降雨量为190 mm,占到了年降雨总量的65%左右。秋季秋高气爽,秋季的降雨量要明显少于夏季,出现大风天气的日数也较少,日照时间短,过早会在9月初出现霜冻。冬季寒冷延长且雨雪较少,通常冬季能够持续5个月,最冷1月的平均最低气温为-17 ℃。11月到次年3月的平均降水量为16 mm,只占全年总汇降水量的5.6%。

第一节 包头地区气象和气候主要特征

包头市最突出的极端天气包括干旱、暴雨、大风和暴风雪。

一、干旱

干旱是包头市最为严重的气象灾害,该地区干旱年的累计频率高达70%以上。干旱具有持续时间长、发生频率高、影响范围广、危害程度大等特点,对农牧业的高产稳产造成严重影响。干旱会使植物土壤中缺乏水分,无法满足农作物正常生长的水分需求,使作物出现枯萎甚至死亡的现象,导致农作物大幅度、大面积减产。干旱还能导致植被发育不良甚至出现退化的现象,减少生物的多样性,降低草场载畜的能力。持续干旱会使地下水位下降,湖泊、河流出现断流的现象。

二、暴雨

暴雨常导致山洪暴发,水库垮坝,江河横溢,房屋被冲塌,农田被淹没。包头市暴雨分布呈现时空分布不均,出现日数少,持续时间短,日变化较大,南北差距大,局地性强的特点。

以气象观测单站24 h(0~8时)降水量≥50 mm 为一次暴雨日,通过1951~2012年资料分析,全包头市(7个站点)1站以上出现暴雨及大暴雨次数为86次,平均每年1.43次;2站以上出现暴雨及大暴雨次数为16次,平均每年0.26次;3站以上出现暴雨及大暴雨次数为3次,平均每年0.05次。

包头市平均年暴雨日数为1.05 d,各站之间暴雨日数差距较大,山南多于山北。历年极端最多暴雨日数为2~3 d,山南山北相差较小。包头市也是内蒙古暴雨日数较少地区之一。

一年中最早出现暴雨是在5月5日(1992年,固阳),最晚是在9月20日(2006年,白云鄂博)。其中5月最少,为3次,占3%,6~9月最多,为83次,占97%,其余月份未出现过暴雨及大暴雨;7~8月最为集中,为74次,占86%;7月出现31次,占36%,8月出现43次,占50%。暴雨及大暴雨的逐旬变化同样具有以上特点,其分布变化为单峰形,峰顶出现在7月下旬,出现次数最多的还有8月上旬和中旬。

包头暴雨1 h最大降雨量出现的时刻以午后至傍晚最多,而夜间和上午都很少,特别是上午更少。

包头1 h最大降雨量极值为66.9 mm(1979年8月12日15时09分至16时09分),出现在石拐站(1994年撤站);次极大值为54.3 mm,出现在包头市区(1958年8月7日19时20分)和达茂旗(2006年8月6日16时51分)。从资料分析1 h最大降水量的相对强度较大,可达到包头市年平均降水量的10%~23%。

包头市61年24 h最大降雨量中,出现100 mm以上大暴雨共计4次。最大的一次出现在1958年8月6日08时至7日08时的固阳县(114.9 mm),其余3次分别出现在1958年8月7日08时至8日08时包头市区(100.8 mm)、1969年7月30日08时至31日08时的满都拉(101.0 mm)、1976年7月7日08时至28日08时的石拐(106.7 mm)。

连续两日降水量最大值出现在1958年8月7~8日的固阳县,48 h累计降水量为176.4 mm,其次是1997年8月13~14日的包头市区,48 h累计降水量为117.4 mm。

暴雨日降雨开始到结束之间的持续整时数(用自记或实测记录,以间断不超过3 h为连续为暴雨持续时数。包头市暴雨及大暴雨持续时数为7~43 h。其中,持续时数在20 h以上的地区为阴山山地东段。在以上区域两侧,持续时数在20 h以下。

在包头市86次暴雨及大暴雨中,大青山南部地区出现43次,占50%;平均海拔在1 500 m左右的观测站点(白云鄂博、达茂、希拉穆仁)出现暴雨及大暴雨24次,占30%。

综上所述,包头暴雨日数、强度(相对强度除外)和持续时间,总的趋势是从东南向西北递减,与平均年降雨量的分布规律相一致,并且在阴山山脉南麓有暴雨中心,除环流因素外,也显现了地形的重要作用。

三、大风

大风作为一种极端天气也会产生自然灾害,但风能是一种无污染、无排放、可再生的清洁能源,风能资源的开发已经在世界范围内呈现出爆发式的增长态势。因而,包头地区是我国及内蒙古风能资源最为富集的地区之一。

包头市月平均风速全市为1.8~5.9 m/s,其中包头市区、萨拉齐和固阳城关1.8~3.0 m/s,其余地区3.0~5.9 m/s。春季(3~5月)的风速比其他季节略大一些,夏秋季(6~10月)是年内风速较小的时段。全市年平均风速为2.3~5.0 m/s,包头市区和萨拉齐最小,只有2.3 m/s,白云鄂博最大,为5.0 m/s。总之,包头市北部地区比南部地区风速大,海拔高的地区比低的地区风速大,山区比平原地区风速变化大。

包头市区、萨拉齐和固阳城关年最大风速为20.0~24.0 m/s,其余地区26.0~28.0 m/s。固阳城关是全市风速最小的地区,为20.0 m/s,百灵庙最大,为28.0 m/s。

按照气象观测规范《风向和风速观测》(QX/T 51—2007)的规定,瞬时风速达到或超过17.0 m/s(或目测估计风力达到或超过8级)时为大风标准。包头市大风日数最多的是达茂旗北部的满都拉,年大风日数81.7 d,平均每5 d就有一次大风日。固阳城关年大风日数只有6.1 d,是全市大风日数最少的地区,平均每60 d才有一次大风日。在4～6月,各地都是大风日数最多的时段,在冬季,1月和12月是大风日数较少的时期。

在一天之内,由于热力作用,白天风力大,出现大风的机会多,夜间风力减小,出现大风的机会少。以百灵庙为例,白天(08～20时)年平均大风日数为50.5 d,夜间(20时至次日08时)年平均大风日数只有15.3 d,白天是夜间的3.3倍。

包头市各地全年盛行风向和频率为,包头市区 NNW,频率16;萨拉齐 E,频率12;固阳 NE,频率15;白云鄂博 WSW,频率16;百灵庙 SE,频率12;满都拉 W,频率18;希拉穆仁 W,频率15;频率最大是固阳,为21;频率最小是白云鄂博,为3。

四、暴风雪

暴风雪是一种强风雪寒潮天气过程,所伴随的降温幅度、降雪强度和风力都十分明显。如果一次冷空气活动同时具备以下3个条件,即视为一次暴风雪天气:①最低气温下降幅度≥10 ℃;②降雪量≥5 mm;③定时风力≥6级(或瞬时风力≥8级)。

包头牧区(达茂联合旗、白云鄂博、满都拉和希拉穆仁)暴风雪年发生频率,在1971～2010年这40年间,包头牧区共出现了20次暴风雪天气,年平均发生频率为0.5次/年,即包头牧区大约每两年会发生一次暴风雪天气。在这20个个例中,最低气温下降的最大幅度为15.9 ℃,最大降雪量为9.7 mm,最大瞬时风速为22.6 m/s。可以粗略地讲,近20年来暴风雪灾害呈明显减少趋势。

暴风雪的天气学特征。暴风雪天气是强冷空气活动而造成的。由于强降温、强降雪和大风伴随出现,所以暴风雪的环流形势兼具寒潮、降水和大风天气的环流特征。其基本特点是经向环流十分明显,高空天气图上乌拉尔山高脊发展强盛,脊前西北急流很强;在蒙古国常存在深厚低涡或横槽,并有冷中心配合;高空锋区强,冷平流显著;低层存在偏南风低空急流;地面天气图上为蒙古气旋或狭长倒槽,并有锋面存在。根据影响系统的演变特征,包头牧区的暴风雪天气过程分为3个类型,分别是小槽发展型、低槽东移型和横槽转竖型。

小槽发展型:欧亚大陆为两脊一槽型,低槽较浅,呈现宽平状态,位于萨彦岭,槽后有冷平流,槽前等高线稍有疏散,有利于槽的发展。上游高脊的范围和强度均明显强于下游高脊,暖舌落后于脊,脊后有暖平流,有利于脊发展。随着系统的东移,槽向南发展加深,脊向北发展加强。24 h后高压脊到达巴尔喀什湖、萨彦岭地区,槽发展成为贝加尔湖东南方的斜压大槽。高压脊发展很强盛,脊前偏北气流加强,冷平流也大大加强。斜压槽继续发展南压,形成斜压冷涡,涡前暖平流、涡后冷平流均较为旺盛,使得冷涡暴发性发展,加深南压形成暴风雪天气。

低槽东移型:欧亚大陆为两脊一槽型,上、下游高压脊的强度基本相当。初期,在巴尔喀什湖地区存在西风槽,槽脊振幅较大,具有弱的斜压性,槽前略有疏散,有利于西风槽发展加深。上游高压脊暖平流和负涡度平流明显,有利于其发展。24 h后脊线移至巴尔喀什湖以东萨彦岭地区,脊前的偏北气流加强,冷平流也加强,冷空气灌入低槽,低槽加深并南压。下游高脊则稳定少动。在上、下游两个高脊的挤压下,低槽向南加深,在蒙古国中部切断形成冷涡。冷涡具有明显的斜压性,涡前为暖平流,涡后为冷平流,使得冷涡强烈发展,随后加深并向南压,形成暴风雪天气。

横槽转竖型:欧亚大陆为一脊一槽型,西高东低,高压脊异常强盛,亚洲中部为一横槽,并伴有蒙古冷涡存在。当脊后有暖平流北上时,高压脊发展加强或形成阻塞高压,脊前的偏北气流也随之加强,不断引导冷空气在横槽内聚积,汇成一股极寒冷的冷空气。当长波脊的后部转变为冷平流与正涡度平流时,长波脊开始减弱,阻塞高压后部有一冷舌,弱的暖平流区移到脊前,横槽后部出现暖平流,贝加尔湖南部出现冷平流,说明冷空气已经开始向南移动。槽南压到蒙古国境内,槽前等高线疏散,冷平流及气旋式曲率明显。随后,横槽东南方产生负变高,横槽后部产生正变高,使得横槽转竖并向南加深,引导蒙古冷涡强烈发展南压,形成暴风雪天气。

上述3种暴风雪环流形势常常是与蒙古冷涡相联系的。无论是小槽发展型还是低槽东移型,其东移、发展和南压都是与蒙古冷涡的形成及发展加深相伴随的;而横槽一开始就是与蒙古冷涡伴随在一起的,横槽转竖正是蒙古冷涡逆时针强烈旋转的结果。所以,从某种意义上说,蒙古冷涡是造成包头牧区暴风雪的必要条件。

另外,全球气候变化也直接影响着包括包头地区的内蒙古气候变化特征。包头地区处于我国东部季风区、西北干旱区、青藏高原区三大自然区域中的西北干旱区,对气候变化十分敏感。

第二节　不同纬度地区气候周期波动特征

气候变化最典型的事件是厄尔尼诺,厄尔尼诺(EL Nion)是地球气候系统里信号最强、对人类影响最大的年际变化。经典的厄尔尼诺事件是指发生在赤道热带东太平洋中、东部广大海区海面温度(SST)持续异常增暖的现象。厄尔尼诺现象和拉尼娜现象已成为全球科学界研究的一大热点。拉尼娜(La Nina)是赤道太平洋中、东部SST持续异常变冷的现象。赤道太平洋与印度洋之间一边气压上升,另一边的气压往往会下降,称为"南方涛动"(Southern Oscillation),厄尔尼诺与"南方涛动"合称为ENSO。

厄尔尼诺事件可以根据其发生强度与发生位置分为三种主要类型:中心位于热带东太平洋、强度极大但发生次数很少的极端厄尔尼诺事件;中心位于热带西太平洋、强度较弱但发生较多的暖流厄尔尼诺事件;以及中心位于热带中－东太平洋、强度适中而发生最为频繁的典型厄尔尼诺事件。

1997年由于厄尔尼诺现象出现,东太平洋海水增温,在赤道上或赤道附近,印度尼西亚(干旱)出现该国有史以来最严重的森林大火,菲律宾南部(干旱)粮食大副度减产,巴西大旱使植物枯焦;在远离赤道的中高纬地区,智利、阿根廷发生10年来最严重水灾,但阿根廷玉米大丰收,澳大利亚小麦大丰收(说明雨量充足),美国东南部各州也发生了水灾。由于太平洋上的厄尔尼诺现象,大西洋上的飓风得以化解,在西北太平洋,夏季副热带高压明显比常年偏弱,因而在我国江南,夏天出现热天不热的现象。从厄尔尼诺现象的形成过程影响不同纬度上气候变化反映出来的异常现象可知,在赤道上或赤道附近地区往往出现高温干旱,而远离赤道的中高纬地区往往出现低温多雨甚至出现水灾。从大气环流的角度,这反映了在赤道上或赤道附近的大气吸收的热量增多,而远离赤道的中高纬地区大气吸收的热量减少。

在全球变暖的大气候背景下,极地高压和副热带高压变弱,致使太平洋赤道地区的偏东信风相应的减弱,可能直接导致厄尔尼诺变得比以往更加强劲,而拉尼娜则变弱。而厄尔尼诺较弱,则拉尼娜也较弱,甚至拉尼娜根本不会出现。

拉尼娜是厄尔尼诺现象的反相,也称为"反厄尔尼诺"或"冷事件",总是出现在厄尔尼诺现象之后,表现为东太平洋明显变冷,同时也伴随着全球性气候混乱。通常两种现象的持续时间为一年左右。但并不是每次厄尔尼诺出现后都伴有拉尼娜,据统计,1950~1998年厄尔尼诺出现了16次,而拉尼娜只出现了10次,甚至拉尼娜后也会出现厄尔尼诺,但一般厄尔尼诺先出现,这样就在太平洋赤道地区形成了厄尔尼诺-厄尔尼诺,厄尔尼诺-拉尼娜,厄尔尼诺-拉尼娜-厄尔尼诺的海水表层温度异常变化模式。

一、暖气候的形成及其响应

全球变暖有两个基本体现:一个是冬、夏季增温不均,冬季增温幅度比夏季大,这样就会形成连续多年的暖冬天气;另一个是高、低纬增温不均,高纬度地区比低纬度地区增温的幅度大,这就严重影响了全球温压场的变化。

高纬度地区的增温,导致极地高压势力减弱,极地高压与赤道低压之间形成的气压梯度也会随之减小,导致全球气压场、盛行风和经向环流的削弱。气压梯度减小,风力减弱,中、低纬地区集聚的热量不能很好地向高纬地区输送,全球气温普遍增高,形成明显的暖气候。

在低纬地区,由于海-气的相互作用,副热带高压的削弱,导致信风减弱或消失,流向大洋西岸的赤道暖流随之减弱,使得东岸暖水集聚而增温,并给大气加热,大气增温改下沉气流为上升气流,东部干旱地带因异常多雨使沙漠变为绿洲,甚至出现洪涝灾害;西岸因流来的暖水减少而相应降温,大气改上升气流为下降气流,降水大幅度减少则引发干旱,甚至出现森林火灾,东、西部的气压场也随之发生改变,出现所谓的"南方涛动"。在太平洋,正常情况下,太平洋赤道两侧盛行稳定的偏东信风,它将温暖的表层海水吹离南美洲沿岸,并向西流动,在赤道太平洋西部堆积,其海面比东侧高30~40 cm;在南美洲沿岸出现为补偿西去海水而形成的上升寒流,太平洋赤道地区就形成了东冷西暖的海温水平分布格局。由于太平洋赤道地区的信风减弱或消失,在海洋动力的驱动下,集聚在赤道太平洋西岸的大量暖海水必将向东回流,使中、东太平洋海面比正常年份高二三十厘米,温度比正常年份高2~5 ℃,造成海洋热状况发生巨大变化,以及太平洋赤道东西两侧气候的明显变化,南美洲西岸的热带沙漠开始大雨滂沱,大洋洲东部则干旱少雨,形成厄尔尼诺现象。在中纬地区,大陆西岸盛行西风的减弱及流经的大洋暖流势力的减弱,温带海洋气候区降水量则相应减少,降水范围变小;大陆东岸的季风区,夏季由于副热带高压势力的减弱,夏季风势力也随之减弱,影响也相应变小;大陆中部的中纬大陆性气候区范围则相应扩大。

二、冷气候的形成及其相应

暖气候形成之后,由于经向环流变弱,阻止了高、低纬之间的热量交换,从低纬地区向高纬地区输送的热量大幅度减少,而高纬地区的冷空气也不能尽快地向周边扩散,高、低纬之间的温差又会逐渐增大,导致高纬地区冷空气逐渐集聚,极地高压会越来越强大,到某一刻会达到极大值。此时,极地高压与赤道低压之间气压梯度会变得更强,导致全球气压场、盛行风和经向环流随之变强。之后可能出现三种情况:一是高、低纬之间的热量传输恢复到正常状态即准热量平衡状态,则全球气候也恢复正常。二是传输过多,高、低纬之间的温差仍然较小,则高纬增温而低纬降温,高、低纬之间热量趋于平衡。三是传输过少,高、低纬之间的温差仍然较大,气压差比正常年份大,气压梯度变大,经向环流变强,中、高纬地区大部分笼罩在冷空气之下,全球气温普遍下降,形成明显的冷气候。

在低纬地区,信风逐渐加强,大洋东岸表层暖海水被吹走,到达大洋西岸,东岸深层冷海水上翻及寒流补充,海水表面水温逐渐降低,大洋赤道地区东冷西暖的海温水平分布格局逐渐形成。由于海-气互动,东部海温低,大气受冷下沉,到达海面后西行;西部海温高,大气受热上升,到达高空后东行,形成"瓦克环流"。此时,大洋东岸因盛行下沉气流形成大范围赤道多雾干旱气候区,西部因对流旺盛而形成湿润多雨的气候区。在太平洋,副热带高压持续加强,信风强劲,太平洋赤道地区东岸的大量暖海水被吹向西岸,西岸变暖、东岸变冷,"瓦克环流"得到加强,中、东太平洋赤道地区表层海水温度持续异常变冷,比正常年份下降 0.5 ℃以上,形成拉尼娜现象。

在中纬地区,伴随冷气候的来临,大洋高压和盛行风变得愈发强劲,再加上沿岸变强暖流的影响,大陆西岸的温带海洋气候和东岸的季风气候都得到加强,降水可能就更多。

三、暖、冷气候周期对我国的影响

在暖气候或厄尔尼诺发生时,经向环流减弱,海洋对我国的影响减小,我国冬暖夏热,降水南多北少,全国普遍少雨。冬季,影响我国北方的极地大陆气团变弱,冷锋过境将会减少,会出现暖冬和少雨的天气状况;夏季,副热带高压和西太平洋热带海洋气团势力减弱,夏季风势力也随之变弱,北上速度变缓,台风登陆偏少,江淮多雨而凉爽,北方干旱而炎热。1998 年的长江流域特大洪水和华北、河套地区的严重旱情就是在这种情况下造成的。在冷气候或拉尼娜发生时,我国冬季寒冷、夏季温和,降水北多南少,降水量普遍增加。冬季,影响我国北方的极地大陆气团变强,寒冷的偏北气流盛行,寒潮、大风、扬尘出现频繁,渤海、黄海冰情偏重;夏季,太平洋高压强劲,西太平洋暖海水堆积,水温偏高,热带海洋气团势力加强,推移迅速,北方降水偏多,南方多台风雨。2012 年的冷冬多雨就是冷气候的产物。

综上所述,在全球变暖的大气候背景下,暖气候持续的时间明显比冷气候持续的时间要长,而且即便是冷气候因全球变暖而寒冷的程度要削弱很多,即暖气候、冷气候都将变暖。

由于地球上大陆主要集中在中纬地区,暖气候使得大洋对这一地区的影响大大减弱,这里包括:一是从大洋吹向大陆的气流势力降低,一是影响大陆的暖流势力也随之下降等原因,因此降水比以往也将会减少;再加上暖气候使蒸发量增加,大气的饱和度提升,空气的持水能力增强,降水将会进一步减少。可以说全球变暖也就意味着全球变干。

厄尔尼诺和拉尼娜一样,都属于地区性的海水异常变化现象,是全球变暖导致了这两种现象的产生,是暖、冷气候最典型的、最明显的反映。由于全球温度、气压场、盛行风等多方面的变化,全球各地的气候也将出现各种异常,甚至出现许多极端的天气现象。当然这种气候异常也直接影响着内蒙古中部及包头地区的气候异常。

四、ENSO 事件与内蒙古地区气候变化的关系

近 50 年来,厄尔尼诺、拉尼娜事件的发生具有周期波动的特点,波动周期为 2～7 年。其中,厄尔尼诺事件发生强度高峰期有 3 次,分别是 1982～1983 年、1986～1987 年、1997 年;拉尼娜事件发生强度高峰期出现了 4 次,分别是 1973～1975 年、1988～1989 年、1998～2000年、2007～2008 年。总体来看,厄尔尼诺事件发生的强度小于拉尼娜事件发生的强度。

近 50 年来,发生的 ENSO 事件和内蒙古地区主要城市呼和浩特、包头、集宁、赤峰、通辽、临河、东胜、海拉尔等气象观测站年降水量、气温统计数据证实,内蒙古地区近 50 年来非 ENSO 事件年份平均降水量为 350.51 mm,厄尔尼诺事件发生年平均降水量为 319.06 mm,拉尼娜事件发生年平均降水量为 335.82 mm。这说明 ENSO 事件都使内蒙古地区降水量明显减少。在拉尼娜事件发生年,我国北方地区降水量通常会增加,而在内蒙古地区则呈减少特点;内蒙古地区近 50 年来非 ENSO 事件年平均气温为 5.55 ℃,所有厄尔尼诺发生年的平均气温为 5.75 ℃,所有拉尼娜发生年的平均气温为 5.77 ℃。厄尔尼诺发生年的平均气温比非ENSO事件年的平均气温高出 0.12 ℃,拉尼娜事件发生年的平均气温比非 ENSO 事件年的平均气温高出 0.22 ℃,可见 ENSO 事件使内蒙古地区的气温升高。

内蒙古地区近 50 年来共发生重旱级以上旱灾(包括重旱)37 年次,其中有 16 年次旱灾年发生厄尔尼诺事件,旱灾年份发生厄尔尼诺事件的概率为 0.43;有 12 年次旱灾年发生拉尼娜事件,旱灾年份发生拉尼娜事件的概率为 0.32;其余 9 年次旱灾年为非 ENSO 事件年(非厄尔尼诺且非拉尼娜年)。由于 ENSO 事件对内蒙古地区降水量的减少有着明显影响,因此 ENSO 事件的发生增加了干旱灾害发生的可能性,且厄尔尼诺事件发生年暴发干旱灾害的概率比拉尼娜事件年概率更高。

第三节 气候变化与国家安全

将气候变化与国家安全联系起来,探讨气候变化对国家安全的影响是近年来全球气候变化议题发展的新趋势,这反映出国际社会对气候变化问题的认识进一步扩展和深化。

一、美国的专题研究成果

美国是一个具有深厚安全战略研究传统的国家,早在 20 世纪 70 年代,美国就将环境与国家安全的研究挂钩。最近几年美国明确将气候变化与国家安全联系起来,系统研究气候变化对国家安全的影响。2003 年 10 月,美国国防部出资 10 万美元,委托美国全球

商业网络咨询公司完成了一份题为《气候突变的情景及其对美国国家安全的意义》的秘密报告。2004年2月该报告曝光，引起世界舆论的普遍关注，成为美国气候变化与国家安全研究的先声。2005年的卡特里纳飓风重创美国，气候变化议题吸引了更多美国人的眼球。美国政府、学界以及智库加大了对气候变化与国家安全的研究力度，一系列研究报告和学术论文相继面世。其中具有代表性的研究成果有：2007年4月由一批美国退役高级将领组成的美国海军分析中心军事咨询委员会发表的报告——《国家安全与气候变化威胁》、2007年11月美国战略与国际问题研究中心和美国新安全研究中心推出的报告《后果降临的年代：全球气候变化对外交政策和国家安全的含义》、2007年11月美国对外关系委员会推出的报告《气候变化与国家安全：一份行动纲领》、2008年6月美国国家情报委员会在美国16个主要情报机构的共同支持下完成的一份关于气候变化对国家安全影响的秘密评估报告（部分结论已经公开）以及2008年秋季美国德克萨斯大学学者布斯比（Joshua W. Busby）在《安全研究》杂志发表的题为《谁关注气候？气候变化与美国国家安全》的论文等。目前，探讨气候变化对国家安全的影响已逐渐成为美国政府、智库和国际关系学界研究的热门课题。

美国的研究报告《国家安全与气候变化威胁》认为，气候变化对美国国家安全构成严重威胁，主要表现在3个方面。第一，气候变化威胁美国的生活方式。极端气候事件、洪涝灾害、海平面上升、冰川后退、生物栖息地的改变以及威胁生命的疾病的快速传播可能破坏美国的生活方式并强行改变其维护自身安全的方式。第二，气候变化导致其他地区的不稳定，使美国可能更多地卷入地区冲突。第三，气候变化威胁美国内部的稳定。欧洲和美国都将受到国外由粮食减产、干旱等引起的移民潮和难民潮的影响。在反恐问题上，气候变化将拖长反恐战争，因为气候变化会导致更多贫困、失业和环境难民，而这正是恐怖主义发展的条件。反恐不如防恐，防止气候变化实际上是在源头上防止恐怖主义的产生和发展。

美国的研究报告《后果降临的年代：全球气候变化对外交政策和国家安全的含义》探讨了不同情景下气候变化对国际和美国安全的影响，并从全球角度和地缘政治层面总结了十大结论：软实力问题将更突出，南北之间的紧张关系将加剧；国内和跨境移民将增加，由此产生严重的不良后果；公共卫生问题日趋严重；资源冲突和脆弱性将增加；核活动及其风险将增加；全球治理面临的挑战将大增；国内政治动荡和国家失败现象将出现；均势将以一种无法预测的方式发生变化；中国的作用至关重要；美国必须积极应对气候变化。

虽然与大多数国家相比，美国受气候变化的影响较小，在应对气候变化方面的条件也更好，甚至农业产量的增加会带来收益，但基础设施的维修和重建的代价将是高昂的。气候变化对美国最大的影响将是间接的，来自气候变化对其他国家产生影响的后果。这些后果可能严重影响美国的国家安全利益。展望2030年，气候变化不可能单独引发国家失败，但其影响将使现存的问题，如贫困、社会冲突、环境恶化、政治制度脆弱等更加严重。气候变化可能威胁一些国家的国内稳定，特别是围绕如何获得日益匮乏的水资源，可能对国内冲突甚至国际冲突造成潜在影响。由于气候条件恶劣，国内移民和从穷国到富国的移民现象可能增加。具体而言，在美国国内，应对阿拉斯加的冰雪融化、西南部的水资源短缺、东海岸和墨西哥湾沿岸地区的暴风雨等，需要付出高昂的代价对基础设施进行修补、升级和调整。气候变暖将在夏季造成更多的火灾。当前的基础设施设计标准和施工准则都不足以应对气候变化。美国沿海的不少军事设施将受到暴风雨的影响,其中包括20多个核设施及无数的加工厂;美驻非洲司令部将面临非常复杂的救援行动,还将面临来自南美更大的移民压力。气候变化将导致更多的人道主义灾难,国际社会的应对能力将日益减弱。美国将受到更大压力来采取更多的军事救援行动,从而对美军的战备造成影响。今后,环境和人权非政府组织可能要求将难民身份扩大到包括因环境和气候变化导致的移民,这会对美国的稳定产生影响。另外,发展中国家可能要求修改世界贸易组织知识产权协议,复制发达国家的绿色技术。在多边场合,要求美国承担领导责任的呼声越来越高,美国在全球的领导地位越来越取决于美国能在多大程度上团结各国在应对气候变化方面采取协调行动。

二、气候变化对我国国家安全的影响

严重的自然灾害直接影响国家安全的案例,在我国历史上可见一斑。比如我国明朝末期,500年一遇的干旱持续10年,使黄土高原地区生存环境严重恶化,再加上官场腐败,民不聊生,哀鸿遍野,可以说"官逼民反,民不得不反",直接导致了明王朝的崩溃。

气候变化对我国社会经济系统带来的关键影响主要表现在造成基础设施的损毁、重要资源的缺失以及威胁人民生命财产安全三个方面。气候变化通过加剧我国水、粮食、能源和土地等基础资源短缺及增加极端天气事件的出现频率和强度,对人民生存质量及生命财产造成直接损害。气候变化本身及其产生的社会经济影响与国家现有社会本身的地缘政治压力相互作用,产生广泛的安全后果。气候变化通过降低人民生存质量而影响社会和地区稳定,进而对国家安全造成影响;气候变化对军队和国防建设的负面影响正在凸显;海平面上升通过改变我国的海洋边界和能源通道格局来对领土主权及海洋权益造成威胁。

有关气候变化对我国国家安全的影响,需要进一步开展更加专业、更加细致的研究。

第四节　气象、气候户外实习内容

一、实习目的

气象观测实习是气象与气候学教学的重要环节,它既是课堂教学的补充和实践,也是培养学生良好科研品质的重要途径。作为未来的中学地理教师,通过"气象学与气候学"的学习,除能胜任中学地理教学中有关气象、气候部分的教学任务外,还应能带领中学生进行课外气象观测等课外气象活动。因此,气象观测实习可以培养学生进行课外气象活动的能力,为成为一名合格的中学地理教师打下坚实的基础。

二、实习区域

包头师范学院校园。

三、观测地点

包头气象台和包头师范学院资源与环境学院联合建设的气象园。

四、实习内容

主要观测的内容有:风向,风速,空气相对湿度,地表温度,地中 5 cm、10 cm、15 cm、20 cm 温度等的观测与记录,并对各种气候做相应分析。

五、实习过程

(一)仪器准备

测地温仪器:普通地面温度表、最高温度表、最低温度表、曲管温度表。

测大气温湿仪器:通风干湿表。

测风仪器:轻便三杯风向风速表。

辅助仪器:高度表、罗盘仪、铁锹、手电筒等。

仪器备品:湿球纱布、橡皮囊、玻璃滴管、防风罩、蒸馏水、剪刀等。

文具备品:笔、纸和直尺等。

普通野外装备用品:电筒、电池

(二)仪器安装

(1)地温表的安装:地面三只温度表水平平行安放在地面上,从南向北依次为地面普通、地面最低、地面最高。相互间隔 5 cm,温度表感应球部朝东。

(2)曲管地温表的安装:在地面最低温度表的西边约 20 cm 处,按 5 cm、10 cm、15 cm、20 cm 的顺序由东向西排列,感应部分朝北,间隔 10 cm,表身与地面成 45°夹角。

(3)干湿球温度表:在一端安装一段纱布,在观测时在纱布上滴水并将仪器挂于树上稳妥处。

(三)观测程序

43～45 分观测云状、云量、日光情况,45～47 分观测降水,47～09 分观测干、湿球温度,09～11 分观测地面温度,11～16 分观测风向、风速,16～19 分观测蒸发,19～21 分观测气压。

六、观测结果与分析

根据各小组观察数据的汇总,将数据整理成图表形式加以总结。

第十三章　野外水文实习内容设计

第一节　野外水文专题实习观测内容设计

水圈的组成、结构、运动与特征,通常是通过水文测验来揭示的。水文测验是水文理论研究、地理环境研究和水文工作的基础。水文测验的任务是设立水文测站,进行长期的观测。结合水文调查,收集、整理成精确的、具有代表性的基本水文资料,经过审查、整编,形成整套的水文年鉴(水文资料)供有关部门使用,并进行水文特征统计分析等。这是国家一项重要的基础信息工作。

水文测站的主要测验项目有降水量、水位、流量、泥沙、蒸发、地下水、水温、冰情、水化学等,其中水位和流量是江河湖库水文现象的两个基本要素。作为教学实习,主要通过河流和湖泊等水体的水位、流量、泥沙和物理性质等要素的观测或测验,了解河流和湖泊等水体的水位、流量、泥沙、水温等测验的一般过程和资料的获取与处理。

观测站的水位流量关系往往受其断面河段的水力要素所控制,选择测站控制较好的地点,水位流量关系就较稳定,测验也较准确省事。

实习一　水文站认识

实习开始,先认识实习所在水文站的基本情况,包括该站主要的测验项目、测验对象、测验场所及所用的测验方法等。该实习主要以参观为主,由实习所在水文站工作人员给学生讲解,预计时间为 1 天。由于降水及蒸发观测较为简单,通过参观、讲解就能较快掌握,故将降水及蒸发观测列入水文站认识这一项目中。

一、降水的观测

河水来源于降水。我国大部分地区的降水以降雨为主,北方地区冬季以降雪为主。降水量以降落在地面上的雨或雪、雹等融化后的深度表示,以 mm 为单位。降水量可用器测法、雷达探测和利用气象卫星云图估算,在基层水文站一般用器测法来测量降水量。器测法是观测降水量最常用的方法,观测仪器通常有雨量器和自记雨量计。

(一)雨量器

雨量器是直接观测降水量的器具。它是一个圆柱形金属筒,由承雨器、漏斗、储水瓶和雨量杯组成,如图 13-1 所示。承雨器口径为 20 cm,安装时器口一般距地面 70 cm,筒口保持水平。雨量器下部放储水瓶收集雨水。观测时将雨量器里的储水瓶迅速取出,换上空的储水瓶,然后用特制的雨量杯测定储水瓶中收集的雨水,分辨率为 0.1 mm。当降雪时,仅用外筒作为承雪器具,待雪融化后计算降水量。

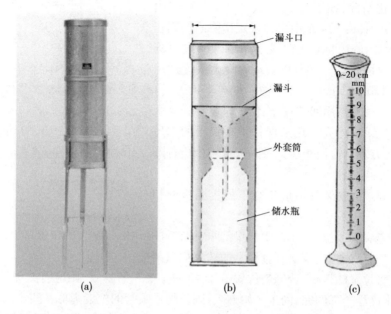

(a)   (b)   (c)

图 13-1　雨量器

　　用雨量器观测降水量的方法一般是采用分段定时观测,即把一天分成几个等长度的时段,如分成 4 段(每段 6 h)或分成 8 段(每段 3 h)等,分段数目根据需要和可能而定。一般采用 2 段制进行观测,即每日 8 时及 20 时各观测一次,雨季增加观测段次,雨量大时还需加测。日雨量是以每天 8 时作为分界,将本日 8 时至次日 8 时的降水量作为本日的降水量。

　　(二)自记雨量计

　　自记雨量计是观测降雨过程的自记仪器。常用的自记雨量计有三种类型:称重式、虹吸式(浮子式)和翻斗式。称重式雨量计能够测量各种类型的降水,其余两种基本上只限于观测降雨。按记录周期分有日记、周记、月记和年记之分。在传递方式上,已研制出有线远传和无线远传(遥测)的雨量计。

　　(1)称重式:这种仪器可以连续记录接雨杯上的以及储积在其内的降水的质量。记录方式可以用机械发条装置或平衡锤系统,降水时将全部降水量的质量如数记录下来。这种仪器的优点在于能够记录雪、冰雹及雨雪混合降水。

　　(2)虹吸式:虹吸式自记雨量计是常用的降水自记仪器,它能连续记录液体降水量和降水时数,从降水记录上还可以了解降水强度。日记型虹吸式雨量计是由承水器、浮子室、自记钟、外壳所组成的,见图 13-2。承水器的承水口直径为 200 mm,降水由承水口进入经下部的漏斗汇集,注入小漏斗,导至浮子室。浮子室是由一个圆筒内装浮子组成的,浮子随着注入雨水的增加而上升,并带动自记笔在附有时钟的转筒上的记录纸上画出曲线。记录纸上纵坐标记录雨量,横坐标由自记钟驱动,表示时间。当雨量达到 10 mm 时,浮子室内水面上升到与浮子室连通的虹吸管顶端即自行虹吸,将浮子室内的雨水排入储水瓶,同时自记笔在记录纸上垂直下跌至零线位置,以后随雨水的增加而上升,如此往返持续记录降雨过程。记录纸上记录下来的曲线是累积曲线,既表示雨量的大小,又表示降

· 167 ·

雨过程的变化情况,曲线的坡度表示降雨强度。因此,从自记雨量计的记录纸上可以确定出降雨的起止时间、雨量大小、降雨量累积曲线、降雨强度变化过程等。虹吸式雨量计分辨率为 0.1 mm,降雨强度适用范围 0.01~4.0 mm/min。自记钟固定在座板上,自记钟筒由钟机推动作用回转运动,使记录笔在记录纸上作出降水记录。外壳是用来保护整个仪器的。另外,在门上装有观测窗便于在记录降水过程中检查降水及记录情况。

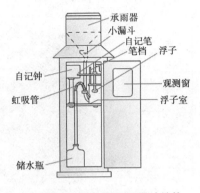

图 13-2　虹吸式自记雨量计结构

虹吸式雨量计安装好后应进行下列主要检查和校正:

①校正笔尖零线位置:往接水器里倒水,检查虹吸作用后笔尖的位置是否恰在自记纸的零线上。如有误差,应该松开直杆上的螺丝加以调整。

②虹吸管位置的检查:若笔尖位置低于 10 mm 就开始虹吸,则应将虹吸管的位置适当抬高;若水已经全部倒完,尚未开始虹吸,则应将虹吸管的位置降低一些。

③虹吸作用的检查:虹吸历时应在 20 s 以内,虹吸时,管内不应出现气泡,一般发生这种情况,都是因为虹吸管与容器接头处有空隙,应更换橡皮圈或涂白蜡。

(3)翻斗式:是由感应器及信号记录器组成的遥测雨量仪器,感应器由承雨器、上翻斗、计量翻斗、计数翻斗、干簧开关等构成;记录器由计数器、记录笔、自记钟、控制线路板等构成,如图 13-3 所示。其工作原理为:下雨时,雨水落入接水漏斗,经漏斗口流入翻斗的右斗,当积水量达到 0.1 mm(指平地积水量 0.1 mm 深),翻斗失去平衡,向右边倒,在右斗倒掉雨水的同时,左斗开始接水,积水量达到 0.1 mm 时,翻斗又倒向左边。若雨下落不停,翻斗就连续翻动。每一次翻斗倾倒,都使开关接通电路,向记录器输送一个脉冲信号,记录器控制自记笔将雨量记录下来,如此往复即可将降雨过程测量下来。自记记录 100 次后,将自动从上到下落到自记纸的零线位置,再重新开始记录。由于翻斗每次翻动需要的雨水量是固定的,翻斗式雨量计分辨率为 0.1 mm,降雨强度适用范围在 4.0 mm/min 以内,知道了翻斗翻动次数,就可以知道降雨量了。称重式、虹吸式和翻斗式雨量计的记录系统可以将机械记录装置的运动变换成电信号,用导线或无线电信号传到控制中心的接收器,实现有线远传或无线遥测。

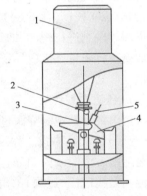

1—承雨器;2—浮球;3—小钩;
4—翻斗;5—舌簧管
图 13-3　翻斗式遥测雨量计

二、蒸散发的观测

蒸散发是水文循环中自降水到达地面后由液态或固态转化为水汽返回大气的现象,是水面和陆面与大气之间的水量交换的形式之一。陆地上一年的降水约 66% 通过蒸散发返回大气,由此可见蒸散发是水文循环的重要环节。而对径流形成来说,蒸散发则是一种损失。蒸散发在水量平衡研究和水利工程规划中是不可忽视的影响因素。

水由液态或固态转化为气态的过程称为蒸发,被植物根系吸收的水分,经植物的茎叶散逸到大气中的过程称为散发或蒸腾。蒸散发是发生在具有水分子的物体表面上的一种分子运动现象。具有水分子的物体表面如江河、湖泊、水库等称为蒸发面,自然界的蒸发面有各种形态,性质各不相同,因而蒸散发也分为不同的类型。蒸发面为水面时称为水面蒸发;蒸发面为土壤表面时称为土壤蒸发;蒸发面是植物茎叶则称为植物散发。由于植物是生长在土壤中的,植物散发与植物所生长的土壤上的蒸发总是同时存在的,通常将二者合称为陆面蒸发。流域的表面一般包括水面、土壤和植物覆盖等,当把流域作为一个整体时,则发生在这一蒸发面上的蒸发称为流域总蒸发或流域蒸散发,它是流域内各类蒸发的总和。在基层水文站主要观测水面蒸发。

(一)水面蒸发观测

蒸发是水循环过程中的一个重要环节,是水库、湖泊等水量损失的一部分。水面蒸发是蒸发中最简单的一种,由于它是在蒸发面充分供水情况下的蒸发,此时影响蒸发的因素较少,主要是温度、湿度、风等气象因素。一定口径蒸发器内的水,经过一段时间因蒸发而消耗的深度,称为蒸发量。蒸发量以 mm 为单位,取至小数点后一位。确定水面蒸发量的大小,在基层水文站通常用器测法。

1. 器测法

器测法是应用蒸发器或蒸发池直接观测水面蒸发量。我国水文和气象部门采用的水面蒸发器有 E601 型蒸发器、口径为 80 cm 带套盆的蒸发器、口径为 20 cm 的蒸发皿以及水面面积为 20 m^2 和 100 m^2 的大型蒸发池。其中,E601 型蒸发器是口径为 60 cm 的埋在地表下的带套盆的蒸发器,其内盆面积 300 cm^2,如图 13-4 所示。这种蒸发器稳定性较好,是目前水文部门观测水面蒸发普遍采用的标准仪器。冰期用 E601 或 80 cm 口径蒸发器,观测有困难时,可用 20 cm 口径蒸发皿观测。专门进行水面蒸发研究的蒸发试验站,为了更接近自然水体,使用 20 m^2 或 100 m^2 的大型蒸发池进行水面蒸发的观测。蒸发量每日 8 时观测一次,以 8 时为日分界,得蒸发器 1 日(今日 8 时至次日 8 时)的蒸发水深,即日水面蒸发量。1 月中每日蒸发量之和为月蒸发量;1 年中每日蒸发量的总和为年蒸发量。

1)小型蒸发器

小型蒸发器为一口径 20 cm、高约 10 cm 的金属圆盆,口缘镶有内直外斜的刀刃形铜圈,器旁有一倒水小嘴,为了防止鸟兽饮水,器口附有一个上端向外张开成喇叭状的金属丝网圈。

小型蒸发器安置在雨量筒附近,终日能够受到阳光照射的地方。要求器口水平,口缘距地面的高度为 70 cm。

蒸发量的测定一般是前一日 8 时以专用量杯量清水 20 mm(原量)倒入器内,24 h 后即当日 8 时,再量器内的水量(余量),其减小的量为蒸发量,即

$$蒸发量 = 原量 - 余量$$

若前一日 8 时至当日 8 时有降水,则计算式为

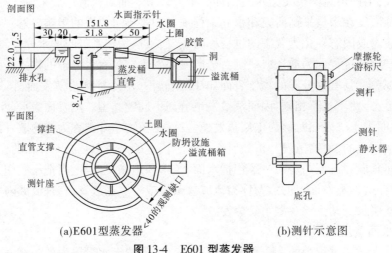

图 13-4　E601 型蒸发器

$$蒸发量 = 原量 + 降水量 - 余量$$

2）E601 型蒸发器

E601 型蒸发器主要由蒸发桶、水圈、溢流桶和测针等四部分组成。E601 型蒸发器埋入地下,使仪器内水体和器外土壤之间的热交换较接近自然水体的情况。其水圈的作用不仅有助于减轻溅水对蒸发的影响,而且起到了增大蒸发器面积的作用,溢流桶用来接因暴雨而由蒸发桶溢出的水量,测针专用于测量蒸发器水面高度,整个测针在使用时套到蒸发桶中的测针座上,测针上有划分到毫米的刻度,并装有游标尺,可使读数读到 0.1 mm。测杆上有针尖,用摩擦轮升降测针,可使针尖上下移动对准水面。针尖的外围水面上套一杯形静水器,器底有孔,使水内外相通,用固定螺丝与插杆相连,且能上下调整水器的位置,恰使静水器底没入水中。用测针观测读数读到 0.1 mm,每次观测应测量 2 次,在第一次读数后,应使测针的插杆转一个角度(小于 180°)再读第二次,两次读数之差如果不大于 0.2 mm,即取其平均值,否则应重测。

使用 E601 型蒸发器时蒸发量的计算为

$$E = P + (H_1 - H_2) - CH_3$$

式中:E 为日蒸发量;P 为日累积降雨量;H_1、H_2 分别为上次和本次测得的蒸发器内水面高度;H_3 为溢流桶内的水深;C 为溢流桶与蒸发器面积的比值。

由于蒸发器的蒸发面积远较天然水体小,其受热条件、上空的湿度以及风力的影响等与大水体有显著的差异,测得的蒸发量与江河、湖泊、水库等自然水体的蒸发量有一定的差别,所以蒸发器观测的数值不能直接作为大水体的水面蒸发值,必须通过折算才能求出自然水面的实际蒸发量。据研究,当蒸发池的直径大于 3.5 m 时,其蒸发量与天然水体较为接近,因此可用 20 m² 或 100 m² 的大型蒸发池的蒸发量与蒸发器的蒸发量之比作为折算系数 K。

实际资料分析表明,E601 型蒸发器测得的蒸发量接近天然,其折算系数常在 1.00 附近,而 80 cm 蒸发器及 20 cm 蒸发皿的折算系数一般小于 1.00,折算系数 K 随着蒸发器直径而变,也与蒸发器的类型、季节变化、地理位置等因素有关。实际工作中,应根据当地实测资料分析。水文年鉴中所刊布的蒸发资料是蒸发器的观测资料,使用时应注意蒸发器的型号,并进行折算。

2. 间接计算法

间接计算法是利用气象或水文观测资料间接推算蒸发量,方法有水汽输送法、热量平衡法、彭曼法、水量平衡法、经验公式等。这些方法需要专门的气象或水文观测资料,在实际工作中往往难以获得,因而除专门研究外,较少采用。

三、应提交的实习成果

本实习项目要求每个实习大队在进驻水文站后第一天完成,需要提交的成果要求如下:

通过参观、介绍,用表格将实习水文站的基本情况记录下来,主要内容包括实习水文站名、位置、建站时间、测验对象、测验项目及其对应的测验设备、测验方法以及资料系列长。

实习二　水文资料整编

水文资料整编是对原始的水文资料按科学方法和统一规格,分析、统计、审核、汇编、刊印或储存等工作的总称。水文测验和水文调查所得的原始资料,篇幅浩繁,只有一份,有些资料在时间上是离散的,不能满足使用要求,只有经过审核、查证,按照统一的标准和规格,整理成系统的简明的图表,汇编成水文年鉴或其他形式,才便于使用。此外,通过水文资料整编,还可以发现水文测验技术上存在的问题。

整编成果用表格表示,主要表式有反映逐日数值及月年统计值的逐日表、反映实测内容的实测成果表、反映瞬时变化过程的摘录表,以及考证资料、综合图表等。

一、整编程序

资料整编工作的程序一般包括考证、定线(只有流量、泥沙、水质等项目有此内容)、制表、合理性检查等。

(一)考证

查证和订正水文测站有关水文测验的基本情况,作为选择整编方法和使用资料的依据。这些情况包括:测站地点及所属水系、流域特征、测验河段特性、水准基面、水准点、水尺零点高程及其变动情况、地下水测井所测含水层的情况、各项目主要测验仪器的型号、主要测验方法等。考证的成果用测站说明表及位置图、测站一览表和在各种表头上的标注等形式,载入水文年鉴。

(二)定线

定线指按照整编需要,根据实测资料,确定两个水文要素间的关系曲线,作为用一个要素的资料去推算另一个要素的依据。例如,流量测验一般是间断地而不是连续地进行的。为了取得连续的流量资料,就要在整编时定出水位流量关系曲线,然后用连续观测的水位资料,通过水位流量关系曲线推算成连续的流量资料。同样,对悬移质含沙量资料,要定出单样含沙量(即代表含沙量或标志含沙量)与断面平均含沙量的关系线;对推移质输沙率的资料,要定出断面平均流速(或流量)与推移质输沙率的关系线;对水质资料,有时要定出流量与离子流量的关系线,作为用前一要素推算后一要素的依据。其他如水位—面积、水位—流速、水位—库容等关系曲线,在整编中也都是常用的辅助工作曲线。有些关系是稳定的,定线工作比较简单。但在天然江河中,许多测站的关系是不稳定的,这时要查清不稳定的原因,正确处理。有时,可以增加一个水力因素参数,建立三变量之间的稳定关系,如测站水面比降经常变动,可以用附近河段的水面落差作为参数,建立水位、落差与流量的稳定关系,这类方法称为水力因素型方法或称单值化处理。那些不能做单值化处理的,则只能把两要素的关系看作时间的函数来处理。例如,可以在关系图上按时间顺序绘出绳套形曲线,这类方法称为时序型方法。它要求测量次数足够多,能反映出关系的变化过程。

(三)制表

按照统一规格编制水文年鉴的刊印底表。工作内容包括逐日总量或均值的计算,月、年总量、均值、极值的统计等。极值统计一般为挑选月、年最高、最低或最大、最小值。对降水量资料来说,还要统计不同时段(从若干分钟到若干天)的最大降水量。

(四)合理性检查

利用各种图表来检验整理成果是否符合水文要素的变化规律,以便发现和处理差错。这种检查分为单站合理性检查,如水位过程线连续性的检查,本站水位、流量、输沙率过程线对照,历年同类关系曲线对照等;综合合理性检查如相邻测站逐日降水量对照,上下游流量对照,输沙率过程线对照,上下游干支流月、年平均流量或输沙率的平衡检查等。

二、整编软件

南方片"水文资料整汇编"SHDP1.0(以下简称SHDP1.0)由长江水利委员会水文局负责,长江中游水文水资源勘测局组织开发,本软件符合《水文资料整编规范》(SL 247—1999)。目前,国内大部分水文局都开始使用该软件进行水文资料整编。

(一)主要功能

1. GIS 管理功能

GIS 平台主要管理五个片区的图形、属性、图像、文本数据,能够实现测站点的增加、删除、修改、编辑、信息查询等功能,实现流域、河流、湖泊、水库等的空间和属性的管理和查询功能,实现曲线及图形绘制,实现图形的中心放大、开窗放大、缩小、漫游、全图显示等,具有面积量算和长度量算等的功能,实现 DXF 文件格式的导出,以及 MIF 文件格式的导入、导出、转换和转储的功能。

2. 水文资料整汇编

在本系统平台下,实现整编数据录入、河道站水位流量含沙量整编、堰闸水位流量含沙量整编、潮水位整编、颗粒级配分析计算整编、降水量整编和固态存储水位降水数据处理以及汇编等模块。

河道站水位、流量、悬移质输沙率、含沙量整编:适用于天然河道或渠道上的水位站、水文站的水位、流量、悬移质输沙率、含沙量资料整编。其整编成果按规范要求形成各种数据文件,并录入水文数据库。

堰闸(水库)站水位、流量、悬移质输沙率、含沙量资料整编:适用于水库、堰闸、涵管等水工建筑物上的水位站、水文站的水位、流量、悬移质输沙率、含沙量资料整编。其整编成果按规范要求形成各种数据文件,并录入水文数据库。

潮位资料整编:适用于不同类型的潮位站的潮位资料整编。其整编成果按规范要求形成逐潮高低潮位表、潮位月年统计表数据文件,并录入水文数据库。

降水量资料整编:适用于全年或汛期观测的降水量资料整编。其整编成果按规范要求形成逐日降水量、降水量摘录、各时段最大降水量表(1)、各时段最大降水量表(2)等成果数据文件,并录入水文数据库。

悬移质泥沙颗粒级配计算整编:主要用于悬移质颗粒分析原始计算和泥沙颗粒级配整编计算。其中,原始计算部分包括点配、垂配和断配计算,涉及分析方法有粒径计、吸管、离心沉降法等;计算方法有混合法、积点法、十字线法和分层混合法等。整编部分包括月年平均级配计算和月年平均粒径计算,形成该站年的实测悬移质颗粒级配成果表和月年平均颗粒级配成果表,并录入水文数据库。

图形处理:实现逐日平均综合过程线、瞬时水位流量含沙对照、断面图、上下游水位过程线对照等图形显示;水位流量关系曲线、单沙断沙关系曲线定线功能。水位流量、单沙断沙关系曲线定线软件建立了关系曲线定线管理平台,能对图形进行平移、缩放等操作,实现单一或绳套关系曲线的拟合及图形生成,提供了多种图形编辑的方法,实时计算并显示定线误差,提供不同比例及图幅大小的图形打印及 DXF 文件格式导出,其计算成果按规范要求形成各种数据文件,并录入水文数据库。

整编表项输入输出:录入水文整编综合数据;输出各种水文整编成果。

汇编:输出汇编数据文件格式,按照中华人民共和国《水文年鉴》排版系统 R1989—2003 的输入数据文件标准格式(纯文本),从水文数据库输出形成排版系统所需要的格式。

3. 水文资料整编报表输出

水文资料整编报表输出可以以测站为对象,实现某一年份 GIS 数据库和水文资料数据库的链接,自动生成河道水位站报表、河道水文站报表、堰闸站报表、潮位站报表、颗粒级配分析计算的整编报表、水温整编报表、水面蒸发整编报表等。数据格式以水文年鉴刊印本的格式要求为准,同时按相应的输出规范输出文本文件,并将这些报表以图像(jpg或 bmp)格式保存下来,用于多媒体展示。

4. 测站水文要素相关性图形显示

测站水文要素相关性图形显示主要包括单站不同项目过程线显示输出、大断面图形不同测次的显示、相邻测站(最多4个)统一项目日平均或瞬时过程线图形分色显示等。

5. 系统安全设置

系统通过权限数据库,以及登陆系统时采用的方式,确定用户类型,并自动更新菜单以及与权限相关联的内容,从而保证系统各级用户使用自己职责内的功能。

(二)系统数据内容和数据结构

空间数据结构是 GIS 的基石,GIS 就是通过这种地理空间结构建立地理图形的空间数据模型并定义各空间数据之间的关系,从而实现空间数据和属性数据的结合。本系统数据内容主要包括原始数据库、GIS 平台数据库、中间数据库和成果数据库。

原始数据库采用 Access2000 数据库,水文数据库沿用 HDP1.0 版数据库(有修改),数据库的表结构采用《全国水文数据库表结构方案3.0版》。

GIS 平台数据库采取的空间数据结构是基于空间实体和空间索引相结合的结构。空间实体是地理图形的抽象模型,主要包括点、线、面三种类型。任何点、线、面实体都可以用直角坐标点来表示。点可以表示成一组坐标 (X,Y),对于线和面,则均被表示成多组坐标 $(X_1,Y_1;X_2,Y_2;\cdots;X_n,Y_n)$。空间索引是查询空间实体的一种机制,通过空间索引,就能够以尽量快的速度查询到给定坐标范围内的空间实体及其所对应的数据。GIS 平台数据库的空间数据结构是一种分层存放的结构。用户可以通过图形分层技术,根据自己的需求或一定的标准对各种空间实体进行分层组合,将一张地图分成不同图层。采用这种分层存放的结构,可以提高图形的搜索速度,便于各种不同数据的灵活调用、更新和管理。

GIS 平台数据库结合我国南方片的水文资源实际情况和水文局业务科室办公的需要,并参考国家有关规定,确定了南方片水文资料整汇编信息系统中 GIS 平台数据库的基本内容。点状类型:测站点、地级市以上城市等;线状类型:河堤、流向、公路、铁路等;面状类型:河流、水库、湖泊、境界等。对于不同数据类型,分别建立图层。

(三)系统结构

基于 GIS 的水文资料整编信息系统需把 GIS、数据库和各专业功能模型集成为一个整体。系统空间数据和属性数据库之间存在动态关联,利用图形库与关系数据库系统之间的动态连接,使用户在查询图形库时,可直接查询到与之相连的关系数据库中的内容,动态地获取数据库中的有关信息。当进行属性查询时,可直接搜索、定位到地图,将数据图表与地图对应起来,同时还具有数据分析的功能,可将属性数据(水文数据)的图表(过程线等)与地图合成起来,突出测量数据的地理分布特征。

(四)系统特点

(1)水文资料整汇编信息系统具有处理信息数据和空间数据的功能。

(2)水文资料整汇编信息系统将水文数据处理由单一的表格化转向地理化、图像化、报表化。

(3)水文资料整汇编信息系统提供了地理化、图形化空间动态跟踪水文现象的能力。

(4)水文资料整汇编信息系统的实现将推动水文数字地球(HDE)的发展。水文数字地球(HDE)是将水文信息按地理坐标集成,构筑全球水文信息模型,以全新方式处理水文各种问题,与其他信息相融合,为解决水文难题提供崭新的途径。

随着 GIS 应用的深入与发展,GIS 受到越来越多的重视,GIS 技术的发展为水文资料整汇编信息系统开发提供了机遇。水文资料整汇编信息系统是基于 GIS、面向应用的管理系统,可提供集成化的、历史化的数据管理功能,支持综合性的数据分析和应用分析。本系统的设计充分考虑了用户对数据查询、分析的需求,又考虑到 GIS、MIS 各自的长处,提出了基于 GIS 的资料整编、分析和计算模式,为水文资料的管理提供了充分的数据资料和成熟的数据管理模式,以及实用模式,系统软件具备通用功能,可为工程的建设和科研项目的开展提供及时、准确的技术支持。

三、应提交的实习成果

本实习项目要求每个实习组必须完成,需要提交的成果要求如下:

实习期间,各水文站会给每个同学一年的水文原始数据,要求利用南方片"水文资料整汇编"软件进行整编。实习结束后,将整编成果打印出来上交。

实习三　水位观测

一、实习目的与要求

水位观测的目的主要有以下两方面:第一,水位是进行水利工程建设,如防汛、航运、给水、灌溉、排水、桥梁、码头等建筑物的设计和水面比降的研究以及水文预报等必须具备的基本资料;第二,可以间接用于推求流量。由于河流的水量要求经常测定,不但消耗人力物力,而且有时时间上也不允许,因此常常利用水位流量关系来推求流量,这就需要经常观测水位。本实验要求掌握基本的水位观测方法,学会应用水位流量关系来推求流量。

水位观测的主要内容包括:①用直立式水尺或自记水位计观测河流水位;②计算水位与日平均水位。有潮汐影响的河段,统计每日出现的各次高低潮位。

二、实习准备

(一)仪器设备

水尺是水位观测的基本设施,构造简单,观测方便,自记水位计具有记录连续完整、节省人力等优点。可根据需要和可能条件,选用不同类型的水位观测设备。采用自记水位计时,应在同一断面上设立水尺,以作校核。

水尺是水位的直接观测设备,分直立式、倾斜式、矮桩式和悬锤式四种。其中,直立式水尺应用最普遍,其他三种则根据地形和需要选定。

直立式水尺由水尺靠桩和水尺板组成。一般沿水位观测断面设置一组水尺桩,同一组的各支水尺设置在同一断面线上。使用时将水尺板固定在水尺靠桩上,构成直立水尺。水尺靠桩可采用木桩、钢管、钢筋混凝土等材料制成,水尺靠桩要求牢固,打入河底,避免发生下沉。水尺靠桩布设范围应高于测站历年最高水位、低于测站历年最低水位 0.5 m。水尺板通常由长 1 m、宽 8～10 cm 的搪瓷板、木板或合成材料制成。水尺的刻度必须清晰,数字清楚,且数字的下边缘应放在靠近相应的刻度处。水尺的刻度一般是 1 cm,误差不大于 0.5 mm。相邻两水尺之间的水位要有一定的重合,重合范围一般要求在 0.1～0.2 m,当风浪大时,重合部分应增大,以保证水位连续观读。

水尺板安装后,需用四等以上水准测量的方法测定每支水尺的零点高程。在读得水尺板上的水位数值后加上该水尺的零点高程就是要观测的水位值。

水位计是水位的间接观测设备。水位计主要由感应器、传感器与记录装置三部分组成。感应水位的方式有浮筒式、水压式、超声波式等多种类型。按传感距离可分为就地自记式与远传、遥测自记式两种。按水位记录形式可分为记录纸曲线式、打字记录式、固态模块记录等。按感应分类,分为浮子式水位计、水压式水位计和超声波水位计。

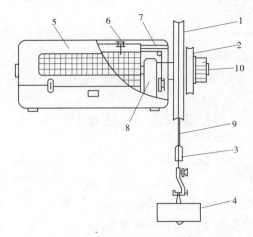

1—1:2水位轮;2—1:1水位轮;3—平衡锤;4—浮子;5—记录纸及滚筒;
6—笔架;7—导杆;8—自记钟机;9—悬索;10—定位螺帽

图 13-5　浮子式自记水位计结构原理示意图

(二)观测点的选取

观测站的水位与流量关系往往受其断面河段的水力要素所控制,选择测站控制较好的地点,水位和流量关系就较稳定,测验也较准确省事。观测站一般应尽量选择河道顺直稳定,水流集中,无分流、斜流和严重漫滩及回水变动影响,冲淤变化小的河段。河段顺直长度一般应不小于洪水时主槽河宽的 3 ~ 5 倍,山区河流尽可能选在急滩、石梁、卡口等控制断面的上游(见图 13-5)。河段还应避开容易发生冰塞的地点。利用堰闸等水工建筑物设站的测验河段,一般选在建筑物的下游,避开水流紊动影响的地方。在堰闸等水工建筑物上游如有较长的顺直河段,也可选在上游。观测站的选择还应考虑交通和通信方便、测验安全等条件。

三、实习方法与步骤

水尺要设在便于观测,不易崩塌的河段中,不要设在弯道、两条河交叉的地方,也不要设在码头、驳岸附近及易被船只碰撞的地方。水尺的观读范围一般应高于和低于观测站历年最高、最低水位0.5 m。当设置一根水尺不能达到这一要求时,可设立几根水尺,自高而低编号排列(各相邻水尺的观读范围应有0.1 ~ 0.2 m的重合,风浪较大时,重合部分可适当放大至0.4 m)。同一组的各支水尺,应尽量设在同一断面上,基本水尺断面一般设在测验河段的中央,大致垂直于流向或直接平行于测流断面。水尺应力求坚实耐用,设置稳固,利于观测,便于养护,保证精度。选用何种型式水尺,可视河床土质和稳定程度、断面形状以及水流情况而定。

(一)用水尺观测水位(或到附近水文站进行水位观测)

(1)在河谷边坡设置水尺:在流冰、航运、浮运或漂浮物对水尺危害不大的观测点,可采用构造简单、观测方便、应用最普遍的直立式水尺。直立式水尺一般由靠桩和水尺板组成,靠桩可用木桩(直径大于15 cm)、钢管或钢筋混凝土桩等材料,并尽可能做成流线型。

靠桩入土深度一般不小于土深 1.0~1.5 m;松软土层或冻土层地带,应埋设至透过松软土层或冻土层以下至少 0.5 m,在淤泥河床上,入土深度不宜小于靠桩在河床以上高度的1.5 倍。水尺板可用搪瓷尺或木板尺,并固定在靠桩上。也可以将水尺刻划直接涂绘或将水尺板装设在有固定岩石或混凝土石块的河岸、桥梁或水工建筑上。在水位变化大或河谷边坡平缓时,可分段设立若干水尺。水位是指进行水位观测处河流的水面高程。因此,设立水尺时必须先测出水尺的零点高程。水位推求公式(见图 13-6)如下:

$$水位 = 水尺零点高程 + 水尺读数$$

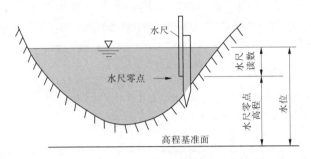

图 13-6　水位计算示意图

(2)用肉眼直接读取水面截于水尺上的读数并记录:读取水面截于水尺上的读数,并注意避免折光的影响。有风浪影响时,读记波浪的峰和谷读数的均值;或以水面出现瞬间平静时的读数为准。一般连续观测 2~3 次,取其均值。水位观测次数的多少可根据河流及水位涨落变化的情况来决定。一般水位平稳时,可每天上午 8:00 观测一次。水位变化不太大时,可在每天 20:00 观测再增加一次,洪水期或水位变化较大时,每天至少在02:00、08:00、14:00、20:00 共观测 4 次,并应视洪水涨落情况再增加测次,增加测次的原则是以能测得峰、谷和完整的水位变化过程为准。在结冰、流冰、冰凌堆积或冰塞期间也同样应根据冰情、融化情况而适当增加测次。

(二)自记水位计观测(校测)水位

自记水位计是自动、连续记录水位变化过程的仪器,它具有观测安全、方便、节省人力等特点。使用自记水位计观测水位时,要定时校测、换纸、调整仪器,并对自记记录进行订正、摘录。当仪器性能良好、记录周期较长时,可适当减少校测和检查次数。水位涨落急剧或仪器性能较差时,应适当增加校测和检查次数。

(1)自记水位计的校测:一般每天定时进行一次校测、检查和换纸。校测时,在记录纸时间坐标上画一竖线记号,以便进行时间和水位订正。在自记水位过程线的末端记上校测的时间和校核的水尺水位。每次换纸时,上紧自记钟,并将自记笔尖调整到当时的准确时间和水位的坐标上;在记录纸上记明换纸日期、时间和校核水尺水位。

(2)自记水位记录的订正和摘录:由于受风浪影响,或浮筒触及井壁等,造成自记水位过程线变化异常时,应进行订正。一张记录纸连续使用数日,记录线彼此交叉者,需用不同的彩色铅笔分别描绘,以示区别。

①订正:一日内时间误差超过 10 min 且水位变化急剧时,应按时距加权订正。当自记水位与校核水尺水位相差超过 2 cm 时,需检查原因后再做水位订正。

②摘录:水位订正后进行水位记录的摘录,要注意既能满足准确计算日平均水位和推算流量的需要,又能反映出水位变化的完整过程。在水位变化不大时,按等时距摘录;在水位变化急剧时,摘录转折点 08:00 及 24 h 内峰、谷水位必须摘录。摘录点次在记录线上逐一标出,并注明水位值。

(三)日平均水位的计算或高、低潮位统计

日平均水位的计算与观测次数及观测时距有关。如果每日只在 8:00 观测一次,即以该次水位作为日平均水位。当一天内水位变化不太大或变化虽大但各次观测(摘录)时距相等时(例如 08:00、20:00 共 2 次,02:00、08:00、14:00、20:00 共 4 次等),可采用算术平均法来求出日平均水位。当一天内水位变化较大,观测(摘录)时距又不等时,则采用面积包围法求出日平均水位。

某日 0~24 时内,观测时距 $t_0, t_1, t_2, \cdots, t_n$ 不等(均以 h 为单位),观测(摘录)水位值为 $H_0, H_1, H_2, \cdots, H_{n-1}, H_n$,日平均水位计算公式如下:

$$平均水位 = \frac{1}{48}[H_0 t_0 + H_1(t_0 + t_1) + H_2(t_1 + t_2) + \cdots + H_{n-1}(t_{n-1} + t_n) + H_n t_n]$$

如零时或 24 时无实测(摘录)记录,可根据前后相邻水位按直线内插法求得。

受潮汐影响的河段,需统计各次高、低潮位。

四、分析与思考

(1)用实测水位资料绘制水位过程线图。

(2)计算水位特征值。

(3)分析施测河段水位变化特征及引起该河段水位变化的原因。

实习四　河流流量测验

流量是单位时间内流过江河某一横断面的水量,单位 m^3/s。流量是反映水资源和江河、湖泊、水库等水量变化的基本资料,也是河流最重要的水文要素之一。流量测验的目的是取得天然河流以及水利工程调节控制后的各种径流资料。

目前,国内外采用的测流方法和手段很多,按测流的工作原理,可分为下列几种类型:

(1)流速面积法(常用的有流速仪测流法、浮标测流法、航空摄影测流法、遥感测流法、动船法、比降法等)。

(2)水力学法(包括量水建筑物测流和水工建筑测流)。

(3)化学法(化学法又称溶液法、稀释法、混合法等)。

(4)物理法(这类方法有超声波法、电磁法和光学法测流等)。

(5)直接法(容积法和重量法都是属于直接测量流量的方法,适用于流量极小的山涧小沟和实验室模型测流)。

一、实习目的与要求

本实习采用流速面积法进行流量测验,要求通过流量测验实习,学会根据河速和过水断面面积计算流量,掌握流量测验的最基本方法,为地理环境研究和野外资源调查打下基础。

二、实习准备

(一)仪器设备

流速仪、秒表、船只(过河测流缆道、绞车、铅鱼或测杆)、浮标若干等。

(二)典型河段的选取

流量测验河段一般应尽量选择河道顺直稳定,水流集中,无分流、斜流和严重漫滩及回水变动影响,冲淤变化小的河段。河段顺直长度一般应不小于洪水时主槽河宽的 3~5 倍。山区河流尽可能选在急滩、石梁、卡口等控制断面的上游。河段还应避开容易发生冰塞、冰块的地点。利用堰闸等水工建筑物设站的测验河段,一般选在建筑物的下游,避开水流紊动影响的地方。在堰闸等水工建筑物上游如有较长的顺直河段,也可选在上游。

三、流量测验原理

由于 $Q = FV$,因此流量测验就需要测定河流过水断面面积及流速。

过水断面面积测量包括水深测量、测深垂线起点距测量、测深断面水位的观测、过水断面图绘制和过水断面面积计算。

测定流速常用的是流速仪。流速仪有旋杯式(见图 13-7(a))及旋桨式(见图 13-7(b))两种。在水流中,杯形或桨形转子的转数(N)、历时(T)与流速(v)之间存在 $v = KN/T + C$ 的关系,其中 K 是水力螺距,C 是仪器常数,要在室内长水槽内检定。测验时,测定历时和转数,可得出流速。

用流速仪测流,要选择顺直河段,垂直流向设置断面,并设置一个起点桩。常规做法是沿断面在若干测深垂线上测量各垂线的起点距和水深,取得断面资料,在部分或全部测深垂线上用流速仪测量流速。在每条垂线上,常用在 2/10、8/10 相对水深处测速的两点法,或在 6/10 相对水深处测速的 1 点法。在精密测验时,可以用测点更多的 5 点法或 11 点法,按垂线将断面划分若干部分,以部分平均流速与部分面积的乘积,计算部分流量,其总和即为流过断面的总流量。流量除以断面面积,可以求得断面平均流速。在有封冻冰层时,要在断面各垂线处开凿冰孔,测量冰层底面及河床底的"有效水深",计算过水断面面积,用流速仪在冰层下面测量流速以计算流量。

除常规方法外,还有动船法和积宽法。前者使用机船沿断面航行,在航行中用回声仪测深,用特制流速仪在固定深度处测得船速与流速的合速度。通过计算得出流速与流量。后者用水文缆道悬吊流速仪横断面流速。

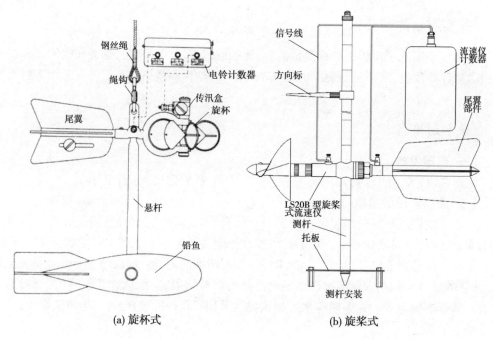

(a) 旋杯式　　　　　　(b) 旋桨式

图 13-7　流速仪构造

四、实习方法与步骤

(一)过水断面测量

流量测验要求测出过水断面。过水断面测量只测定施测时水面线以下部分。

1. 测深垂线起点距测量

测深垂线与断面起点桩 A 间的距离称垂线起点距。垂线起点距的测量方法常用的是经纬仪法。一般先在河岸上打一基线,使之与所测断面垂直。用钢尺量出基线的长度。置经纬仪于基线另一端 B,基线起点对准 0°00′0″,再分别前视各测深垂线,读出各水平角度 p。计算时用公式 $L = l\tan\theta$,其中 L 为测深垂线起点距,l 为基线长,θ 为仪器视线与基线夹角。

2. 测深垂线水深测量

在中、小河上测量水深多用测深杆、测深器、测深铅鱼等;大河多用回声测深仪。测深时要观测水位,做好断面测量记录(见表 13-1),计算各垂线的河底高程,根据各垂线的起点距与河底高程绘制过水断面图。

表 13-1　断面测量记录表

断面名称施测时间_____年_____月_____日　水尺编号:　　　　水尺零点高程:

垂线号	间距 (m)	起点距 (m)	实测水深 (m)	水位 (m)	涨落改正数 (m)	计算水深 (m)	河底高程 (m)

3.计算断面面积

先算出各部分的面积：

$$w_i = (h_i + h_{i+1})b_i/2$$

求出各部分面积后,再累加为整个断面面积,即

$$w = Ew_i$$

断面测量除采用上述方法外,有条件的还可采用自记断面仪。自记断面仪是能直接测量和记录断面的仪器。使用这种仪器测量断面,可以节省人力和时间,同时又可省去烦琐的计算。

(二)流速测验

流速测验可分为流速仪法、浮标法和水力学法。本实习用流速仪法。

1.测速垂线数目的确定

测速垂线是反映断面地形和流速变化的主要因素。因此,基本河槽应较河滩密一些,在地形和流速有显著变化之处要适当取线。常测法最少测速垂线数目规定如表 13-2 所示。

表 13-2 常测法测速垂线数

水面宽度(m)		< 5.0	5.0	50	100	300	1 000	> 1 000
最少测速 垂线数	$b/h < 100$	3 ~ 5	5	6	7	8	8	8
	$B/h > 100$			8	9	11	13	> 13

2.测速垂线上测点的确定

测点位置和数目的选择应根据水深确定。选取时,可参考以下规定(见表 13-3)。

表 13-3 测速垂线的测点数目和位置

垂线水深(m)	方法名称	测点位置
$h < 1$	1 点法	$0.6h$
$1 < h < 3$	2 点法	$0.2h$、$0.8h$
	3 点法	$0.2h$、$0.6h$、$0.8h$
$h > 3$	5 点法	水面、$0.2h$、$0.6h$、$0.8h$、河底

3.流速的测定

确定了测点之后,便可把流速仪放到预定位置,用记数器测定流速仪的转数,用秒表计出测速历时,并把各垂线号、测得的水深、测点相对位置、相对水深、测点流速仪转数和历时填入表 13-4 中。

表 13-4 流速仪测流记录表

垂线 号数	起点距 或力度	水深 (m)	流速仪位置		历时 (s)	转数 (r)	每秒转数 (r/min)	测点流速 (m/s)	垂直平均流速 (m/s)
			相对	测点深(m)					

测速时,每点的历时必须在 120 s 以上。若流速仪放下后 5 min 内没有信号,则视流速为零。

4.流速仪测流的流量计算

(1)审查原始记录。

(2)根据流速仪"检定公式"计算出各测点流速(v_i),即

$$v_i = a(R/t) + b$$

式中:R 为旋杯在 t 时间内的转数;t 为旋杯转动时间,s;a,b 为流速仪出厂前经检定得出的系数。

(3)根据测点流速,计算测速垂线上的垂线平均流速 v,并填入表 13-5。

表 13-5　流速仪测流量和输沙率计算表

断面面积					流速(m/s)		流量(m³/s)		部分含沙量(g/m³)	断面输沙量(g/s)
加水位改正数后的水位深(m)		测速垂线间距(m)	水道断面面积(m²)		平均流速		部分流量	断面流量		
垂线	平均		测速垂线间距	部分	测速垂线	部分				

2 点法:$v_s = (v_{0.2} + v_{0.8})/2$

3 点法:$v_s = (v_{0.2} + v_{0.6} + v_{0.8})/3$

5 点法:$v_s = (v_{0.0} + 3v_{0.2} + 3v_{0.6} + 2v_{0.8} + v_{1.0})/10$

(4)计算部分平均流速。

岸边或死水部分平均流速等于自岸边或死水边起第一条测速垂线的平均流速乘以流速系数,即

$$v_i = av$$

其中:a 值在缓坡时为 0.7,陡坡时为 0.9,死水边时为 0.6。

中间部分平均流速:为相邻两垂线平均流速的算术平均值。

(三)操作步骤

(1)选定测流断面。

(2)进行过水断面测量。根据上述原理方法,先测测深垂线起点距,然后测水深同时观测记录测深断面水位,记录在表;绘制断面图;计算断面面积。

(3)用流速仪法测定流速。

(4)根据测得的测流断面面积和流速计算流量。

(四)注意事项

(1)流速仪法是精度较高的测流方法。当流速、水深、设备条件适合,测流时机允许时,应尽量采用此法。当洪水期因受设备条件及仪器性能等限制,或结冰期因受流水影响,不能用此法时,则可用水面浮标法。在无法用以上两种方法的情况下,才采用水力法。

(2)用流速仪法测流时,为减少悬索偏角对测深的影响,可在上游加牵引索,加重铅

鱼,或改用悬杆悬吊仪器。

（3）用流速仪法,应注意在流速超出流速仪适用范围时,随即更换仪器或测流方法。

（4）用流速仪法测速前,应检查测速计数仪器是否正常。测速时也应注意信号是否正常。例如,信号周期突然加长,往往是水草、漂浮物缠绕仪器,要及时排除。

（5）应注意流速仪的养护。在每次测流后,应立即将仪器拆洗干净,并涂上仪器润滑油,以防生锈。仪器的拆洗与安装应按仪器说明书进行。

五、分析与思考

根据实测资料计算断面流量,分析测流河段流量特征,编写实习报告。

实习五　河流泥沙含量观测

河流中挟带不同数量的泥沙,泥沙淤积河道,使河床逐年抬高,容易造成河流的泛滥和游荡,给河道治理带来很大的困难。黄河因含沙量大,下游泥沙的长期沉积形成了举世闻名的"悬河";这正是水中含沙量大所致,水库的淤积缩短了工程寿命,降低了工程的防洪、灌溉、发电能力;泥沙还可以加剧水力机械和水工建筑物的磨损,增加维修和工程造价的费用等。泥沙也有其有利的一面,粗颗粒是良好的建筑材料;细颗粒泥沙进行灌溉,可以改良土壤,使盐碱沙荒变为良田;抽水放淤可以加固大堤,从而增强抗洪能力等。

对一个流域或一个地区,为了达到兴利除害的目的,就要了解泥沙的特性、来源、数量及其时空变化,为流域的开发和国民经济建设提供可靠的依据。为此,必须开展泥沙测验工作,系统地收集泥沙资料。

泥沙测验包括悬移质、推移质的数量和颗粒级配的测验,是河流水文测验的一项重要观测项目。通常,悬移质是河流挟沙的主要部分。

河水中泥沙含量的多少用含沙量来表示。含沙量是指每立方米水中所含泥沙的质量,单位是 kg/m^3 ;也可用输沙率或输沙量表示,河流的输沙率是指单位时间内通过一定的过水断面的泥沙总量,单位是 t/s 或 kg/s ,一定时段内通过一定过水断面的泥沙总量叫河流的输沙量,单位是 t。

一、实习目的与要求

本实习要求通过河流悬移质含沙量测验,初步掌握河流悬移质的取样和处理、悬移质含沙量计算的基本方法,目的在于掌握河流含沙量的变化过程及推算断面输沙率,为流域自然地理特征分析及自然资源开发利用调查打基础。

二、实习准备

（一）仪器设备
采样器(瓶)、水样瓶若干,船只,测验记录表以及室内分析用的烘箱、滤纸、量筒等。

（二）测验河段的选取
河流泥沙测验河段的选取条件与流量测验相同。

三、测验原理

含沙量测验的基本方法是采取水样和对水样进行处理分析取得泥沙的质量。一般而言,悬移质是河流挟沙的主要部分。测定悬移质含沙量的方法很多,常用的有:

(1)利用采样器测定河流含沙量的泥沙采样器测量法。

(2)利用电子光学的原理,测定光束通过水流被吸收和散射的程度,来间接确定水中悬移质泥沙量的含沙量光度测量法。

(3)原理和光度测量法类似的利用放射性同位素测定悬移质泥沙的放射性同位素测量法。

(4)利用射线通过浑水时被吸收和散射的程度,换算求得水的悬移质泥沙量的放射性同位素示踪法等。

各种方法各有其优缺点和适用范围。泥沙采样器类型很多,如瓶式,横式,抽气式,美国 P-46 型、P-61 型,法国纳尔皮克采样器等。本实习主要用泥沙采样器测量法,以横式采样器和瓶式采样器为主。采样后要对采样器所采取的水样进行处理,得出水样沙重,才能计算测点或垂线含沙量。

四、实习方法与步骤

(一)取水样

单位水样含沙量测验利用采样器在预定的测点或垂线上取水样,取样垂线在断面上应大致均匀分布,中泓要比两边密,以能控制含沙量横向转折变化为原则。在垂线上采取水样,可采用定比混合法:即在垂线上不同测点按一定容积比例取样,混合处理。定比混合法的测定位置与适用水深参见表 13-6,按比例要求混合的容积一般相差不得超过±10%。同时观测水位及采样处的水深,测定取样垂线的起点距。采取水样一般与测流同时进行,并做好记录。

表 13-6　定比混合法测定位置与适用水深

河流情况	方法名称	测定位置	适用水深(m)	
			用悬杆悬吊	用悬索悬吊
畅流期	2:1:1混合法	$0.2h$、$0.6h$、$0.8h$	>0.75	>1.50
	1:1混合法	$0.2h$、$0.8h$		
封冻期	1:1:1混合法	$0.2h$、$0.5h$、$0.8h$	>0.75	>1.50
	1:1混合法	$0.15h$、$0.85h$	>1.00	>2.00

注:在畅流期,h 表示水深;在封冻期,h 表示有效水深。

(二)水样处理

水样处理的方法有过滤法、焙干法和置换法等。本实习采用过滤法处理水样,步骤如下:

(1)取出水样容积:用量筒量出水样容积,应注意倾倒水样时不得使每个水样的水量和泥沙有所增减,为防造成混乱,应将水样及容器编号记录清楚。

(2)沉淀水样:将水样自量筒倒入澄清筒内进行沉淀,沉淀所需时间应根据泥沙颗粒的大小及不同的沉降速度由试验而定。水样经沉淀后,用虹吸管将清水吸出,但要注意不扰动沉淀的泥沙。

(3)过滤水样:把经过沉淀浓缩后的水样进行过滤。用烘干的滤纸称重及编号。

(4)烘干:将滤纸上的泥沙(连滤纸)放到烘箱内烘干。烘箱温度保持 100 ~ 110 ℃,烘干时间一般为 5 h。烘干后取出的沙样放入干燥器内冷却,以免湿空气侵入。

(5)称重:烘干以后的沙样连滤纸一起放到天平上称重,称得的质量减去滤纸的质量,即为干沙的质量。

(三)垂线含沙量计算

测得干沙重量后,含沙量用下式计算:

$$\rho_m = (W_a/V) \times 1\ 000$$

式中:ρ_m 为实测含沙量,kg/m³;W_a 为水样中干沙质量,g;V 为水样体积,cm³;1 000 为单位换算系数。

(四)断面输沙率的测验计算

悬浮在水中随水流移动的泥沙称悬移质。测验内容包括断面输沙率测验和单位水样含沙量(简称单沙)测验。断面输沙率是指单位时间内通过河渠某一断面的悬移质沙量,以 t/s 或 kg/s 计。单位水样含沙量是指断面上有代表性的垂线或测点的含沙量(见河流泥沙)。断面输沙率的测验是为了准确推求断面平均含沙量,测验时根据泥沙在横向分布变化情况,布设若干条垂线。取样方法有:在每条垂线的不同测点上,逐点取样,称积点法;各点按一定容积比例取样,并予混合,称定比混合法;各点按其流速比例确定取样容积,并予混合,称流速比混合法;用瓶式或抽气式采样器在垂线上以均匀速度提放,采取整个垂线上的水样,称积深法等。可根据水情、水深和测验设备条件合理选用。断面输沙率测验须与流量测验同时进行,需要进行颗粒分析的测次,同时加测水温。由于断面输沙率测验工作量大,费时较多,不可能把断面输沙率变化的每一个转折点都实地测到,更不能在泥沙变化大时逐时实测。因此,运用实测断面输沙率与测定单位水样含沙量两者相结合的方法,即在测得的断面输沙率资料中,选取 1 条或 2 ~ 3 条垂线的平均含沙量同断面平均含沙量建立稳定对应关系。这样,只要在此选定的 1 条或 2 ~ 3 条垂线的位置上测取水样,求得此单位水样含沙量后,通过上述稳定的对应关系,即可求得断面平均含沙量,并与相对应的时段平均流量相乘,即得该时段的平均输沙率,然后乘上所经历时并累积相加,即得各种时段如日、月、年等的输沙量。由于现有悬移质泥沙采样器不能测到临近河底的沙样,因此实测悬移质输沙率不能代表真实值,必须通过实测资料的试验与分析计算,改正实测悬移质输沙率,以便得到比较符合实际的数值。

传统上含沙量测量是采用取样称重的方法,取一定体积的具有代表性的样品,经过预处理,然后烘干、称重,即可求含沙量。这种方法在很大程度上取决于所取样品的代表性,而且测量周期长、操作过程烦琐、劳动强度大,不能很好地进行实时监测水流的动态过程。

基于传统测量方法的局限性,许多科研工作者做了大量的工作,并提出了众多的方法,比如射线法、超声法、红外线法、振动法、激光法、电容式传感器测量法、人工神经网络的数据融合法等。

五、分析与思考

根据实测泥沙资料计算含沙量和输沙率,编写实习报告。

实习六　海水运动的观测

广阔无垠的海洋永远处于不停的运动之中,不断地输送着水量、能量和物质,影响着海洋环境、陆地环境和全球的气候与天气。规模宏大的洋流对全球海洋的水量、能量和物质平衡及海洋生态环境的变化产生巨大的作用,并直接影响到全球的天气和气候。澎湃激荡的波浪,是塑造海岸地貌最主要的动力。周期涨落的潮汐,影响着海岸地貌。它们是海水运动最主要的形式。

一、实习目的与要求

掌握对波浪、潮汐和海流的简易常规观测方法,了解海水运动的特征和规律,进而为探讨海水运动对海岸带、海洋生态环境和海洋生产活动的影响奠定基础。

二、实习准备

(一)测验的仪器设备

刻度尺、水尺、秒表、自制海流板或双联浮筒等。自制海流板是由一根长 3 m 的竹竿,下端附有两块交叉成十字形的木板制成。竹竿顶端挂一红旗(用以观测流向),并缚一100 m 的长绳,用以测量流速。竹竿下缚一重物,使海流板能沉在水面以下,以免受风浪影响。双联浮筒由上、下两浮筒及连接索、测绳等组成。

(二)测验地点的选取

方便安全的近海岸边。

三、测验原理与步骤

(一)海浪观测

海浪观测的主要对象是风浪和涌浪。观测项目包括海面情况、波型、波高、波向和周期等,并利用这些观测值计算波长、波速、波级等。海浪观测分目测和仪测两种,目前主要使用目测法。仪测法也只是测波高和周期时使用的仪器,其他项目仍用目测法。以下介绍臂长法测波高和利用秒表测波浪周期的简易方法。

(1)臂长法测波高:在海边近水处,尽力向远处投掷一浮标,手持刻度尺或野外填图用铅笔,伸直手臂于眼前,用刻度尺(铅笔)的顶端,对准波浪到达最高处时附表的顶部,然后将手指下移至波浪到达最低处是浮标的顶部,目测站立点到实测波浪处的距离,则根据相似三角形原理,可算出波浪的高度。设波高为 H,手臂长为 d,刻度尺(铅笔)长度为 h,D 为目测站立点到实测波浪处的距离,则

$$H = h(D/d)$$

（2）利用秒表测波浪的周期：当浮标到达波浪最高（低）处时，按下秒表，当浮标第二次到达波浪最高（低）处时，停止秒表，其时间间隔即波浪的周期。

（3）在浅水近岸处，波浪一般为长波，可用小振幅波长波的计算公式推算波浪的波长和波速。具体推算可参见有关的水文学或海洋学书籍。

（二）海流观测

表层海流观测用海流板。观测时首先固定船位，然后一人投放海流板，并计算绳子放出的长度，一人计算时间，一人测流向。根据绳长和时间即可计算出表层流速。表层流速的测定除采用海流板外，也可用双联浮筒。测流时将下浮筒装入砂石或其他重物，调整至上浮筒圆锥体露出水面，依浮筒移动速度放出测绳，读取所放出的固定绳长所需的时间，即可算出表层流的流速。

表层以下的各层海流，多用旋桨式或旋杯式海流仪观测。海流仪有多种，但其工作原理与河流流速仪差不多，只是仪器上还有记录海流方向的设备——流向盒。流向盒有36个小室。当计数器齿轮转动时，弹腔管中小球即落入小室内，根据流向盒内小球的分布，即可确定流向。

（三）潮汐观测

在海边，可以观察到海水每天有规律的涨落现象，这就是潮汐。观测潮汐项目主要是潮水位观测和潮流观测。表层潮流观测与海流观测基本相通，使用海流板或双联浮筒观测。潮水位观测时，为消除风、波浪等的影响，一般在岸边挖一竖井，底部与海水相通，用自记水位计进行潮水位的连续观测。简易观测可在潮水涨落的海边或沙滩上，在潮水涨落处树立水尺进行观测，观测过程、潮水位计算与注意事项基本与河流水位观测相同，观测时间和次数以能记录下整个潮汐过程为前提来决定。观测前要对当地的潮汐涨落时间有所了解，以便记录到海水涨落的最高水位和最低水位，同时做好观测记录。将观测到的水位变化情况点在以时间为横坐标、水位为纵坐标的坐标图上，即可得到当地潮汐涨落和随时间而变化的潮位变化图。

四、分析与思考

（1）根据观测结果，谈谈波浪、潮汐或海流运动的规律。

（2）查找资料，与其他海域或者海区对比，找出异同点并进行解释。

（3）根据观测和对比结果，分析波浪、潮汐或海流对当地环境的影响。

（4）当代飞速发展的微电子技术、信息技术广泛应用于深海勘探与开发的各个领域。查阅资料，说明卫星遥感技术如何应用于海水运动的观测。

第二节 野外水文综合实习观测内容设计

一、秦皇岛河流水文特征

秦皇岛地区表现为北高南低，总趋势为西北高、东南低，总体上属丘陵区；但其北部和西北部的局部为低山区，临海地带长约50 km，发育有狭窄的向海倾斜平原和台地。

柳江盆地地处燕山山脉东段,为南北延伸的低山丘陵区。北、东、南三面为燕山期花岗岩形成的陡峻山岭所包围,东南面多为丘陵。最高峰西北部的老君顶,海拔493.7 m,最低处为东南部大石河河谷内的南刁部落村,海拔70 m左右。盆地内的主要水系为大石河,即沿此方向纵贯盆地,出盆地后于山海关西侧注入渤海。

境内的主要河流有大石河、汤河、代河和洋河等,均系入海河流,为临海小型水系。它们大都发源于北部的低山丘陵和台地区,其流向均为由北向南、由西北向东南流入渤海。河流的补给源以降水补给占绝对优势,约占全年径流量的80%,皆为流程短、流量小、含沙量高的季节性河流。

(一)大石河

大石河发源于青龙县前山附近,由西北向东南流经柳江盆地后注入渤海。河流全长70 km,其中近60 km河段流经山区,并有9条小河汇入,仅下游12 km的河段流经倾斜平原。该河流域面积约618 km²,其中560 km²以上为山区,故为山区性河流。河床总高差为400 m,平均坡降为5.9‰左右。山神庙以上为20‰,大桥河口为1.3‰。河床主要为砾石,少有漂砾和粗中砂。砾石的主要岩性为火山岩,其次为花岗闪长岩。流域内植被覆盖度达50%~60%,故水土流失不严重,河床也较稳定。

大石河洪水期具有洪峰高、流量大、来势猛、历时短、泥沙多等特点。大石河输沙率常随流量增减,集中于每年的7~9三个月,尤其7月最大。月平均输沙率为26.7 kg/s,14年平均输沙量为10.41万t;而1~5月和10~12月几乎无泥沙入海。大石河的泥沙出海后,主要堆积在河口外,形成向海突出2~3 km的水下三角洲。其前缘以急斜坡式逼近10 m等深线。三角洲上部水浅沙多,船只进入河口常被搁浅。目前,大石河口外浅滩外缘远远超过老龙头岬角,所以老龙头岬角已不足为拦堵大石河泥沙的屏障。

石门寨地区的大石河流域可以划分为4个回水亚区,包括石门寨汇水亚区、东宫河汇水亚区、驻操营汇水亚区和秋子峪–拿子峪汇水亚区。

(二)汤河

汤河发源于抚宁县柳观峪西沟和温泉堡一带,因其上游有汤泉而得名。汤河上有二源,以东支为大,发源于实习区西南部的抚宁县柳观峪村西北,流经实习区鸡冠山地堑;西支次之,当地人称其为头河,发源于抚宁县温泉堡西南的方家河村。全长30 km,在秦皇岛市海港区西侧入海。流域面积240 km²,流域内除西北源头为低山外,其余皆为丘陵和台地。河床高差近200 m,山区部分为峡谷,出山后河床立即变宽,最宽可达1 km。

汤河年平均径流量为0.368亿m³。该河上游尽管有温泉水补给,但仍以降水补给为主。所以,平时无水,降雨即涨。洪水期集中在每年的7~9三个月,具有洪峰高、流量大、来势猛、历时短和泥沙多等特征。1959年最大洪峰流量为2 000 m³/s,枯水期流量一般仅0.05 m³/s。河床砾石成分以变质岩和火山岩为主,但有的河段以泥沙为主。

二、秦皇岛海洋水文特征

(一)潮汐

本区基本上为不正规的全日潮,每天(24 h 50 min)涨、落各一次。潮差较小,由北而南逐渐增大。据多年观测资料,平均潮差0.72 m,最大潮差2.45 m。山海关、秦皇岛区潮差常达 1～1.5 m。

（二）潮流

涨潮时向西南流,落潮时向东北流。流速为 0.6～0.9 m/s,据交通部第一航务工作勘察设计院在油港附近观测,该处最大涨潮流和最大落潮流的表层皆向东流,而中层和低层则向西流。其最大涨潮流速大于向东的最大落潮流速。沿岸流发生在沿岸浅水地带,水不深,水层薄。其流向易受风影响。冬季由于盛行北风,自北向南的沿岸流最强,扩展范围最大;夏季是南向季风盛行期,沿岸流流向与冬季相反,且强度减小。

（三）海浪

本区近海以风浪为主,频率占 94%,受季风影响明显。一年之内 3～5 月波浪大,7～9 月波浪小。涌浪以南风为主,且夏秋季多于春季。近岸浪高较小,一般为 1～1.5 m,波长平均为 20～30 m,而外海浪高较大,可达 3～4 m。

（四）表层海水盐度

据多年统计,平均盐度为 2.983%,1972 年最高为 3.055%,1977 年最低为 2.886%,据多年平均统计,1～6 月皆在 3% 以上,7～12 月皆在 3% 以下,多雨的 8 月盐度最低为 2.877%,4 月最高为 3.048%。表层海水盐度变化与降水关系密切,最高盐度出现在冬季,不利于结冰。秦皇岛港为不冻港,盐度加重也是原因之一。

（五）表层海水温度

据多年观测统计,平均温度为 12 ℃,最高温度为 31.3 ℃(1967 年),最低温度为 -2.3 ℃(1971 年)。

三、包头径流水文特征

包头市径流主要是由降水产生的。降水量充沛的年份,径流量较大,干旱年份,径流量较小。径流深的地区分布与降水量分布相应,总趋势是:达茂旗和固阳县的内陆流域年径流深量较小,平均径流深为 2.7 mm;向东南逐渐递增,东南部山溪性河流的年均径流深为 25.4 mm。全市的高值区在土右旗,如水涧沟红砂坝站多年平均径流深为 57.8 mm;艾不盖河白灵庙站多年平均径流深为 2.68 mm,实测多年最大值是最小值的 21.6 倍。

（一）径流的年内分配

径流的年内分配也极不均匀,北部的内陆河流域地下水补给少,主要依靠降水补给,汛期(6～9 月)径流量占全年平均径流量的 80% 左右。南部黄河流域绝大多数为山溪性河流,非汛期径流量较小,汛期(6～9 月)径流量占年径流量的 50%～65%。汛期又集中在 7 月、8 月,占全年径流量的 35%～45%,其中 8 月径流量最大,占全年径流量的 25%～30%。

（二）径流的年际变化

包头市的降水量年际变化较大,因而导致径流的年际变化也较大。一般丰水年与枯水年相差 5～30 倍,年径流量最大值与最小值之比南部小于北部。例如,南部昆都仑河塔尔湾站年平均径流量为 0.316 亿 m³,而年最大径流量为 0.786 亿 m³。

（三）径流的丰枯变化

通过对包头市 6 大河沟(1956～2000 年)实测径流量的分析,综合考虑多年气候和降水影响进行分析。20世纪50~60年代中前期为丰水年,20世纪60年代中后期至20世纪70年代初期属枯水期,20世纪70年代中期属丰水期,20世纪80年代中期为枯水期,20世纪80年代末期到20世纪90年代中期处于偏丰趋势,20世纪90年代后期又处于偏枯趋势。

(四)泥沙

全市各河流悬移质含沙量受流域产汇流影响较大。内陆河流域大多数河流含沙量较小,以艾不盖河百灵庙水文站多年实测资料为例,该河比降平缓,洪水峰量较小,涨落变化缓慢,多年平均含沙量为19.9 kg/m^3,多年平均侵蚀模数为28.6 $t/(km^2 \cdot 年)$。最大实测悬移质单沙为96.8 kg/m^3。黄河流域各河流比降较大,洪水暴涨陡落,年平均含沙量较大。以五当沟东园水文站为例,年平均最大含沙量为127 kg/m^3,最大年平均输沙模数为10 643 $t/(km^2 \cdot 年)$,实测最大悬移质单沙为830 kg/m^3。

含沙量的年内分配主要集中在汛期,汛期含沙量占全年含沙量的70%~95%。全年含沙量最大月份为8月,12月至翌年2月为稳定封冻期,除大部分河流为连底冻或干枯外,为数不多的河流全部为地下潜流补给,含沙量接近零。含沙量的年际变化较大,一般年平均含沙量最大与最小比为5~53。

(五)洪水

根据降水特性,洪水主要集中在7~8月,尤其7月下旬到8月上旬为最多,6月下旬和9月上旬一般有2~6次洪水发生。包头市河流每年都有2个汛期,即凌汛和伏风,凌汛一般在3月下旬到4月上旬,由于受气温变化融冰影响,凌汛期流量日变化较大。包头市6大河沟除艾不盖河外,其余多为典型的山溪性河流,洪水陡涨陡落,峰型尖瘦,历时短,来势凶猛,洪峰流量较大,多为单型峰,个别河流出现复峰。

包头市哈德门沟、水涧沟、五当沟、美岱沟的流域面积较小,主沟较短,植被较差,每年出现的洪水次数较多,且峰量小,涨落水历时短,整个洪水过程不足几小时。昆都仑河、艾不盖河的流域面积相对较大,流域内多为沙性土壤,每年出现的洪水次数较少,涨落水历时长些。包头地区6大河沟最大实测洪峰流量为2 270 m^3/s,该峰值于1985年出现在水涧沟红砂坝站。除五当沟东园站与美岱沟大脑包站断面冲淤变化不大外,其余各水文站断面冲淤变化很严重,水位流量关系不稳定。

四、西安水资源特征

西安市区域地貌98.43%的面积在黄河流域,1.57%的面积在长江流域;西安市主要河流水系分布纵横交错,素有"八水绕长安"的美称。市区东有灞河、浐河,南有潏河、滈河,西有皂河、沣河、涝河、黑河,北有渭河、泾河、石川河等,其中集水面积大于50 km^2的河流40余条,大于1 000 km^2的河流有六条。除渭河、泾河及石川河是过境河外,其余均为境内河流,都发源于秦岭北麓和骊山丘陵区,由南向北经过洪积、冲积平原注入渭河,为渭河的一二级支流,峪口以上山高林密,人迹稀少,水量充沛,河流上游水质良好,是西安市地表水的主要来源。西安市水资源总量23.47亿 m^3。

(一)地表水资源

西安市多年平均地表水资源量为19.73亿 m^3,20%、50%、75%、95%频率的年径流量分别为 26.63 亿 m^3、18.00 亿 m^3、12.75 亿 m^3、8.02 亿 m^3。河流除秦岭南部的湑水河、南洛河等属于长江流域外,其余大部分属于黄河流域渭河水系。地表径流山区大于平原,由南向北递减。秦岭山区占全市土地面积的 49%,年径流量占到全市总量的 82%,平原、台塬区年径流量占全市总量的 18%。西安市地表径流年际、年内分配不均,径流量丰水年为枯水年的 4~7 倍,年径流量的 50%~60% 集中在每年汛期的 7~10 月,枯水期一般在冬春或春夏之间,径流量相当于全年的 1/50,部分河流枯水年和干旱季节基本断流。

境内 50 余条较大河流出峪口以上大多水质良好,峪口以下污染逐渐加重,目前多数呈现Ⅵ类、Ⅴ类,甚至劣Ⅴ类水质。

（二）地下水资源

西安市平原区松散岩类空隙水分布广泛。渭河南北冲洪积平原含水层分布广泛而连续,地下水补给条件好,其中以渭河漫滩,一、二级阶地及秦岭山前洪积扇群含水层厚、颗粒组,富水性强,而黄土台塬和渭河高阶地富水性相对较差,单井涌水量较少。西安市平原区地下水资源量为 10.79 亿 m^3,山丘区地下水资源量为 5.20 亿 m^3。地下水渭河以南矿化度较低,水质较好,但局部已受到一定污染;渭河以北大部分区域矿化度高,水质较差。

第十四章　野外地貌实习内容设计

地貌野外实习是专业基本教学的实习环节。通过实习使学生进一步巩固地质地貌学的基本原理,学习并掌握野外地貌调查研究的基本方法和基本技能,加深学生对课堂理论知识的理解,形成比较完整的学科理论教学体系,为学习其他课程打下必要的基础。

第一节　包头市周边地貌实习内容设计

包头周边野外地貌实习内容以构造地质为切入点,详细从河套断陷带(包括狼山山前断裂、色尔腾山山前断裂、乌拉山山前断裂、大青山山前断裂)方面进行实习内容设计;鄂尔多斯作为独立的地貌单元,对地貌实习内容进行了综合设计安排。

一、河套断陷带地质地貌特征

河套断陷带位于阴山 – 燕山块体与鄂尔多斯块体之间,西界为狼山山前断裂,北界是阴山(色尔腾山、乌拉山、大青山)山前断裂,东界为和林格尔断裂,南界为鄂尔多斯北缘断裂。河套断陷带是河套地区的主要地震带。断陷带南北宽40 ~ 80 km,东西长约440 km,总体走向近 EW 向,为鄂尔多斯周缘断裂系和地震带的重要组成部分。断陷带内部由西向东被2个次级隐伏隆起(西山嘴凸起和包头凸起)分隔为右阶错列的3个拗陷:临河拗陷、白彦花拗陷和呼和拗陷,分别受控于狼山 – 色尔腾山山前断裂、乌拉山山前断裂和大青山山前断裂,基本形态为北深南浅的箕状断陷,河套断陷带内山前台地分布较为广泛,一般发育3级台地,区域内具有较好的对比性。

河套断陷盆地北侧自西而东为狼山山前断裂、色尔腾山山前断裂、乌拉山山前断裂、大青山山前断裂,它们呈左阶斜列展布,断层面总体向南倾斜,控制阴山山体间隙性抬升,遭受强烈的剥蚀作用,河套断陷盆地不断沉降,接受巨厚的沉积。

(一)狼山山前断裂

狼山山前断裂带是河套断陷带的重要组成部分,位于河套盆地的西北部、阴山造山带的西段。狼山位于内蒙古巴彦淖尔盟境内,河套盆地西北部是阴山山脉最西段,为显著的不对称山脉,向河套盆地一侧陡峻,向内蒙古高原一侧平缓;山脉整体上呈北东—南西方向延伸,长约370 km,平均海拔1 500 ~ 2 200 m,最高峰可达2 364 m,与河套平原形成了500 ~ 1 200 m 的地形高差。这种巨大的地形反差与该区域的构造背景密切相关。

狼山山前普遍发育两级台地,台地面前缘破坏严重,向河套平原方向缓倾;台地沿狼山山前断裂呈窄条状断续延伸,宽度从十几米到几百米不等,一般在狼山山间河流出山口附近宽度增大,与洪积台地面连为一体,常见洪积层覆盖在台地早期河流或湖泊沉积物之上,同期地貌面在狼山山间河流中表现为阶地面。台地基座一般由前新生代地层构成,台地主要由河流或湖泊相沉积组成。台地地层中常见正断层,断层面倾向南东方向,倾角一般为50°~80°。狼山山前翁格勒其格和乌兰敖包地区台地较为典型,台地上同期沉积物保存较好。

翁格勒其格台地位于磴口县西北尔驼庙翁格勒其格地区,地理坐标为40°37′19″N、106°22′03″E,台地西侧为狼山山体,南东方向为山前大型洪积扇逐渐过渡到河套平原。剖面由两级台地组成,T1台地延伸连续性较好,T2台地沿山前地带断续延伸。

乌兰敖包台地位于苏木图高勒河出山口东部,地理坐标为40°45′32″N、106°29′09″E,台地西侧为狼山山体,东侧为狼山山前大型洪积扇,逐渐过渡到河套平原。该点发育两级典型台地,台面较为宽阔,与苏木图高勒沟洪积台地连为一体,台地河湖相地层之上覆盖洪积砾石层,台地沿狼山山脉走向连续延伸较好。

(二)色尔腾山山前断裂

色尔腾山山前断裂带是鄂尔多斯活动地块北侧、内蒙古河套盆地北缘断裂系中一条主要活动断裂,并以其清晰的构造地貌特征、新生代以来强烈的正倾滑活动,成为鄂尔多斯地块周边一条醒目的活动断裂带。色尔腾山山前断裂位于色尔腾山南麓山前,西起东乌盖沟,向东近EW向经狼山口、乌加河,到乌不浪口之后,转为300°左右继续向SE延伸,经东风村、大余太、乌兰忽洞,至台梁附近逐渐消失,全长约150 km,与狼山山前断裂一起控制着河套断陷带的西北边界,是河套断陷带一条非常重要的边界活动断裂,如图14-1所示。

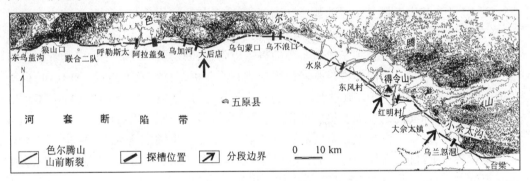

图14-1 色尔腾山山前断裂地质简图

其中乌加河段西起东乌盖沟,向东经狼山口、西恰尔、呼勒斯太、奋斗村、乌加河,终止于大后店,走向近东西,长约70 km。断裂上下盘地块呈掀斜旋转运动,北侧的色尔腾山山体内分水岭靠近断裂分布,且山顶夷平面向北缓倾;第三系以来,南侧临河拗陷内地层沉积厚度达10 km,沉积厚度自北向南减薄,最大厚度沿山前断裂带分布,形成不对称的箕状盆地。

得令山以东段西界为弧形凸出的得令山山咀,向东呈近EW向经红明村,然后转为300°左右向SE延伸,经大余太镇北侧的麻圪内、二合公,直至小余太沟口。断裂呈一右阶斜列、宽315 km的阶区,并继续向SE延伸,走向300°左右,经乌兰忽洞、色麻沟,在台梁北侧逐渐消失,长约47 km。色尔腾山山前断裂得令山以东段晚第四系活动的地表形迹表现为:晚第四系的湖相地层、沟口冲洪积扇以及河流阶地等被断错、抬升形成断层台地和线性断层陡坎,并以小余太沟口阶区为界,两侧显示不同的特点。

得令山至小佘太沟口，与最新断层陡坎直接相关的断层台地主要发育 3 级，其中以 T3 台地分布最广，规模也最大，在红明村西北苏海河东岸，这级台地的台面最宽达 3 km，台地基座为含"混凝土"状砂砾层的湖相沉积物，顶部覆盖厚 1～3 m 的冲洪积物；T2 台地发育于 T3 台地前部，在红明村北一带，规模较小，宽几米到 20 m，与 T3 台地高差仅 3～5 m，湖相沉积物常见直接露于地表，并与 T3 台地的相应湖积层连续分布而无断错现象。往东至二合公村北，T2 台地规模变大，台面宽达 1 km 左右，为冲洪积物覆盖，并与 T3 台地呈明显的阶梯状；T1 台地为冲沟的一级阶地，零星见于一些冲沟沟口，规模较小。断层陡坎基本位于 T2 和 T1 台地前缘，局部位于 T3 台地前缘。受现代冲沟侵蚀作用的影响，陡坎被分割成一些小段，但总体比较连续。小佘太沟口以东，在断层上升盘，仅发育 T2 和 T1 两级台地。T2 台地由被错断的冲洪积扇形成，分布连续，台面宽约 415 km。

沿色尔腾山山前断裂发育典型的正断层活动构造地貌：正断层陡坎、基岩断层崖，以及晚第四系以来形成的湖相地层、沟口冲洪积扇、河流阶地等被断错抬升形成沿山前分布的不同级次的断层台地。这也正是断层活动出露于地表的构造形迹。对这些构造形迹，由西往东进行追索，对应划分的 4 个几何段落也分别显示不同的特点。

从狼山口至呼勒斯太，断裂地表主要表现为发育于基岩中的断层崖和沿山麓窄条分布的湖岸台地。过呼勒斯太，到阿拉盖兔、奋斗村，断层错断 3 级冲、洪积台地，T3 台地台面宽达 7～8 km；T2 台地和 T1 台地发育相对局限。

至大后店，基岩山体呈缓缓的弧形凸出，断裂在乌句蒙口附近与东侧断层陡坎右阶斜列，阶区宽约 500 m。这一段，断裂总体上比较平直，并且紧邻基岩山前发育。乌句蒙口往东，经乌不浪口、东风村，到东风村东南的得令山附近，断层陡坎发育于远离基岩山体约几千米的冲洪积扇前，走向上也与基岩山体走势有所差别，由近 EW 向转为 NEE 向，再转为 NW300°左右，至得令山山咀附近逐渐变低直至消失，总体呈一向 NE 向基岩山体凸出的弧形，并因横向河沟的侵蚀和侧向堆积，断层陡坎被河沟分成不连续的区段。

至得令山，基岩山体又呈一宽缓的弧形凸出，断层陡坎也随之变为 NWW 向，并由 ES 向逐渐转为近 EW 向，在红明村东北，又开始逐渐转为 NW 向，到大佘太牧场附近，陡坎变低直至消失，总体也呈一向 NE 向基岩山体凸出的宽缓弧形。

过大佘太，往东南约 3 km 处，断层陡坎又开始出露，并与西侧陡坎右阶斜列，阶区约 315 km。向东南延伸，经乌兰忽洞、色麻沟，在台梁北侧逐渐消失。这一段，断层陡坎总体线性分布且非常连续，走向 NW300°，并以乌兰忽洞为界，往东，陡坎基本沿基岩山前分布，往西，陡坎延续至冲洪积扇中。在断层上升盘仅发育 T2 和 T1 两级台地。T2 台地为冲洪积扇被错断形成的台地，分布连续，在乌兰忽洞西侧台面宽约 415 km。T1 台地见于乌兰忽洞村西北侧的河沟西岸，为河流一级阶地。这两级台地均被断层直接断错，而在台地前缘形成断层陡坎。

（三）乌拉山山前断裂

乌拉山山前断裂是河套断陷带中部白彦花断陷的主控断裂，展布于乌拉山南麓，西起西山咀，经公庙子北、和顺庄、哈业胡同北，东至包头市昆都仑区北，总体近东西走向，全长 110 km，如图 14-2 所示。

该断裂在剖面上由一系列南倾的阶梯状正断层组成，向深部倾角变缓呈铲形，乌拉山

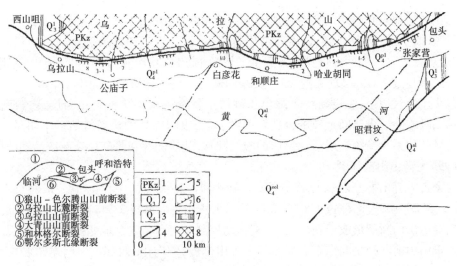

1—前新生界；2—上更新统；3—全新统；4—实测正断层；

5—隐伏正断层；6—断层陡坎，数字表示高度(m)；7—高台地；8—基岩山地

图 14-2　乌拉山山前断裂平面图

山前断裂与大青山山前断裂和色尔腾山山前断裂在平面上呈右阶排列，共同控制河套断陷带的北界。乌拉山山前断裂北侧是乌拉山隆起，新生代时期山体相对抬升，渐新世时形成的夷平面海拔为 2 000 m，高出白彦花盆地面 1 000 m。

沿乌拉山山前断裂北侧普遍发育山前台地，据台地的结构和时代可划分为两级台地。高台地高出盆地扇面 20～70 m，前缘为断层崖，后缘覆盖在基岩上。高台地在西山咀附近为堆积台地，由黄绿色湖相砂、粉砂层组成，水平层理发育，其时代为晚更新统晚期。乌拉山至公庙子段高台地为基座台地，在其片麻岩基座上覆盖有平行层理和斜层理发育的冲洪积砂砾石层，夹黄绿色细砂层，台地面狭窄并向南倾斜，台地前缘的基岩断层崖极为陡峭，倾角50°左右，系原来的断层面经轻微剥蚀而成。

公庙子至和顺庄段高台地面较为完整，由冲洪积砂砾石层和粉砂层组成，平行层理和斜层理发育。该段台地面不平坦，有的因断层作用而成台阶面，阶坎处有断层通过，有的因差异剥蚀而成台阶面，其低面由钙质胶结的坚硬的砂砾石层组成。和顺庄东至包头市北高台地为堆积台地，主要由冲积洪积砂砾石层组成，低台地为冲洪积砾石层组成的堆积台地，前缘为断层陡坎，后缘与高台地前缘也呈断层接触。

在一些河流的出山口处，低台地同河流的低阶地是同一地貌面，高低台地呈镶嵌关系。低台地的宽度一般数十米，相对高度 2～10 m。

断裂晚第四系活动的构造标志。乌拉山山前断裂晚第四纪活动最明显的标志是晚更新统和全新统的湖积和冲洪积地层被错断，形成引人注目的断层崖和断层陡坎，其上可见新鲜的正断层而西山咀一带高台地由晚更新统晚期的黄绿色细砂、粉砂层组成，前缘断层崖处见有断层面，上盘为含砂砾的土层，下盘为黄绿色粉砂层，断层产状为215°∠52°，断层面附近的粉砂层理无拖曳现象，显示断层的黏滑破裂特征。

公庙子西的哈尔楚鲁见一断乌拉山山前存在一断层面，下盘为基岩，上盘为全新世土黄色角砾层，断层产状 190°∠60°，断层面轻度胶结，其上的擦痕近垂直，显示断层以垂直

活动为主的特征。和顺庄北高台地的晚更新统晚期地层被一组阶梯状正断层错断。该套地层为黄绿色砾石层、灰白色钙质胶结砾石层、黄绿色细砂粉砂层和砖红色中粗砂层互层，平行层理发育。剖面上可见6条近于平行的正断层，均南倾，倾角40°～63°，断距小者10 cm，大者超过2 m。层理无拖曳现象，表明断层以正断黏滑活动为主。

包头市色气湾南，晚更新统黄绿色粉砂层中发育一系列阶梯状正断层，多数断层南倾，少数北倾，断层未错断上覆的全新统坡洪积层，表明断裂的全新统活动不明显。低台地的前缘陡坎系全新统断层活动形成的断层陡坎，陡坎的存在是断层全新统活动的标志。

（四）大青山山前断裂

内蒙古大青山西至包头昆都仑河，东至呼和浩特大黑河上游谷地。东西长240多km，南北宽20～60 km，海拔1 800～2 000 m，大青山主峰海拔2 338 m。包头地区晚更新统的大青山山前断裂形成于新生代，长期活动控制着河套断陷盆地北侧的边界断裂。

大青山山前断裂呈北东东向展布于大青山南麓，倾向南，西起黄河南岸昭君坟，向东经包头市东河区、土默特右旗、土默特左旗、呼和浩特市北至奎素，总体NEE方向展布，长约200 km，控制呼包拗陷北缘，如图14-3所示。

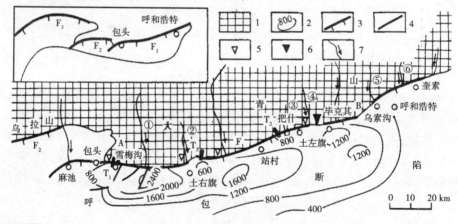

1—基岩山区;2—盆地内第四系等厚线(m);3—活动断裂系:F₁—大青山山前断裂;
F₂—乌拉山山前断裂;F₃—狼山-色尔腾山山前断裂;4—隐伏断裂;5—分段边界;6—地震破裂段落边界;
7—大青山山前发育的河流:①—五当沟;②—水涧沟;③—大水沟;④—黑牛沟;⑤—乌素图沟;⑥—奎素沟

图14-3 大青山山前断裂带展布图

断裂形成于始新系，新生代强烈活动，其中第四系以来的垂直位移幅度超过2 400 m，亦即拗陷内第四系最大厚度2 400 m。大青山山前断裂划分为5个段落，即黄河南—雪海沟(33 km)、雪海沟—威俊(35 km)、水涧沟—美岱桥(15 km)、美岱桥—土默特左旗(41 km)和土默特左旗—奎素(72 km)。

沿大青山山前断裂最显著的地质地貌特征是上升盘广泛分布的3级台地。一级台地多数是由断层陡坎控制的上升洪积扇组成，形成年代为全新系，高度在几米至十几米之间；二、三级台地大都为基座阶地，上覆晚更新世冲、洪积或冲湖积地层(萨拉乌苏组)，普遍高120～170 m。

大青山山前断裂构造地貌标志十分明显，在昭君坟至东河段，沿包头山前倾斜台地

（Ⅱ级台地）前缘展布,形成高度达 16～22 m 的断层陡坎。断层北侧,包头山前倾斜台地主要由上更新统湖相黄色、灰色、灰黑色粉细砂层及粉砂质黏土组成,顶部为砂砾石夹砂层;断层南侧为黄河Ⅰ级阶地。在东河至呼和浩特市以东,大青山山前断裂沿大青山南麓展布,断裂以北,大青山山体拔地而起,遭受强烈的剥蚀作用,主峰海拔为 2 337.7 m,相对河套平原高出 1 300 m,北台期夷平面海拔为 1 600～2 200 m。山前发育两级台地。

　　Ⅱ级台地为晚更新统湖积基座台地,沿大青山山前断裂上升盘呈窄条带状分布,宽度从几米到 300 余 m,台地前缘海拔为 1 060～1 080 m,后缘高度可达 1 140 m。台地基座由前震旦统片麻岩、大理岩和侏罗系砾岩等组成,其上为上更新统湖相砂砾石层、砂砾岩及黄色、黄绿色粉细砂层覆盖。在台地前缘基岩断崖十分发育,在美岱桥到古雁一带,高度可达 110 m,十分壮观。Ⅱ级台地为晚更新世河套古湖消失以后,湖相地层相对抬升遭受下切剥蚀形成。

　　Ⅰ级台地为全新统早期洪积台地,在东河至雪海沟一带台地保存完好,在雪海沟以东,沿大青山山前断裂窄条带状断续分布,台地海拔为 1 020～1 040 m,相对高度为 7～12 m,台地下部为上更新统湖相黄绿色粉细砂层夹薄层砂砾石层和灰黑色粉砂质黏土,在其侵蚀面之上,为全新统早期洪积角砾层夹黄土透镜体覆盖。在Ⅰ级台地前缘,往往见全新世断层出露,形成断层陡坎,表明Ⅰ级台地为全新世早期堆积后抬升下切形成。在大青山山前断裂以南,为广阔平坦的土默特川平原,海拔约为 1 000 m。

　　一些冲沟中还发育多级阶地,较老期次阶地可与山前台地相对应。河套带另一突出特点是,沿断裂带发育正断层型构造地貌,如断层崖、断层陡坎、断错阶地等。

　　大青山山前断裂莎木佳点位于包头以东,大青山山前断裂带中段台地前缘陡坎处(40.57°N,110.33°E)。

　　在山脉地貌结构中,"逢沟必断"是判断断层的主要地貌标志。由于断层活动中断裂破碎带在风化、剥蚀、搬运等沉积地质作用下,地貌上常常表现为大型沟谷等负地形。所以,包头市大青山山脉中南北向大断层形成了当地的大型河谷,发育于大青山中规模较大的河流谷地自西向东依次为五当沟、水涧沟、美岱沟、大水沟、水磨沟和哈拉沟 6 条。大河谷中的季节性洪水由北而南跨过大青山山前断裂,均以黄河为侵蚀基准面而流入呼包断陷盆地中的黄河,可近似地看作以山前洪积扇面为局部侵蚀基准面,山前断裂活动必然引起侵蚀基准面的相对下降和河流深切。这 6 条河流跨过山前断裂不同地段,河谷地貌有明显的不同。大青山山前断裂是呼包断陷的主要控制断裂,西起包头市昭君坟,沿大青山山前向东延伸至呼和浩特以东的奎素一带,总体呈 NEE 走向,主断面向盆地倾斜,具有典型的正断层特点。自第三系渐新统以来,以北升南降的垂直差异运动为主,断裂北侧的大青山间歇性掀斜抬升遭受剥蚀,形成夷平面、深切峡谷、河流阶地与山前台地:南侧的呼和断陷沉降接受巨厚的新生界沉积,形成冲积平原与洪积扇裙。

　　大青山山前断裂晚更新统晚期以来活动十分强烈,地貌反映显著。大青山主峰位于美岱沟一带,海拔 2 338 余 m,向东、向西逐渐降低,五当沟附近 1 600～1 800 m,哈拉沟附近 2 000 m:南侧的盆地面海拔 1 000～1 200 m,东高西低,大青山与盆地面的高差最大达 1 300 m。

　　沿大青山山前断裂北侧形成了两级基座山前台地、一级堆积台地、基岩断层崖与断层陡坎。

基座山前台地沿山麓连续分布,宽几十米至几百米,台地基座由前新生界地层组成,台地面为一套冲积湖积地层,下部以黄绿色细砂、粉砂、砂黏土为主,夹砂砾石层;上部以杂色砂砾石层为主,夹粉砂层。根据该套地层产出的化石与大量测年数据确定地层时代为晚更新统晚期。

高台地面为原始堆积面,相对抬升高度最大达 120 m。堆积台地(Ⅰ级台地)断续分布,是全新统早期洪积扇受断层错断而形成,台地前缘为全新统断层陡坎,陡坎高 2~17 m。

断裂南侧的呼和断陷新生界厚度最大为 7 400 m,其中第四系最厚 2 400 m,沉降中心位于中西部。

呼和断陷全新世洪积扇分为三期,中西部新扇紧靠山前断裂且叠加在旧扇之上,东部新旧扇呈串珠状,新扇远离山前断裂。沿断裂天然露头普遍可见晚更新统与全新统地层被错断。

大青山中的 6 条河流普遍发育Ⅱ~Ⅴ级阶地,阶地高度仅为下游实测阶地的高度,向上游逐渐降低。6 条河流均发育同时代的 T5 阶地,这级阶地在河流出山口处与山前的Ⅲ级台地是同一地貌面,形成时代也相同。据断裂附近 T5 海拔高度可将 6 条河流分为两组,五当沟、水涧沟、美岱沟、大水沟为一组,阶地的高度 80~120 m;水磨沟和哈拉沟为一组,阶地的高度 20~45 m。

下面详细介绍一下包头东河区-沙尔沁段断裂带。

包头东河区-沙尔沁段断裂带属于河套断裂系,位于大青山南麓大青山山前断裂带,控制大青山山体的抬升和呼和断陷的形成,地貌特征十分明显,第四系断层十分发育。山前台地十分发育,主要由更新统湖积层、洪积层组成,为大青山山体间歇性抬升形成。台地前缘常可见到基岩断崖,断续分布的中、晚更新统湖积层,洪积层和全新统坡积层,洪积层,活断层沿台地前缘分布。

代表性剖面有阿都赖村剖面和永富村全新统地层构造剖面。

阿都赖村剖面位于包头市九原区沙尔沁乡阿都赖村。

阿都赖村地层剖面上部为坡积层、洪积层、黄土及角砾层角度不整合覆盖下层。下部为湖相黄绿色粉砂岩、粉砂质泥岩和砂层,中夹砾石层,湖积层属于中更新统。

剖面中发育一系列阶状正断层,将湖积层和坡、洪积层错断,其时代为中、晚全新统。断层走向主要为北 40°~70°西,F_3 为东西向,断面平直,倾角一般为 62°~73°,累计断距达 10 m 以上。在上述剖面的东面冲沟壁,地层仍由中更新统湖积层和全新统黄土角砾层组成,其中发育 5 条正断层,呈阶状使地层错断,构造标志十分清楚。断层走向为北西—东西向,F_3 为北东走向;断层倾角较陡。由于断层使全新统错断,亦应为全新世形成。

永富村全新统地层构造剖面位于包头市九原区沙尔沁乡阿都赖村西南并与阿都赖村相邻的是永富村。

永富村全新统地层构造剖面坡积层由角砾层、褐色土层和含角砾黄土层组成,最厚达 3.4 m,其中还发现夹灰烬层和碎煤块,亦应为全新统形成。

剖面中出露三条断层,F:断于湖积层中,走向东西,沿断裂带为砂充填,两盘地层产状相顶,上部被全新统坡积层覆盖,故断层为全新世之前形成。Fl 和 F3 均错断湖积层和全新统坡积层,断层走向北 75°东,倾角 42°～44°,断层标志明显,两盘产状相等,为全新统晚期。

二、鄂尔多斯野外地貌实习内容设计

鄂尔多斯总体地貌形态为构造剥蚀高原。白垩系自流水盆地(内蒙古部分)位于鄂尔多高原区,海拔 1 100～1 700 m,相对高差 30～80 m。成因类形为构造剥蚀地形和堆积地形。

构造剥蚀地形主要分布于鄂尔多斯西部、中部、北部,地形波状起伏。地貌形态有波状高原、高平原、丘陵、梁地、梁间洼地及桌状台地等,主要由白垩系地层组成。仅在西部、西北部高原区,有小面积第三系地层分布,表面被薄层风积沙覆盖。波状高原为区内主体地形广泛分布,大部分地形平坦,起伏缓慢,小面积地形起伏强烈。如北部乌兰吉林一带,其上有岛状残山和风蚀洼地,比高 50～80 m。残山丘陵分布在本区东北部及西部边缘地区,剥蚀、侵蚀尤为严重,沟壑纵横,支离破碎。高平原和剥蚀凹地仅在本区西南边缘分布,面积小,形态单一,地形简单。

堆积地形主要分布在边缘地带丘陵区的河谷中,地貌形态为沙漠湖盆滩地、河流、沟谷及阶地等,主要由 Q_4^{al-pl}、Q_4^{eol}、Q_4^l 的沙、砂砾石、砂卵石、淤泥及盐碱、芒硝等物组成。

荒漠类地貌主要是库布齐沙漠和毛乌素沙地,与散布其间的湖盆草滩交错结合,相间排列,是鄂尔多斯仅次于波状高原的第二大主体地形。

风成地貌沙漠是实习线路鄂尔多斯区域内的主要地貌,以库布齐(蒙语意为"弓弦")沙漠为典型代表。我国北方沙漠主要分布于三大区域,西部塔克拉玛干沙漠和古尔通班古特沙漠;中部毛乌素沙漠、腾格里沙漠、巴丹吉林沙漠及库布齐沙漠等;东部小腾格里沙地和科尔沁沙地等。其中位于鄂尔多斯高原北部的库布齐沙漠为典型的就地起沙型沙漠,明显区别于其西侧腾格里、巴丹吉林和南侧毛乌素沙漠的风沙侵入型特征。

库布齐沙漠是我国东部沙区的主要沙漠之一,位于内蒙古境内鄂尔多斯盆地北部及其向河套平原过渡的坡面上,沿弯曲似"弓"的黄河南岸分布,因而得名库布齐。

库布齐沙漠呈东西向长带状分布,其西、北、东 3 面均由黄河环绕,地势南高北低,隶属内蒙古鄂尔多斯市的杭锦旗、达拉特旗和准格尔旗(107°10′4″～111°25′7″E,39°39′43″～40°48′35″N)。自然地带以包头—杭锦旗一线为界,东部处于半干旱干草原地带,西部属于干旱半荒漠(荒漠草原)地带。沙漠东部属半干旱区,西部属干旱区,降水东多西少。盛行 WNW、W、SSE 风。

库布齐沙漠呈带状分布,东西走向长约 400 km,东西部宽度差异较大,西部区南北宽 40 km,东部区南北宽 15～20 km,总面积约 1.33 万 km²。沙漠基底包括全新统冲积扇、黄河阶地及鄂尔多斯高原,地势由北向南呈阶梯状抬升,风沙以河湖相沉积物就地起沙为主导。

库布齐沙漠以流动沙丘为主,片状分布。风沙地貌类型沙丘多以沙垄、新月形沙丘及沙丘链、灌丛沙丘、格状沙丘、复合型沙丘、抛物线形沙丘、平沙地等形态展布,腹地由高大的沙山组成。

鄂尔多斯高原北部第四系地层结构表明,全新统沉积物直接覆盖在湖相层或冲洪积相地层之上。黄河以北河套盆地全新统沉积物是冲积－湖积相的杂色粉砂－细砂、灰褐色淤泥夹砂砾、黏土、粉砂及砂质黏土的沉积组合,而位于黄河以南的沙漠地区是风沙层直接覆盖在湖相层或冲洪积相地层之上。

新近纪末、第四系初,鄂尔多斯地块受青藏高原隆升的影响,北部下陷为洼地,形成深厚河湖相沉积物,沙漠基底为全新统冲积扇,黄河阶地及鄂尔多斯高原,因此活动构造是形成区域内第四系地质地貌发展演变,河流湖泊形成演化,以及沙漠发育迁移的另一个重要原因。

毛乌素沙地分布于鄂尔多斯南部,固定半固定沙地为主,流沙次之。受基底地形、流水及风向等因素影响,形成了北西、南东向条带状梁、滩相间的地貌形态。地表广覆沙垄、抛物线沙丘、梁窝状沙丘及灌丛沙堆等。区内湖盆众多,散布沙漠边缘及腹地,水草丰美,植被发育,吸引着众多珍禽异兽。区内河流稀少,阶地不发育,仅在无定河沿岸有不连续分布季节性河流多在丘陵区及周边地带分布,范围小,数量少,河谷多呈"U"形或"V"形。

鄂尔多斯地貌分区主要依据地貌成因(内外营力作用)将盆地划分为构造剥蚀地形（Ⅰ）和堆积地形（Ⅱ）两个地貌区。

根据地貌形态类型将两个地貌区划分为:剥蚀洼地（$Ⅰ_1$）、高平原（$Ⅰ_2$）、波状高原（$Ⅰ_3$）、残山丘陵（$Ⅰ_4$）及河谷地形（$Ⅱ_1$）、湖积滩地（$Ⅱ_2$）、风积地形（$Ⅱ_3$）等亚区。

第二节　秦皇岛野外地貌实习内容设计

秦皇岛地区地貌景观由北至南依次为低山丘陵、山前剥蚀台地和滨海冲洪积平原,并具有如下特点:

(1)山区存在三级夷平面,高程分别为800 m、600 m、400 m左右;山前发育三级剥蚀台地,高程大致在10～30 m、30～50 m、50～100 m。各代表地壳三次间歇式的上升。

(2)山间河谷发育五级阶地,其中Ⅳ、Ⅴ级阶地为侵蚀阶地,Ⅲ级阶地为基座阶地。Ⅰ、Ⅱ级阶地为堆积阶地;山前平原区河流一般仅有二级阶地存在,均为堆积阶地,反映出由北向南,新构造运动隆起上升的频度和幅度逐渐变小,沉降的频度和幅度逐渐增大的趋势。

(3)联峰山上50 m、80～100 m高度上的海蚀现象是地壳上升的标志,老龙头、金山嘴至鸽子窝基岩岬角的海蚀崖壁上普遍有三层海蚀穴分布,其中鸽子窝海蚀崖上三层海蚀穴高度分别为3.4 m、6.4 m和9 m。这是本区全新统海岸曾三度被抬升的明显标志,也反映出海岸抬升幅度的不等量性。

(4)分布于南山至石河口间的沿岸砾石堤,普遍为老堤高于新堤,并且由老到新其高度渐降,这显然是由于海岸间歇性上升造成的。如唐子寨东南,最后一道老砾石堤可高出最新砾石堤3 m以上。但各期砾石堤高差很小,又说明每次上升的幅度并不大。

秦皇岛实习区地貌类型如下。

一、构造地貌

在石门寨西南大平台一带,岩层产状近水平,表现为水平岩层地貌,又名平顶山地貌。坚硬的龙山组石英砂岩构成宽阔平展的大平台顶面。这种由水平岩层形成的平顶山,构成了该区的方山地形。龙山组地层由石英砂岩和杂色页岩构成。前者坚硬不易剥蚀,后者较弱易被剥蚀。当其受到流水等外动力地质作用切割破坏时,由于差异侵蚀形成了一种阶梯状地形-构造阶地。其他地面和阶地陡坎的上部,由硬的石英砂岩构成,其陡坎的下部由易被剥蚀的软弱页岩构成。在鸡冠山-大平台汤河北岸谷坡,可见到由水平岩层构成的6~7级构造阶地,这些构造阶地的形成,与水平岩层的软硬互层结构密切相关。

响山、后石胡山花岗岩为燕山期地质运动形成的晶洞花岗岩,两山分别分布在柳江盆地东西两翼。西侧响山主峰海拔1 424.0 m,山体南北延长18 km、东西宽14 km。东侧后石胡山主峰海拔801.0 m,平面为圆形,直径10 km。两山岩石中布满直径1~5 cm的小晶洞,洞内有石英晶芽。山体主要受东西向断裂切割,多形成NNE向的崖壁,山高峻峭,山岩绝壁。

祖山画廊谷谷地,位于响山东部,是响山的一部分。一条东西向断层把山体劈成陡峭峡谷,后经剥蚀和冰川作用的改造,谷中多巨石,谷坡多成崖壁,谷长8 km,平面为"之"字形。

角山山体是火山岩地貌呈尖顶状,标高566 m。由侏罗系张家口组凝灰岩构成。角山山势巍峨,绵延起伏。著名的万里长城从此跨过,为长城跨越的第一座山峰。

后石胡山是一个经过3次侵入并有火山喷发的山体,为山海关北面的第一山。该山中心为花岗岩,周边为火山喷出岩(火山角砾岩)。山体南北两侧各有一座陡峭的山峰,远观雄立于关口附近,似勇士把关,实际为后石胡山的两个"犄角"。南面的"犄角"称角山,北面的"犄角"隐藏于山后,无名。角山就是喷出岩经断裂破坏,山峰周围有北北西向和北北东向小断裂一组,断层面构成山体坡面,削成山峰。

站在角山顶峰的烽火台上,南望由近及远可观察到:山前冲积扇群构成倾斜平原,冲积扇前缘与渤海海岸线之间为入海河流冲积平原。北望长城游动于山峰之间;西望山谷之间水域为燕塞湖,实为石河水库属于人工湖;东望辽西丘陵波浪起伏,天际线上从海中跳出几块巨石,由海蚀作用而成。

九门口一线天地貌为断层峡谷,位于后石胡山的北坡,由北向南穿过山体,一线天最宽处5 m,最窄处3 m,长1 000 m,崖高50~60 m。

九门口水上长城位于河北省抚宁县,东临辽宁省绥中县。九门口水上长城全长1 704 m,是中国万里长城中唯一的一段水上长城,其跨河墙长达100多m。以长城为例,修改水坝、桥梁、隧道等工程时,从工程地质角度考虑的三个要素:避开断层,实在无法避开断层,工程与断层之间尽量以最大的交角通过(垂直于断层最好);基础岩性为岩浆岩或高变质的变质岩等硬度大而稳定的岩石;工程两点之间的距离最短。

变质岩地貌旅游资源主要有位于避暑胜地北戴河的联峰山。联峰山由新太古代秦皇岛变质岩系列姜女庙变质钾长花岗岩和山海关变质花岗岩构成。最高峰标高152 m,山体呈浑圆状,均被植被覆盖,为北戴河最大的森林公园。联峰山山林合一,其间点缀着奇石怪洞,景色优美。

二、溶岩地貌

柳江盆地内发育较好的地表喀斯特地貌主要分布在沙锅店和东部落一带,其中以沙锅店的地表喀斯特地貌最为典型。在沙锅店东原采石场东北侧300 m左右的山坡上,发育了最为典型的地表喀斯特地貌。

砂锅店和东部落一带的石芽一般高1.5 m左右,远望像雨后春笋挺立于地表。石芽间的凹槽称为溶沟,溶沟中分布有少量的岩溶堆积物。溶沟是地表流水沿石灰岩表面的裂隙流动,不断对石灰岩进行溶蚀所形成的,随着溶蚀作用的不断进行,灰岩中的缝隙不断扩大,其沟通性亦越来越好,因而加速了地表流水的循环,岩石作用愈加容易进行。随着溶沟的不断发生发展,其规模愈来愈大,介于其间的石芽渐渐显露于地表,形成了现在的地表岩溶景观。

三、河流地貌

河漫滩河流洪水期淹没的河床以外的谷底部分。它由河流的横向迁移和洪水漫堤的沉积作用形成。平原区的河漫滩比较发育。由于横向环流作用,"V"字形河谷展宽,冲积物组成浅滩,浅滩加宽,枯水期大片露出水面成为雏形河漫滩。之后洪水挟带的物质不断沉积,形成河漫滩。河漫滩沉积大多具二元结构,下部是河床相沉积,上部为河漫滩相沉积。

大石河洪积扇:暂时性线状流水在出口处堆积下来的扇状堆积地形。多见于干旱、半干旱地区的山谷出口处,暂时性洪流在这里由于比降降低,流速减小,水流分散,将挟带的大量泥沙、砾石堆积下来。面积可达几十或几百平方千米。与谷地出口处相接的扇顶,坡度可达5°~10°,向扇形地边缘,地面逐渐低缓。山前一系列的洪积扇联合起来可形成联合扇或洪积平原。

由暂时性线状流水在出口处形成的堆积物称洪积物,是洪积扇的主要组成物质,由砾石、碎石、砂、黏土等组成,略具分选并有不明显的层理。自扇顶到扇缘有明显的相的分异:①扇顶相,分布于扇形地顶部,沉积物颗粒较大,厚度也大,分选较差,由于水流多次改道,可留下砂质或砾石质透镜体;②扇中相,分布于扇形地的中段,主要由砾石、砂或粉砂组成,扁平的砾石常呈叠瓦状向上游倾斜,地面多放射状水道,剖面上也常见有粗大颗粒构成的透镜体;③扇缘相,分布于扇形地的边缘,地面坡度很小,主要由亚砂土、亚黏土等细粒物质组成,具水平层理,常有潜水溢出地面,并可形成湿地或沼泽地。

离锥山:中生界侏罗系髻髻山组火山岩石,石河及其支流在此汇合,由于河流的侵蚀作用形成离锥山。

四、海岸地貌

陆连岛(Tomboloi sland)由沙坝使其与陆地相连的岛屿,多位于近海岸处。由于岛屿的背后,即向陆一侧形成波能降低的波影区,因此常常引起沉积作用加强,由陆向岛和由岛向陆的方向都可能形成沙嘴。如果海峡的宽度和深度不大,沉积物源丰富,两侧的沙嘴在延伸中相互衔接,便形成了连岛沙坝,连岛沙坝则将原来孤立于海中的岛屿与大陆连接起来。

沙坝的中段一般比较狭窄,但却是陆岛之间相通的要道。在北戴河地区观察的海岸地貌主要是连岛沙坝。连岛沙坝属于沉积物流形成的地貌,当沉积物流绕行岬角或岸线急剧向陆转折处,波能急剧降低,被搬运沉积物的一部分即沉积下来。如岸外不远处有岛屿做屏障,岛屿背后一侧波能降低形成波影区,进入波影区的沉积物的容量迅速减小,一方面以岸边为基础发育沙嘴,另一方面在岛屿内亦可发育沙嘴,如海峡的宽度和深度不大,上溯沙嘴在发展过程中相互衔接形成连岛沙坝。在两个相向的沉积物流之间的滞缓水域地带,因沉积物的堆积可形成一种尖嘴形沙洲岸线。巨大尖角形沙洲的宽度以及向海前展的距离都可达几十千米。有些尖角形沙洲如岸外有岛屿或浅滩,亦可发展成连岛沙坝。

秦皇岛地区海岸属基岩港湾海岸。海岸岬湾相间分布,其中老龙头、秦皇岛港、鸽子窝分别位于岬角处,其间是海港。对于该地貌特征,可在联峰山公园望海亭一览无余,了解整个海岸地貌的全貌。在这里,波浪发生折射,岬角处波向线辐聚,波能增大,趋于侵蚀,形成海岸侵蚀地貌;在海湾处,波浪折射的结果,波向线在海湾处辐散,发生堆积,形成堆积地貌。

海蚀地貌以波浪侵蚀作用在基岩海岸最明显。它通过冲刷、研磨和溶蚀作用使岸线逐渐后退,从而在海岸线形成一系列地貌。它主要发育在岬角处。海蚀地貌的实习地点位于鸽子窝公园沿岸。这里海蚀崖高约 10 m,海蚀柱是穿插在古老花岗岩内的伟晶岩脉经海水差异侵蚀而成。海蚀崖后退形成宽约 50 m 的海蚀平台。其上的基岩分布着浪蚀沟槽。秦皇岛地区的海岸是海水上升侵入基岩山地,然后海面又多次下降形成的。由于海面的下降,在海边曾被海水侵蚀过的岩石表面形成不同程度的海蚀穴。在联峰山的山顶、山坡等到处可见海蚀穴分布。

海蚀穴的形成是气蚀作用,气蚀是当流道(可以是泵、水轮机、河流、阀门、螺旋桨甚至人和动物的血管等)中的液体(可以是水、油等)局部压力下降至临界压力(一般接近汽化压力)时,液体中气核成长为气泡,气泡的聚积、流动、分裂、爆炸溃灭过程的总称。气泡爆炸溃灭时产生的能量很大,直径 1 μm 大的气泡爆炸溃灭时产生的能量相当于同体积大小原子弹爆炸时产生的能量。气蚀作用是水体对岩石进行物理破碎的主要过程。

海积地貌是由于波浪作用使泥沙在海岸发生堆积而形成一系列地貌,主要分布在海湾处。海积地貌的实习路线为:北戴河老虎石—南戴河—黄金海岸。

由于波影区堆积,在北戴河老虎石与岸边之间形成陆连岛;在南戴河海滨,有 3~4 道水下沙坝发育,在落潮时观看尤为明显;在黄金海岸,海滩发育与岸线平行的海岸沙丘十分壮观;在南戴河—黄金海岸一带,由河流、海水共同作用形成宽广的海滨平原。

第三节　北京市野外地貌实习内容设计

首都北京市区主要坐落于永定河作用形成的三个冲积扇群上。

永定河老冲积扇:老扇前缘带所形成的地下溢出带及天然湖泊如昆明湖及海淀一些

湖泊。扇的分布,由石景山向东到平房至坞楼,即扇轴所通过的位置,扇轴南侧边缘位置:石景山—芦沟桥—南苑以北—麦庄至坞楼,扇轴北侧弧形边界:石景山—衙门口—昆明湖—清河—孙河镇—坞楼。堆积物由西向东颗粒逐渐变细,是由第四系上更新统地层组成。扇面上的古河道形迹比较清楚。

永定河中期冲积扇:由于地壳不断活动,迫使永定河改道南移,又形成较新的冲积扇形地,扇面色调变化是由西北向东南变深,扇缘边界影像清楚,扇南缘被近代冲积物复盖,其衔接位置:自芦沟桥—芦城—海子角—青云店—于家务—桐柏村—韩林到车马圈。它形成的地质时代与老扇相同,但形成的时间又晚于老扇。

永定河现代冲积扇:受活动构造影响,扇缘南展到河北省的雄县、坝县等地,河道由东南安次附近逐渐向西南摆动,堆积了规模较大的扇形地,扇面开阔,侧缘及前缘边界影像清楚。其扇缘边界:西侧基本上沿大清河西岸为边界,自芦沟桥—长辛店—东南召—马头镇—东加录—十里铺—雄县,前缘边界,雄县—雄县的十里铺—史各庄—苏桥—辛樟村—杨案清,东侧边界,以中期冲积扇与现代冲积扇交接线为边界。沉积物组成的物质新,颗粒相对较粗。

由于地壳不断运动,特别是受永定河断裂及北京断陷基底隆起的影响,形成扇缘带向南伸展的较新冲积扇。

第四节　宁夏贺兰山野外地貌实习内容设计

贺兰山脉绵亘 250 km,是阻挡腾格里沙漠移入宁夏平原的天然屏障。宁夏平原又称银川平原,位于宁夏中部黄河两岸。北起石嘴山,南止黄土高原,东到鄂尔多斯高原,西接贺兰山。北部是黄河冲积平原——宁夏平原面积 1.7 万 km²,黄河斜贯其间,流程 397 km,水面宽阔,水流平缓。沿黄两岸地势平坦,早在 2 000 多年以前先民们就凿渠引水,灌溉农田,秦渠、汉渠、唐渠延名至今,流淌至今,形成了大面积的自流灌溉区。

从地形分布来看,宁夏地貌自北向南为贺兰山地、宁夏平原、鄂尔多斯草原、黄土高原、六盘山地等,平均海拔在 1 000 m 以上。

贺兰山(最高海拔高度 3 556 m)是中国东部存在确切第四系冰川遗迹的山地之一,海拔 2 800 m 以上存在典型的冰川作用遗迹,冰斗、角峰、刃脊、擦痕、冰坎以及侧碛垄与终碛垄指示这里在第四系期间经历了冰川作用。贺兰山不仅构成宁夏、内蒙古的自然分界,而且也是我国内流区和外流区的分界,起着扼制西北寒风侵袭银川平原、阻挡腾格里沙漠东移的天然屏障作用,是我国季风区与非季风区、温带草原与荒漠草原的分界线,当然是中国西北地区的重要地理界线。贺兰山大地构造区域位于鄂尔多斯盆地西北缘,东以银川地堑与鄂尔多斯盆地相隔;西与阿拉善地块上发育的巴彦浩特盆地相邻,西北部与河套盆地吉兰泰拗陷相接;总体呈 NNE 向展布,南北延伸约 200 km。

贺兰山地貌特征通常以西坡的古拉本—东坡汝其沟以北,古拉本—汝其沟与西坡黄渠沟—东坡甘沟之间,黄渠沟—甘沟以南为界,将山体划分为北、中、南 3 段。出露古生代到中生代地层,中段大面积分布三叠 - 侏罗系沉积地层,在贺兰山主峰一带,主要岩性为砂岩和砾岩。

另一种划分类型是将贺兰山分为两段。以苏峪口—阿拉善左旗东西一线为界,可分为南、北两段。贺兰山北段为其主体部分,呈现北北东走向的复向斜结构,主要由中生界和部分古生界组成。

贺兰山汝箕沟上三叠统延长组红色粉砂岩地层中有大小不一的钙质结核组成的钙质结核层,紫红色粉砂岩中有交错层理,为一套辫状河三角洲平原河漫滩沉积地层。

贺兰山南段被中宁－中卫断裂所截,贺兰山苏峪口—三关口一带主要分布黄旗口组,为一套由灰紫、紫红、灰白色石英岩,石英岩状砂岩,杂色泥质岩及白云岩组成的滨浅海相沉积。不整合超覆于古元古代斜长花岗岩或古元古界贺兰山岩群,或古元古界赵池沟岩群之上。与上覆地层王全口组整合接触。贺兰山是典型的拉张型半地垒式断块山地,总体呈北北东走向,东陡西缓,山顶面西掀斜。

中段地势最高,向南北两端高度逐渐降低,整个山形近似于一道缓坡迎着西北风的巨型新月型沙丘。山体平均海拔2 000 m。地貌上自西向东依次表现为贺兰山山地、山前洪积扇与黄河冲积平原(银川盆地的主要构成部分)、灵盐台地。出露岩性主要为花岗岩、石灰岩、石英岩及砂岩、板岩、砾岩等。山前是一系列洪积扇构成的山前倾斜平原,东西宽数千米到十余千米,南北延绵150 km,扇顶砾石粗大。

银川盆地是贺兰山山前新生代断陷盆地,与贺兰山的隆升相伴而生,自始新统以来持续沉陷,盆内堆积巨厚。进入第四系,沉降中心仍偏贺兰山一侧,"阶梯"状下沉的最大厚度可达7 000 m。

贺兰山总体面积相对较大,山顶面较平坦,山体东西两坡不对称,西坡长而缓,沟谷比降小;东坡短而陡,沟谷比降大,且西坡洪积扇出水口海拔略高于东侧,显示出半地垒式山地特征。

第五节　陕西省洛川、翠华山和华山野外地貌实习内容设计

陕西省境内地貌实习内容主要安排洛川黄土地貌、翠华山山崩地貌和华山断层等构造地貌。

一、洛川黄土地貌

洛川黄土塬区地势北高南低。塬面开阔平坦,向东南缓倾,最高海拔1 136 m,是我国黄土塬区黄土地貌发育典型地区。沟谷切深为80～140 m;谷坡较陡,坡度30°～60°,受重力和地表地下水作用,沟谷内黄土滑坡、崩塌发育,沟头溯源侵蚀强烈。

黑木沟谷坡较陡,为"V"形沟谷,两侧滑坡较多,坡面悬沟发育;黑木沟黄土剖面出露清楚,地层连续完整,古土壤层清晰,可比性强,具有很高的学术价值。此外,沟内黄土微地貌发育,如黄土滑坡、崩塌、黄土悬沟、黄土落水洞、黄土桥、黄土柱、黄土墙等。

黄土地貌组合体系中,宏观组合由黄土塬和黄土梁、峁、丘陵、沟壑等地貌类型构成的丰富、多变的整体形态;中观组合主要由黄土沟间地貌和沟谷地貌组成;微观组合是指黄土高原地貌的单体形态,主要包括黄土陷穴(深度大的称为黄土竖井)、黄土碟(黄土地表湿陷而形成的圆形或椭圆形浅洼地)、黄土柱、黄土墙、黄土桥(由流水沿黄土垂直节理侵

蚀、潜蚀和崩塌作用造成的形态各异的黄土残留体)等。

二、翠华山山崩地貌

翠华山位于西安市南郊约 30 km,秦岭山脉北坡,太乙河流域内,主峰海拔 1 416.6 m,按其海拔高度属于中山地貌。

翠华山地区出露的岩层,按地质时代和分布范围可分为两大类:一是中元古界宽坪群沉积变质岩系,主要岩石有石英片岩,黑云母斜长片麻岩,纳长阳起片岩和大理岩等;二是印支期二长花岗岩侵入体,岩性主要为二长花岗岩,并具不同程度的混合岩化作用。

翠华山是在强震作用下发生山崩,形成了新生地貌,有高大的悬崖——崩塌壁,规模巨大的山崩堆积体——石海,堰塞湖——水湫池。

三、华山断层等构造地貌

华山山脉在地质构造单元上属秦岭造山带的一部分,以华山山前断层(秦岭北缘断层之华阴段)为界,分为太华台拱和渭河断陷,前者属华山山脉,后者属渭河断陷盆地。区域内出露的地层岩性自渭河谷地至华山顶峰分别为新生代沉积物,太古界花岗片麻岩(海拔 430~580 m)、中古生代(燕山期)花岗岩(海拔 580~2 160 m)。南侧山体强烈上升,形成中山,北侧盆地强烈下降,形成拥有厚达 6 000 多 m 新生代沉积物的渭河地堑。华山地域上断裂较为发育,自北而南主要有渭河断裂、华山山前断裂和巡马道断裂。华山山前断裂在新生代具有强烈的正断层活动特征,它是造成华山山体拔地而起的主要原因。第四系时期,断裂继承了第三系时期的活动方式,仍然作正断活动。上升盘形成 250~350 m 高的断层三角面,下降盘最大沉降幅度达 1 200 m 以上,垂直差异运动幅度达 1 500 m 左右。华山山脉属中高山,主峰海拔为 2 000 多 m,在地形上构成了以陡、险、峻和秀的花岗岩地貌景观。

花岗岩可以视为一种很好的构造标志体,犹如褶皱、断层一样,从花岗岩浆的形成、熔体分离、岩浆上升到岩体定位以及变形改造的全过程,都蕴含着丰富的构造动力学、运动学信息,可为大陆构造变形的动力学、运动学提供证据。花岗岩经历了岩浆熔融体、塑性－韧性体、韧脆性体和脆性体等不同发展阶段,代表花岗岩在不同阶段物质组成的凝聚态。华山花岗岩为二长花岗岩,其组成相对单一,主要由长石、石英、云母构成。

旋卷－扭动构造是由旋转扭动作用造成一系列弧形构造环绕岩块砥柱或旋涡所组成的构造系,包括隆升突起砥柱和弧形地质体两个部分。华山景区的主体是一个类似莲花状的地貌景观,由南峰、西峰和东峰构成的柱状突起是旋扭构造的砥柱,状如莲花的花蕊(蕾)或莲蓬部位,柱体东、西两侧各有 2~3 个弧形体就是旋卷构造的弧形地质体似的花瓣,把砥柱包围其中。

组成峰柱突起的结构面不是脆性条件下的几组节理,而是由近于直立的成分－结构层和(轴面)劈理重合组成的复合结构面。旋卷－扭动构造也会产生压扭性或张扭性的节理构造,华山景区的三公山就是这种弧形构造与节理构造的产物。

华山花岗岩侵位于太古宙的太华岩群。太华岩群是一套麻粒岩－角闪岩相变质的高级变质岩系,是华北陆块南缘发育的最古老的地层,其岩性主要为混合岩化黑云斜长片麻岩、长石石英岩和黑云斜长片麻岩、角闪斜长片麻岩等组成。按马托埃构造层次理论太华岩群是下地壳最深构造层次的产物，它从地壳的深部上升到地表，必然经过了从深构造层次、中构造层次到浅表构造层次的过程，在这个过程中经历了塑性流变变形、韧－脆性变形和脆性变形的发展阶段，并伴随节理和断层。

第六节　山西省野外地貌实习内容设计

山西省野外地貌实习内容主要安排吕梁山与太行山山系及其平行区域内的汾渭地堑系构造盆地、大同火山地貌。

山西位于吕梁山与太行山的平行区域内，境内地形复杂多样，有山地、丘陵、高原、盆地、台地等多种地貌类型，其地理位置大致为黄土高原东部，东有太行山脉，西为吕梁山脉，山西省地貌从西北到东南大体可分为三大部分：东部山地、西部高原山地和中部断陷盆地。断陷盆地的东部和东南部，以太行山脉为主，自北而南尚有恒山、五台山、系舟山、太岳山、中条山，除太行山、太岳山呈近南北走向外，其他诸山均为北东—南西走向。断陷盆地西部和西北部，以吕梁山脉为骨干，总体近南北走向，但其以北的云中山、管涔山、洪涛山均呈北东—南西走向。各山体之间分布着大同盆地、忻定盆地、太原盆地、临汾盆地和运城盆地，略呈西北高东南低的态势。

太行山是影响山西地貌特征的主要山系，太行山地貌系统是以稳定地台型沉积建造为物质基础，以新构造运动抬升为地质背景，以峡谷地貌和广泛分布的长崖断壁、长脊长墙等为主要景观的一种地貌形态。具有切割深，落差大，山雄势壮，众多峡谷两侧由长崖断壁围限的地貌特点。是在地层和岩石基础、断裂和节理构造控制、新构造运动的间歇性抬升、气候和水动力条件综合作用的结果。太行山地貌在宏观上具有峰谷交错、谷深沟险、长崖长脊发育的特点；在剖面上，则崖台叠置，缓坡与崖壁交替出现，即为一种阶梯状地貌。完整的太行山地貌系统：在地层上，应包含华北地台基底和中元古界－寒武系－奥陶系盖层。在地貌形态上，通常是在峡谷下部，常为深切的河谷，或嶂谷；在中部，峡谷较为宽阔，两侧地形缓坡之上为陡峭的山坡，高耸的崖壁，即断崖、长崖；顶部常见平缓的台地或平台以及长脊、长墙。

一、汾渭地堑系

汾渭地堑系是中国大陆内一条重要的张性断陷带。它北起北京市延庆县，南抵陕西省关中地区，全长 1 200 km，总体呈 NE—SW 向的"S"形。地堑系由一系列新生代断陷盆地组成，自北东向南西依次为延（庆）怀（来）、蔚县、大同—阳原、灵丘、忻（州）定（襄）、太原、临汾、运城、灵宝、渭河等十个盆地（见图14-4）。

汾渭地堑系断陷盆地主要由 NNE、NE、NEE 及 NWW 向正断层或正走滑断层组成。边界断裂全新统活动明显，垂向差异运动速率为 0.4~1.0 mm/年。该地堑系是我国大陆强震活动带之一，有史记载以来（公元前280年以来）共发生 8 级地震 2 次，7~7.9 级 6 次，6.0~6.9 级 26 次。地震空间分布与盆地边界具有明显的一致性，7 级以上大震重复发生在忻定盆地、灵丘盆地、临汾盆地和渭河、运城、灵宝三盆地的结合部，而 6 级地震则

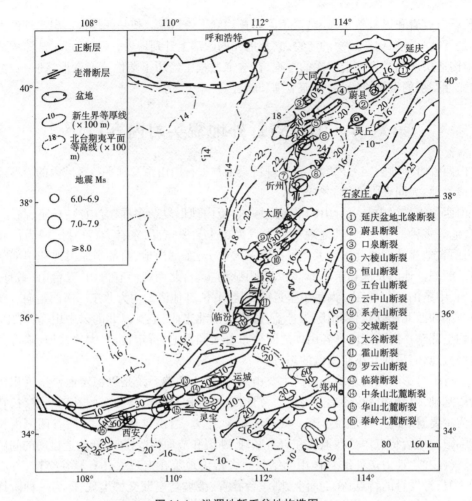

图 14-4　汾渭地堑系盆地构造图

相对集中于其他构造区内。

根据盆地的断陷幅度,将汾渭地堑系盆地类型划分为浅断型、中(度)断(陷)型、深断型 3 类:

(1)浅断型盆地。如灵丘、蔚县盆地,其形态特点是断陷规模小,沉积厚度一般为 200~700 m,边界断裂长 40~80 km,垂向断错总幅度(指盆地基底与两侧山地早第三系夷平面高差)1 000 m 左右。盆地规模较小,长度为 40~100 km,宽度 15~30 km,形成时代偏新(N_2-Q_2)。

(2)中(度)断(陷)型盆地。如忻定、临汾、延怀盆地。断陷规模中等,沉积厚度一般为 1 800~2 000 m,边界断裂长 100~150 km,垂向断错总幅度 2 800~2 900 m。盆地规模适中,长 100~160 km、宽 40~50 km,形成时代为 N_2。

(3)深断型盆地。如渭河、灵宝、运城、太原、大同盆地。断陷规模大,沉积厚度一般为 3 000~6 000 m,边界断裂长 100~400 km,垂向断错总幅度为 4 000~8 000 m。盆地规模最大,长为 100~300 km、宽为 40~100 km,形成时代偏老,E_2-N_2。

上述三类盆地,随着断陷规模的扩大,构造样式从半地堑变为不典型地堑和地堑,这是地质构造运动导致盆地发育进程的差异所致。据此,进一步把盆地划分为初始型、成长型、成熟型和连接型四类。初始型对应浅断型,成长型对应中断型,成熟型和连接型对应深断型。

初始型盆地的边界断裂只发育于一侧,属半地堑。初始型盆地是断陷初期的构造样式。地壳在拉伸作用下发生细颈化,地表开始拗陷,并沿拗陷的一侧斜坡发育张性断裂(裂陷),裂陷形态像张开的裂口,呈扁椭圆形,长轴垂直拉伸方向。边界断裂继承了拗陷斜坡的形态,呈正牵引特征。这种一侧为凹曲,另一侧为正牵引断层的半地堑构造,体现了变形由韧性向脆性破裂的过渡。

成长型盆地两侧均有边界断裂,但断裂规模小、不连贯,或被横向断裂剪切错断或阻断,属非典型地堑,它由初始型盆地进一步扩展而来。成长型盆地的边界断裂规模尚小、不贯通,各自独立发展,使得盆地的边界形态不规则。构造组合上,纵横向(或斜向)断裂相互交切、阻断,将盆地切为方块状次级地块。沉积中心受边界断裂控制较弱,大致位于盆地中轴上,断裂从盆地两侧向内呈阶梯状组合。成长型盆地一般由2个以上的初始型盆地扩展联合而成。如忻定盆地由定襄、原平、代县3个次级盆地联合而成;临汾盆地由侯马、临汾、洪洞3个次级盆地组成;延怀盆地由延庆、怀来2个次级盆地组成。次级盆地间边界断裂尚未完全贯通,被横向构造分割,自成独立的沉降中心。切穿盆地的横向断裂,走向上大致平行盆地的拉张方向,活动方式属走滑断层,有转换断层性质,是盆地各段差异扩张造成的,如临汾盆地的什林断裂和洪洞 – 苏堡断裂。

成熟型盆地如渭河、运城、灵宝、太原、大同 – 阳原盆地。盆地两侧由规模巨大而连贯的边界断裂限定,属典型的地堑型盆地。成熟型盆地边界呈长方形。盆地内纵向断裂规模较大,横向断裂规模小且限定在边界大断裂之间。次级地块主要呈纵向长条状,沉降中心靠近边界大断裂。次级断裂垂向错距较小,构造形变主要通过边界断裂的错动来实现。成熟型盆地由成长型盆地发展而成,沿纵向各次级盆地进一步联合,突破横向断裂的分割,形成了共同的边界断裂。此阶段,边界断裂及断陷内某些纵向大断裂已发育为铲式断层,断裂两盘发生了锹斜式运动,构成了盆 – 岭构造组合。成熟型盆地是一个形态较规则、边界断裂贯通性较好、断陷扩张阻力较小的构造样式。

随着盆地的进一步扩展,相邻盆地会连接在一起,构成连接型断陷带。渭河、运城、灵宝3盆地组成了一个三叉形连接型断陷带。该断陷带的3个盆地均为成熟型盆地,连接区位于华县、大荔、潼关一带。在连接区,两组以上断裂相互交切,尚未形成一组优势断裂及边界断裂,构造样式颇似成长型断陷。

渭河、灵宝盆地开始于始新统,并联合为一个小型断陷带,这两个盆地的下第三系最大厚度均为 3 000 m。运城盆地开始形成于渐新统,并于晚第三系与渭河盆地联合。渭河、灵宝、运城盆地上第三系沉积厚度分别为 3 800 m、350 m、2 000 m;3 盆地第四系沉积厚度依次为 1 100 m、100 m、700 m。由此看来,从晚第三系开始,断陷中心带由渭河、灵宝盆地转移到渭河、运城盆地,华山山前断裂与中条山北麓断裂有联合的趋势。

汾渭地堑系各断陷盆地所处的结晶基底构造不同。大同、太原、渭河、灵宝及运城盆地沿前寒武纪古构造拼接带或古裂陷发育,基底构造破碎,强度较小;忻定盆地、临汾盆地则由古陆块裂陷而成,基底较完整,强度较大。汾渭地堑系所处结晶基底构造的区域差异性可能在一定程度上影响了断陷盆地的发育程度。在 NW—SE 向的区域拉张作用下,沿构造薄弱带较易裂陷,盆地形成时间早,断陷幅度大,如渭河、灵宝、运城及大同盆地;沿古陆块发育的盆地形成晚、断陷幅度小,如忻定、临汾盆地。

汾渭地堑系为带状莫霍面相对隆起区,两侧为莫霍面相对低凹区。各盆地莫霍面相对两侧地区的隆起幅度大小不等,其中渭河、运城、太原、大同等盆地为 2～3 km,临汾、忻定盆地以及渭河、运城两盆地连接区为 1～2 km。盆地断陷幅度大,其莫霍面相对隆起幅度也大,二者成镜像关系。

各种层状地貌类型从不同侧面刻画了新生代的地表动力过程,譬如夷平面与山麓剥蚀面指示了相对较长的构造稳定期,复合断层崖指示了中短时间尺度的断层多期活动,而河流阶地指示了河流的间歇下切作用。

汾渭地堑系中的忻定盆地周缘断块山地是认识这一理论的理想场所。该盆地位于汾渭地堑系北段,其周围群山环绕,五台山位于其东侧,最高峰北台顶海拔高度 3 058 m,是华北地区的屋脊和著名的北台期夷平面命名地。

忻定盆地是一个新生代张性断陷盆地,边界主要由五台山北麓断裂、系舟山北麓断裂、云中山东麓断裂和恒山南麓断裂构成,其中五台山北麓断裂与系舟山北麓断裂活动强度最大。这些断裂控制了忻定盆地的发育,并进一步将忻定盆地分割为次一级的断凹。其中繁代断凹主要由五台山北麓断裂控制,成为南断北超的不对称地堑,长轴呈 NEE 走向,新生代沉积厚度达 1 800 m,其西北边界还受到弱活动的恒山南麓断裂控制。定襄断凹则由系舟山北麓断裂控制,为半地堑构造,呈 NE 走向,新生代沉积厚度达 1 800 m。而原平断凹由云中山东麓断裂与五台山北麓断裂的西段控制,走向 NNE,新生代沉积厚 700 m。与海拔 800～1 100 m 的盆地平原形成对照,忻定盆地周缘是海拔 2 000～3 000 m 的山地。断块山地从山顶向盆地一侧山麓依次发育了古近纪的北台期夷平面、甸子梁夷平面,新近纪的唐县期夷平面,以及第四系的多级河流阶地与山麓剥蚀面。这些层状地貌指示了新生代以来山地的多期隆升作用。各级地貌面上发育了不同厚度的黄土－古土壤序列。

在断块山地的山麓地带,同一期构造运动形成的山麓剥蚀面与河流阶地有一定的共生关系。根据经典的断层崖演化理论,断块隆升形成断层崖;随后,断层崖上的冲沟下切侵蚀形成“V”字形峡谷;进入构造平静期后,沟床展宽形成“U”字形宽谷,断层崖遭受剥蚀而坡度降低,如果平静期足够长,断层崖后退形成山麓剥蚀面 P1;受下降盘盆地地表这一共同侵蚀基准面的控制,山麓剥蚀面与宽谷谷底在山麓地带处在大致相同的高度;后期的断块隆升形成新的断层崖,原先的山麓剥蚀面 P1 和宽谷被抬升,冲沟从断层崖开始溯源侵蚀形成阶地 T1。在山麓地带,T1 与 P1 连成一级地貌面,二者在空间上连续,在高度上可比。多个构造旋回可以形成一系列由河流阶地和山麓剥蚀面组成的多级联合地貌。

五台山是一条 NE 走向的山脉,其空间展布及地貌发育主要受五台山北麓断裂的控制。自海拔 2 500～3 000 m 的北台期山顶面以下,五台山北麓地区保存了海拔 2 100～2 300 m 的甸子梁面与海拔 1 500～1 600 m 的唐县期夷平面。在五台山北麓的东山底村东石鸡梁,唐县期夷平面海拔 1 600 m,上面残存了上新世红黏土。唐县面之下发育了 6级第四系山麓剥蚀面,一些河流中发育了 7 级阶地,如羊眼河、峨河和峪里河等。

系舟山是一条 NE 走向的山脉,其空间展布及地貌发育主要受系舟山北麓断裂的控制。自海拔 1 900 ~ 2 000 m 的北台期山顶面以下,系舟山北麓地区保存唐县期夷平面(Pt)与 6 级山麓剥蚀面(P1 至 P6)。海拔 1 500 ~ 1 800 m 高的甸子梁面在五台山北麓不发育或已被侵蚀殆尽。唐县期夷平面海拔 1 250 ~ 1 400 m,在多数山麓地带已被横向冲沟切割为山梁,难以见到完整的夷平面。在系舟山东北麓的瓦扎坪一带,断块差异运动较弱,唐县面呈海拔 1 250 ~ 1 300 m 的丘陵台地,低洼处发育数米至 30 余 m 的冲洪积相上新统静乐组,由棕红色砂砾层与红黏土组成。另外,在西土岭沟和黄场峪沟的上游段保存的宽谷地貌是唐县期地貌面,海拔 1 300 ~ 1 400 m,其向盆地一侧与唐县期宽广的山麓剥蚀面 Pt 连为一体。

滹沱河上游源自山西省繁峙县东部的东淤地一带,向西穿过繁代盆地之后折向南经原平盆地进入忻定盆地,再向东进入山区,横穿系舟山东段、太行山山区,进入华北平原,全长约 350 km。在系舟山东段的南庄西北侧海拔约 800 m 处发育了上新统红色黏土与砾岩,高出现代沟床约 200 m,可能是滹沱河古河谷保存最老的河流沉积。在系舟山东段,自该高度向下,保存完好的河流阶地有 5 级,在戎家庄、赵家庄和岭子底一带滹沱河的凸岸一侧多有分布。

二、大同火山群

大同火山群包括大同县西坪一带的火山锥和玄武岩,还包括西坪往东分布于桑干河两岸的火山锥和玄武岩,其分布范围在京包铁路聚乐堡车站—大同市陈庄一线以东,山西省与河北省两省省界以西,北起阳高县下深井一带,南到六棱山山脚,东西长约 30 km,南北宽约 20 km,行政区划上大部分在大同县境内,少部分在阳高县境内。在这一范围内,火山玄武岩出露面积约 15 km²,火山 29 座,另有玄武岩出露点 10 余处。

大同火山形态多样,有圆锥形、马蹄形、盾形、垄岗形和火山小鼓包等。这些火山散布于大同盆地的湖积－冲积平原上,构成桑干河两岸独特的有火山、垄岗起伏的平原地貌。详细类型如下。

(一)圆锥形火山

圆锥形火山总体呈圆锥形,火山口不大,火山高出地面数十米至 100 多 m,主要由火山碎屑物组成,火山碎屑物中多夹薄层状玄武岩;平面上呈圆形或椭圆形,火山口常呈凹坑;火山口周围由紫色、灰紫色火山集块岩,火山砂砾,火山弹,火山渣等组成火山口围墙;火山锥体的坡度较陡,为 18° ~ 33°,且基本对称。属这类火山的有昊天寺、黑山、老虎山、阁老山等。

(二)马蹄形火山

马蹄形火山的特征与圆锥形火山的特征基本一致,主要差别是马蹄形火山的火山口不封闭,由于火山多次喷发的熔岩流出和后期的水流侵蚀火山口围墙,多在某个方向开口较大形成破火山口,平面上呈马蹄形,其外貌形似放在地面的大圈椅,如图 14-5 所示。马蹄形火山有金山、狼窝山、马蹄山、北大山、养老洼东山等。

(三)盾形火山

盾形火山是玄武岩从高处向四周流动所致,无明显的火山口,火山坡度很小,只有

图 14-5　马蹄形火山

3°～9°,外形像扣在地面上的盾牌,平面呈一长轴较长的椭圆形,火山口不明显。属这类火山的有滩头火山、大辛庄火山、神泉寺火山等。

（四）垄岗状火山

由数个高低、大小相近的火山沿一定方向紧密相连,形似地面有起伏的垄岗;火山口不清楚,火山由玄武岩、火山碎屑互层组成,坡度较缓。属于这类的火山有牌楼山、双山和桑干河两岸的玄武岩。

（五）鼓丘形火山

火山高度小,坡度平缓,火山口不清楚,火山主要由熔岩流组成,火山碎屑多为薄层状夹层,形似出现于地面上的鼓丘。这种鼓丘形火山常沿一定方向排列成串珠状,主要沿桑干河沿岸分布。

（六）半锥形火山

沿六棱山山前断裂喷发的火山碎屑与熔岩流顺山坡向下流动而形成半圆锥形,火山口以南部分仍为陡立的基岩山地。这类火山主要是大峪口火山。

（七）其他火山地貌

大同火山除有上述形态特征外,在火山西区还有胎火山、寄生火山等。胎火山是指其地面形态依稀可辨、地下有火山通道且通道内充填有火山角砾等火山碎屑的火山;这种火山是以较弱的蒸气喷发为主形成的,亦称雏火山。狼窝山、牌楼山一带有胎火山分布。寄生火山是指在较大的火山山坡上又喷发出的小火山山丘,如牌楼山上寄生的 3 个小火山锥。

以上火山分类只是针对大同火山的不同形态而言。总的说来,在一般的火山分类中,大同火山属中心式喷发的复合型火山锥,即总体上大同火山属锥形火山。

第十五章　野外土壤实习内容设计

　　土壤是发育于地球陆地表面能生长绿色植物的疏松多孔的结构表层。研究土壤常用的基本概念如下：

　　土壤发生层是土壤形成过程中所形成的具有特定性质和组成的、大致与地面相平行的,并具有成土过程特性的层次,能反映土壤形成过程中物质迁移、转化和积累的特点,而土壤形成过程中所产生的发生学层次和母质层在内的完整垂直土层序列被称为土壤剖面。

　　障碍层是指土壤剖面中凡是能阻碍水分养分正常运移和妨碍植物根系正常生长的土层,常见的障碍层有超钙积层、钙磐层、超钙磐层、石膏层、超石膏层、超盐积层、盐磐、结核层、潜育层、网纹层、永冻层等。

　　诊断层是在土壤分类中用于鉴定土壤类别,性质上有一系列定量规定的土层。

　　石质接触面是土壤与其下垫的莫氏硬度≥3 的坚硬岩石或石块之间的界面层。准石质接触面是土壤与其下垫物质无裂隙或裂隙间距≥10 cm 的准石质物质之间的界面层。粗骨物质是土壤物质中≥0.01 mm 的颗粒。

　　有效土层是植物根系可以生长,土壤养分和水分可以运移的层次。

　　土体厚度是确定土体厚度,首先需要明确土体的概念。传统的土体的定义为母质层以上的所有土层,即 A 层与 B 层厚度之和。但母质层的上限该如何确定? 对于山丘地区的坡地部位,土体下部一般可见成土母岩或其半风化体,母质层上限容易确定;但对平原或平坦或低洼地区冲积物或沉积物母质而言,母质层上限的确定并没有明确标准,一直是个难题。为此,将土体定义为是≤2 mm 土壤物质(砂粒、粉粒、黏粒)的体积含量 >25%,或 >2 mm 石砾的体积含量≤75% 的所有土层。此处石砾包括基岩、基岩的半风化体、洪积或冲积来的石块(包括鹅卵石)、粗砂以及次生的结核(如铁锰结核和砂姜)。

第一节　野外土壤实习要求

一、目的意义

　　土壤地理野外实习,是土壤地理教学环节的有机组成部分。通过野外实习,一方面结合实际,应用和验证课堂教学所学的理论与知识,加深和巩固对教材内容的理解;另一方面更重要的是学习常规土壤调查与制图的基本技能和方法。

　　土壤地理野外实习的重点是学习与掌握土壤路线调查(或概查)的方法。它的主要内容包括:调查前的有关资料和图件的收集与分析工作;土壤地理调查路线的选择;土壤剖面的选点、观察、描述与记载;土壤标本与样品的采集;土壤图的调查与绘制;编写土壤调查报告或土壤图说明书。有条件时,可与土壤遥感调查与制图实习同步进行,会取得事半功倍的效果。

二、实习的准备工作

为使实习取得预期的效果,做好实习的一切准备是尤为重要的。

指导教师的准备工作,主要是确定野外实习的地点,预查、制订实习计划(包括目的要求、日程安排、人员组织等)。师生共同要做的准备工作是复印地形底图、收集与分析有关实习地区的资料和图件等。

(一)地形图的准备

地形图是用以野外实习底图的必备的基础图件。地形图比例尺大小的选择,视野外实习地区范围的大小、自然地理环境和土壤的复杂程度而定。实习范围小、环境条件复杂和土壤种类多样性的,比例尺宜大,反之宜小。一般多采用 1:5 000 ~ 1:10 000 比例尺的地形图做底图。范围大者可采用 1:100 000 地形图。

在确定无地形图的情况下,可以用比例尺平面图代替。结合生产任务的野外实习,还需匹配相当或比例尺略小的行政图。

(二)资料与图件的搜集和分析

1. 自然成土因素的资料与图件

(1)气象气候资料与气候图:着重收集的数据有气温、年均温、>10 ℃积温;年降水量、蒸发量、风、无霜期等资料,以及气候图。

(2)植被:植被类型、组成结构、被覆情况、指示植物等。主要收集自然植被、植被图等。

(3)地貌:地貌类型、海拔高度、侵蚀切割程度,以及地貌类型图等。

(4)母质和母岩:地质图、岩性分布图、区域地质构造、岩石种类、岩性及其分布规律。成土母质类型,一般以第四系成因类型为基础,如花岗岩残积母质、河流冲积母质或洪积物,海(湖)相淤积物、冰碛母质等。在干旱和半干旱地区,应注意黄土和风沙物质,湿热的亚热带地区,应注意红色风化壳。

(5)水文:包括实习区的地表水和地下水,如河流水系分布、各河流的水文特征、流域发生发展情况;地面潜水埋藏深度、水化学成分及矿化度;水文地质图等。

2. 社会经济情况资料

收集社会经济资料的目的在于了解人类活动对土壤发生与演变的影响,包括历史上的人类活动;现在的社会情况,特别是农业经济资料,如人口、农业劳动力、总土地面积、耕地面积、林地、牧地;农作物种植情况,如作物种类、作物配置、耕作制度、产量水平;农业生产结构、农业生产中产生的主要问题;水利、施肥状况;旱、涝、盐、碱、次生潜育化、水土流失情况等。此外,对于城市、工矿业发展对土壤污染或退化带来的影响也不能忽视。

3. 土壤资料与土壤图

收集、阅读与分析实习地区的有关土壤图、土壤调查报告,论文或专著是实习准备工作的重点。一般来说,经过全国二次土壤普查,各地都有大比例尺土壤图及比较丰富的土壤普查资料可以利用,对现有的资料,要着重研究各类土壤的发生学特性、理化性质;土壤形成与分布的地带性规律与区域特性;土壤与农、林、牧生产的关系;土壤改良利用中的问题(土壤侵蚀、次生盐渍化、潜育化、退化、沙化等);当地群众利用改良土壤的经验等。

（三）土壤地理野外实习常用仪器、用具的准备

（1）土壤资料与土壤图:收集、阅读与分析实习地区的有关土壤图,土壤调查报告。

（2）采土工具和用品:取土铲、剖面刀、钢卷尺、土壤标本纸盒、土壤标本木盒、土壤样品袋、采土标签、pH值混合指示剂、比色阶(卡)、白瓷比色盘、10%盐酸。

（3）土壤野外速测仪器:土壤水分速测仪、土壤养分速测仪等。

（四）实习内容与要求

（1）实习区土壤植被概述。

（2）主要成土作用与成土过程。

（3）主要土壤类型与成土环境的关系。

（4）褐土与棕壤的特点及形成过程。

（5）土壤的发生、发展演化。

（6）土壤标本的采集方法。

（7）土壤分析样品的采集。

（8）编写实习报告。

三、野外实习主要方法

土壤剖面是从地面垂直向下的土壤纵断面,它由土壤发生层(含土壤层次)组成。发生层的颜色、质地、结构、新生体、pH值等理化特性,反映着土壤中物质与能量的积累、迁移、转化情况,是确定土壤类型的依据。因此,进行土壤剖面观察是识别土壤、研究土壤的基础工作。

（一）土壤路线调查

1.路线调查选线的原则和方法

路线调查属于概查。由于土壤与成土因素之间的关系是统一的,因而选线通过各种成土因素的典型地段,就可以见到各种典型土壤类型。

（1）山区土壤路线调查选线:首先要遵循垂直于等高线的原则,使选定路线从山下到山上,能经过不同海拔高度的各种植被、母质类型,以及通过不同的土壤垂直带;还应考虑山体的大小,注意丘陵、浅山、中山和深山之别,以及不同坡向、不同坡度及局部地形对土壤形成发育造成的差别。此外,山区选线最好从河谷起,这样还可看到河流水文、母质与地形等土壤形成的分布的影响。

（2）平原区选线:平原区较山区土壤的变化要简单些,但平原区各种地貌类型,中、小地形的起伏变化、沉积母质类型的变异程度等对土壤发生与分布的影响都很重要。因此,平原区选线同样要遵循垂直于等高线的原则。选线要通过主要的地貌单元、地形部位、母质类型,以便能观察到更多的土壤类型,并掌握土壤的分布规律,如滨海(滨湖)平原—冲积平原—山麓平原;河漫滩—高阶地;洼地—二坡地—岗地。能够观察到各种类型的土壤。平原区选线还应注意其典型性,即选定的路线要通过实习地区最具有代表性的地貌类型、地形部位、母质类型的地段。如河流冲积平原要尽量选定在各阶地比较齐全而完整的地段,不应选择某几级阶地缺失,或被侵蚀切割成支离破碎的残存阶地地段。

农耕区选线要选定能代表当地主要耕地,不同农业利用类型的土壤调查路线。如通过路线应照顾到水稻田、旱田、特殊经济作物区、各种草场类型等。

2.路线调查选线的间距

假使通过路线调查要完成一定面积范围的土壤图,则选线的间距要根据不同比例尺的精度要求、成土条件和土壤类型的变化复杂性确定。如地势平坦开阔,土壤类型较单一,分布范围较广,则调查路线的间距可大些;相反,如果成土条件、土壤类型复杂多样,面积较小,图斑比较零碎,则调查路线的间距应适当小些。总之,要使调查路线能控制土壤类型分布规律,有利于调查后绘制完成土壤图为原则。

（二）剖面的设置与挖掘

1.土壤剖面的种类

土壤剖面按来源分为自然剖面、人工剖面两类;按剖面的用途和特性,又可分为主要剖面、检查（或对照）剖面、定界剖面三种。

（1）自然剖面:由于人为活动、水力侵蚀或冲刷而造成的土壤自然剖面,例如,兴修公路、铁路、工程或房屋建设、矿产开采、兴修水利、平整土地和取土烧砖瓦,以及河流冲刷（见图15-1）、塌方等,均可形成土壤自然剖面。

自然剖面的优点是垂直方向比较深厚,可观察到各个发生土层和母质层,同时暴露范围比较宽广,可见到土层薄厚不等的各种土体构型的剖面,这就有利于选择典型剖面,比较不同类型土体构型的剖面,对分析研究土壤分类、土壤特性、土壤分布规律都比较有利。自然剖面的另一大优点是挖掘省工,只需挖去表面旧土就可进行观测。自然剖面的缺点是暴露在空气中较久,因受风吹日晒雨淋的影响,其剖面形态已发生了变化,不能代表当地土壤的真实情况,因而它只能起参考作用,不宜做主要剖面。但一些最新挖掘的自然剖面要进行观测时,应加整修,以挖除表面的旧土,使其暴露出新鲜裂面。

图15-1　包头市达茂联合旗乌克忽洞镇洪水冲刷形成的土壤自然剖面

（2）人工剖面:这是根据土壤调查绘图的需要,人工挖掘而成的新鲜剖面,有的也叫土坑,如图15-2所示。

主要剖面:是为了全面研究土壤的发生学特征,从而确定土壤类型及其特性,而专门

图 15-2　人工剖面

设置挖掘的土壤剖面。它应该是人工挖掘的新鲜剖面,从地表向下直接挖掘到母质层(或潜水面)出露为止。

检查剖面:也叫对照剖面,是为了对照检查主要剖面所观察到的土壤形态特征是否有变异而设置的。它一方面可以丰富和补充修正主要剖面的不足,另一方面又可以帮助调查绘制者划分土壤类型。检查剖面应比主要剖面数目多而挖掘深度浅,其深度只需要挖掘到主要剖面的诊断性土层为止,所挖土坑也应较主要剖面小,目的在于检查是否与主要剖面相同。如果发现土壤剖面性状与主要剖面不同,就应考虑另设主要剖面。

定界剖面:顾名思义是为了确定土壤分布界线而设置的,要求能确定土壤类型即可。一般可用土钻打孔,不必挖坑,但数量比检查剖面还要多。定界剖面只适用于大比例尺土壤图调查绘制中采用,中小比例尺土壤图调查绘制中使用很少。

2. 主要剖面的选点

正确地设置主要剖面点,不仅能提高土壤调查速度,而且有利于对土壤分类、土壤特性做出正确的判断,从而提高土壤调查的质量;如果主要剖面地点设置不当,则所观测到的资料没有代表性,对土壤分类、土壤特性就会做出片面甚至错误的判断,从而影响到土壤调查质量,贻误调查工作。

主要剖面点的选定,原则上每种土壤类型(或制图单元)在调查路线上至少要有一个剖面点。具体位置应设于具有代表性的地形部位上。若在地势、植被、母质呈相应变异的地区,还应按中地形不同部位分别设置剖面;在盐渍化地区,还应按小地形部位设置主要剖面;山区应按海拔高度、坡向、坡度、坡形、植被类型分别设置主要剖面;在农耕区应按不同的耕作方式分别设置主要剖面;农、林、牧交错地区,应按土地利用的不同方式分别设置剖面。如要研究某种特定条件对土壤的影响,应按具体条件分别设置主要剖面,如为查明土壤垦殖演替规律,可在林地(或草地)、新垦地、久耕地分别设置主要剖面;研究灌溉等其他农业技术措施对土壤的影响时,可在灌区、非灌区或其他采土因素的组合下,均应设置主要剖面,至于设置多少,可根据调查绘制详略和每个主要剖面所代表的面积大小而定。

主要剖面点的具体位置,还应避开公路、铁路、坟地、村镇、水利工程、池塘、取土壕、砖瓦窑等受人为干扰活动影响较大的特殊地段,以使所设主要剖面点真正成为当地代表性、典型性的土壤剖面。

选定好的土壤剖面点,应该预先标注在地形底图上,标注办法是只需用铅笔画一个圈点即可。

3. 土壤主要剖面的挖掘

挖掘主要剖面时,首先在已选好点的地面上画个长方形,其规格大小为长 2 m、宽 1 m,挖掘深度要求 2 m。但是结合不同地区的不同土壤,应有不同的规格。对山地土壤土层较薄者,只需要挖掘到母岩或母质层即可;对盐渍土挖掘到地下潜水位为限;对耕作土壤的主要剖面,规格可以小些,一般长 1.5 m、宽 0.8 m、深度 1 m 即可;对采集整段标本用者,土坑要求应按上述第一种规格挖掘。

挖掘土坑时应注意观察剖面要向阳,山区留在山坡上方。观察面要垂直于地平面,土坑的另一端挖掘成阶梯状,以供剖面观测者上下土坑使用。

挖掘的土应堆放在土坑两侧,而不应堆放在观察面上方地面上。同时不允许踩踏观察面上的地面,不得在剖面上部堆土、走动、放置工具,以免扰乱破坏土壤剖面土层的形态。

(三)土层划分

(1)记录剖面点的环境条件。剖面的地理位置、调查日期、天气情况、地貌类型、地形部位、海拔高度、坡度、植被类型、潜水位、侵蚀状况、人为影响等。

(2)土层划分。

1967 年国际土壤学会提出,土壤剖面发生层划分为 O、A、E、P、B、G、C、R 等层,近年来已被我国采用。主要的土壤发生层的特征如下:

O 层:凋落物层。

A 层:腐殖质层,位于表层,聚积有与矿物质充分混合的腐殖质化有机质。

E 层:淋溶层,硅酸盐黏粒、铁铝等物质淋失,适应或其他抗风化矿物的砂粒或分离相对富集的矿质层。

P 层:土壤耕作层之下的犁底层。

B 层:淀积层,在上述各层下面,并有下列一个或一个以上特征:①聚积有硅酸盐黏粒、铁、铝、腐殖质、碳酸盐、石膏或二氧化硅;②碳酸盐的淋失;③三氧化物、二氧化物的残积;④由于存在三氧化物、二氧化物角膜,使土壤亮度较上下土层低,才度变高或色调发红;⑤粒状、块状或棱柱状结构。

G 层:潜育层,指在长期被水饱和并有有机质存在的条件下,铁锰还原、分离或聚积而成的强还原状况的土层。

C 层:母质层。

R 层:母岩层

根据各土层性状与成因的差异可进一步细分,并在大写字母的右侧加一小写字母的方式来表示区别,如:A 层可细分为:Ah(自然土壤的表层腐殖质层);Ap(耕作层),Ag(潜育化 A 层),Ab 埋藏腐殖层。E 层可细分为:Es 或 A2(灰化层)、Ea(白浆层或漂洗层);B 层可细分为:Bt(黏化层)、BCa(钙积层)、Bn(腐殖质淀积层)、Bin 或 Box(富含铁、铝氧化物的淀积层)、Bx(紧实的脆盘层)、Bfe(薄铁盘层)、Bg(潜充化的)。C 层可细分为:Ca(松散的)、Cca(富含碳酸盐的)、Ccs(富含石膏的)、Cg(潜育化的)、Cc(强潜育化)、Cx(紧实、致密的脆盘层)、Cm(胶结的)。

(3)土层划分之后,采用连续读数,用钢卷尺从地表往下量取各层深度,单位为 cm,将量得的深度记入剖面记载表。最后将土体构型画成剖面形态素描图。

(四)土壤 pH 值的测定

用混合指示剂比色法或 pH 值广泛试纸(精度 1)、pH 值精密试纸(精度 0.5)速测。

测量时,取土样少许(黄豆粒大小即可),放在白瓷比色盘中,加指示剂(或蒸馏水)3~5 滴,使土样浸透并有少量余液,用干净玻璃棒搅匀,使指示剂(或蒸馏水)充分作用。半分钟后,倾斜比色盘,使指示剂(或蒸馏水)少许流出,澄清,即可用标准色阶(比色卡)比色(或用 pH 值试纸比色)。

(五)石灰反应

以泡沫反应指示土壤中碳酸盐的大体含量。取少量土样,用手指压碎,再滴加 10%(浓度约 1 mol/L)的盐酸。反应分以下四级:

(1)几乎无泡沫,碳酸盐 <1%。

(2)少量:很难见到泡沫,但可听到发泡声,碳酸盐 1%~3%。

(3)中量:有明显泡沫,泡沫声强烈,碳酸盐 3%~5%。

(4)多量:反应强烈,肉眼往往可见碳酸盐颗粒,碳酸盐 >5%。

(六)土壤标本的采集

土壤标本主要包括剖面标本和分析样品两类。前者又可分为纸盒标本和整段标本;后者又可分为一般分析样品和农化分析样品。此外,根据土壤的诊断层次还可采集特殊层次的标本,如土壤结核及新生体的标本等。

纸盒标本也叫上盒,主要用于拼图比土的标本,其典型者也可做陈列标本。路线调查中,纸盒标本只采集主要剖面和对照剖面。具体采集方法是按所划分的层次,分层采集。次序是从下层向上层选择各层的典型层采集。采集时沿水平方向用削刀削取,尽量保持土壤结构体的原状,不要弄碎。对某些特别疏松而散碎的层次,无法削取者可将散碎土原样采集、装入盒中相应的层次,所削取土体以与标本盒的格子大小相等,刚能装入格内为宜,注意应将观察面剥离成土体的自然裂面,不要削成光滑面,或拍打压实。所有土层采集装盒完成后,应按拟定内容逐项记载、填写卡片或标签。

(七)土壤分析样品的采集

土壤分析样品是用来进行室内理、化分析用的土样。一般分两类:一类是土壤剖面分析样品;另一类是土壤农化分析样品。作为土壤地理学用的分析样品,主要是土壤剖面分析样品。

土壤剖面分析样品的采集:剖面样品采集应选具有典型性、代表性者采样。在野外实习过程中,如当时不易选定,则所设主要剖面都应采样。

样品带回室内后,再根据拼图、比土结果进行取舍,即选留带典型性、代表性的剖面样品,舍去不典型、无代表性的剖面样品。

剖面分析样品可按剖面形态观察中所划分的土层分层采样,也可按典型的发生层次采样,即过渡层不采样。具体采样部位应该放在层次的中心位置,从下层向上层按次采样。每层采样约 1 kg,所采土样分层、分袋装好。采样中应除去大的石子和明显的植物根系等杂物,并将采样按深度分层记入剖面记录表中。土样采装好后,填写土标签(一式三份:一份留作存根备查,一份挂在袋外的线绳上,一份折叠装入袋内)。然后将同一剖面各层土样的土袋拴在一起,以免搞乱。所采样品带回室内后,当天就要倒出风干,以免霉烂变质。

第二节　包头市农林牧区土壤类型

从自然地理角度概括而言,包头市管辖范围内,乌拉山—大青山以南为农业区、以北的内蒙古高原干草原区属于牧业区,而乌拉山—大青山山区以林业为主、农林－农牧交错区为辅的林区。下面分别介绍包头市农业、牧业及林业区代表性的土壤类型。

一、农业区土壤类型

包头市乌拉山—大青山南坡的洪积扇群形成的倾斜平原和黄河冲积平原是包头市的主要农业区。而坐落于河套平原东南部三湖河平原与土默川平原之间的包头市九原区,位于包头师范学院周边,九原区土壤类型在包头市及其周边农业区域很有代表性,是野外土壤实习时了解和认识当地土壤的理想地区。

包头市九原区也是包头市菜篮子工程基地,土地面积 734 km²。九原区土壤分为 4 个土类、8 个亚类、19 个土属、67 个土种。土类是分类的基本单元,是根据成土条件、成土过程以及由此而产生的土壤属性所显示的特点(剖面形态、理化和生物特性)进行划分,如表 15-1 所示。

表 15-1　九原区不同土壤类型及其耕地面积表

土类	草甸土	风沙土	灰褐土	栗钙土
面积(hm²)	13 282.91	368.78	2 196.20	363.75
比例(%)	81.94	2.27	13.55	2.24

包头市九原区各种土壤类型的形成及分布如下。

（一）栗钙土

栗钙土是九原区水平地带性土壤，主要发育在基岩为太古界变质岩的残、坡积物，第四系中上冲洪积物，黄土或黄土状物母质，主要分布在低山丘陵及山前洪积扇上，面积363.75 hm²。

栗钙土的形成是在半干旱草原环境条件下进行的。栗钙土的植被属草原类型，由贫杂类草的大针茅 - 糙隐子草草原和克氏针茅草原的群落类型组成。

栗钙土的成土过程主要是碳酸钙的淀积和有机质的累积。由于草原植被稀疏，它所供给的有机质数量较少，因此有机质矿质化的速度大于腐殖质的积累速度，所形成的栗钙土腐殖质含量低，腐殖质层薄，质地也粗。另外，降水量不多，土壤的淋溶作用不能充分发挥，导致了土壤中大量的碳酸钙的淀积，形成深厚的钙积层，钙积层是栗钙土的最基本的诊断层。

所以，栗钙土腐殖质层养分含量较低，质地粗糙，土壤干旱，易风蚀而成沙化、砾质化，心土为深厚坚实的钙积层，影响作物根系发育。因此，在改良利用上要充分利用水资源，加强抗旱保墒，实行粮草轮作或间作，增施有机肥，并营建农田防护林，减免风沙、干旱危害。

（二）草甸土

草甸土是九原区非地带性土壤，地处半干旱大陆性气候带植被类型，是直接受地下水浸润，在草甸植被下发育而成的半水九原区不同土壤类型的耕地面积成土壤，常见植物有鹅绒苇陵菜、黄戴戴、海乳草、蒲公英、旋复花、车前、马蔺、西伯利亚蓼等，广泛分布在黄河冲积平原和山前洪积扇缘及山间沟谷阶地上，母质为第四系冲积物、洪积 - 冲积物，面积共13 282.91 hm²，是九原区主要耕作土壤类型。

草甸土的形成过程主要是具有明显的腐殖质累积和潜育化过程。草甸土草本植物生长繁茂，每年给土壤留下较多的有机残体，在土壤湿度较大的条件下，有机残体进行嫌气分解，有利于腐殖质的累积。由于草甸草本植物根系多集中在表层，因此草甸土的腐殖质累积主要集中在表层，其下腐殖质含量锐减。其次，由于地下水埋藏浅，一般1～3 m，平均1.89 m，潜水可通过毛管作用到达地表，地下水位随季节变化频繁升降，从而引起土体中的氧化还原过程交替进行，铁、锰氧化物随之迁移和局部累积，在土壤剖面中出现铁锈锈斑，形成潴育层。潴育层以下，经常受潜水影响，以还原作用为主，形成青灰色的潜育层，一般在九原区出现较深，一般在2.5 m以下。

由于草甸土所处地带为半干旱大陆气候，因而在成土过程中反映出地带性和地区性的差异。盐化草甸土在改良利用上应以防止盐化程度加深，使土壤逐渐脱盐为主要目的，采取井灌、井排和渠灌、沟排的方法，降低地下水位，同时平整土地，缩小地块，轮作或间作绿肥、牧草，增施有机肥，培肥土壤，促使土壤向脱盐方向发展。

（三）风沙土

风沙土是发育在风积母质上的一类幼年土壤，主要分布在哈林格尔镇境内，面积共368.78 hm²，面积较小。

风沙土是非地带性土壤，形成主要受母质、气候条件、人为活动的影响。沙性母质本身是形成风沙土的物质基础，在九原区风沙土地带地表露出的为第四系的冲积细砂、粉砂,粒径在 0.05~0.25 mm,颗粒粗,结构差,具有很好的流动性和松散性,所以沙源是风沙土的内在因素。干旱和大风时形成风沙土的动力,风沙土区年降水量在 250~300 mm,多集中在 7~8 月,干燥度 k 值大于 1.8,土壤含水量低,使沙粒间黏结性更差,加之大风日数多,仅 3~5 月大于 8 m/s 大风日数就有 50 d,这些气候条件都为风沙土的形成提供了有利的条件。

不合理的人类活动,也形成了风沙土的外在条件,如耕作粗放、只种不养或用大于养、滥开荒地、过度放牧等,都易加速风沙土的形成的速度。由于气候干旱,砂土的养分含量低,含水量少,所以生长的植被稀疏,加之沙性母质的通透性,有机质分解快,积聚少,这些条件都有利于风沙土的形成而缓解了风沙土向好的方向发育。风沙土在改良利用上应发展林业和牧业,采取植树造林,种植抗旱固沙强的绿肥牧草,增施有机肥等措施,促使土壤向地带性土壤转化。

(四)灌淤土

包头农业区还有一种主要土类就是灌淤土。根据各土类特征来看,灌淤土类由于人们长期不断地引黄灌溉和耕作施肥,土壤层次不十分明显,颜色、质地、结构等基本一致,在灌淤层中,石灰反应较弱,有机质含量较小,易耕作,适宜各种农作物的生长。灌淤土主要分布于黄河两岸灌溉区。

草甸灌淤土的养分及有机质含量高于盐化灌淤土,草甸灌淤土既有草甸土向灌淤土过渡的特征,又有脱盐过程大于积盐过程的特点。而盐化灌淤土,由于人为的不合理使用,产生反盐 – 脱盐 – 返盐的恶性过程,形成土壤的次生盐渍化。另外是新垦盐荒地,产生脱盐 – 返盐 – 脱盐的良性过程,这是一个良好的发展趋势。

二、牧业区土壤类型

包头市乌拉山—大青山以北内蒙古高原干草原区是主要的牧业区。其地带性土壤主要以栗钙土(分布面积最大)、棕钙土为主体土类,约占总面积的 92.7%,呈带状分布,非地带性土类型有草甸土、潮土、石质土、盐土,土壤质地多为沙壤、轻壤,并有不同程度砾质化。土壤肥力普遍较低,有机质含量 1.0%~1.8%,养分含量氮、磷较低,钾较高。

栗钙土的 A 层厚度一般在 50 cm 以内,个别土体 A 层较厚,达 80 cm,质地多为轻壤、沙壤、粒状或块状结构,根系较多。由于植被稀疏,腐殖质层薄,有机质含量不高,一般情况下石灰反应较弱。B 层是反映此类土主要的形态特征层次,厚度不一、紧、润、根少,石灰反应强烈,钙积层明显,有黏化现象,植物根系很难穿透,在钙积层的影响下,水分和养分渗漏不下去,但也很难传输上来,对植物的生长影响很大。五个亚类的主要差别:淡栗钙土是向棕钙土过渡的类型;栗钙土质地多沙壤到轻壤,有不同程度的砾质化;草甸栗钙土,地下水位较高,栗钙土成土过程占主导地位,灌淤栗钙土大部分是耕地,都有水利条件,有机质含量较高;粗骨性栗钙土,海拔高,气候干旱冷凉,水蚀作用强,基岩裸露。五个亚类虽有不同点,但也有其相同之处,心底土层都有较强的石灰反应,腐殖质层较薄,有机质含量偏低,除粗骨性栗钙土外,其余都有厚度不一的钙积层,植被种类单调,盖度不高,如图 15-3 所示。

整个草原自然植被因地形、土壤、水热等条件的不同而存在显著差异,从而形成从南

图 15-3　达尔罕茂明安联合旗达尔罕镇苏木雅栗钙土人工剖面

向北依次跨越草原、荒漠草原和草原化荒漠 3 个自然植被带,并在各带内分布着非地带性的草甸草场植被。荒漠草原植被是牧业区的主要植被,进一步划分为四种植被,一是多年生旱生草本植物,二是系数的多年生强旱生草本植物,三是强旱生灌木半灌木及生禾草,四是非地带性镶嵌部分的草甸草原。

植物群落构造简单,草层低矮、稀疏,多为单层结构,群落的数量特征普遍较低。种类有克氏针茅、长芝草、冷蒿、羊草、小叶锦鸡儿、蒙古扁桃等。

天然林植被非常少,乔木林多分散分布于沿河滩地和丘间盆地、谷地,天然灌木林分布范围较广,但多为强旱生、旱生和半灌木,植株低矮。

三、林业区土壤类型

森林土壤是森林生态系统的重要组成部分,为森林植被的存在和发展提供了必要的物质基础,森林植被的存在及其演替反过来也在不断地影响森林土壤的形成与发育。

以乌拉山—大青山为主要林区呈现带状分布的地带性土壤主要有亚高山草甸土、灰褐土。

(一)亚高山草甸土

亚高山草甸土最主要的特征是土壤表层有 5~10 cm 厚且富有弹性的草皮层。它是冷湿气候条件下有机物残体不易分解的明显标志。但在土壤剖面的中上部,水热条件比较好一些,可以形成厚 15 cm 左右的灰棕色腐殖质层,可见到蚯蚓或其排泄物,土壤剖面的中下部比较紧实,大多都是黄棕色,在核状或块状结构的表面,常可见到灰色并有光泽的腐殖质胶膜。平坦地段的剖面中还可见到棕红色的矿物胶膜。这些都是土壤溶液从上向下移动的迹象。剖面下部是岩石风化的碎块，色泽因岩性而异。由于气温低，土壤表层有机质含量可高达 10% ~ 15% 或更多，但随深度增加而迅速降低。土壤的 pH 值为 7.0 ~ 8.5，盐基高度饱和。除在石灰岩或黄土上形成的土壤外，一般都没有碳酸钙残存于土壤中。亚高山草甸土分布区是较为理想的山地牧场。

（二）灰褐土

灰褐土分布于九原区北部沿山（乌拉山—大青山）地区。灰褐土的原始植被属于森林草原类型。但由于过去不合理的垦伐，森林植被损失殆尽，天然植被结构发生了很大变化，逐渐被虎榛子灌丛草原植被所代替，并有大量草原成分侵入，如线叶菊、冷蒿、白莲蒿、柴胡、细叶远志、多叶棘豆等杂类草，伴有贝加尔针茅、糙隐子草、冰草、苔草、羊草等禾草类植物。灰褐土的成土过程主要是明显的腐殖质累积和较强的岩基淋溶过程。由于灰褐土所处的生物气候条件温凉而较湿润，相对的生物循环加强，森林草原植被生长繁茂，根系发达，每年留给土壤的有机质较多，分解过程缓慢，腐殖质易于积累，形成较厚的腐殖质层。同时，盐基的淋溶作用较强，易于淋洗到下部，碳酸盐沉积的数量较少，多出现在剖面下部或母岩中，呈粉末状或假菌丝状淀积，形成不明显的石灰淀积层。

所以，灰褐土土体多数较薄，林木稀少，植被稀疏，氮、磷、钾缺乏，水土流失严重，所以在改良利用方向上应保护现有植被，并大力植树造林，封山育林，加快恢复植被，提高牧场的载畜量，发展林牧业生产。

第三节　秦皇岛市土壤类型

秦皇岛市主要土壤类型及特点如下。

一、淋溶土 - 棕壤土类

淋溶土纲的主要特征是：土体碳酸钙淋失殆尽，呈酸性至中性反应，黏粒移、淀明显。省内淋溶土纲只有一个亚纲：湿暖温淋溶土亚纲；一个土类：棕壤土类。

棕壤，又称"棕色森林土"，棕壤剖面的主要特征如下：

（1）植被保存好的剖面，具 A00 - A0 - A - B - C 土体构型。枯枝落叶层、腐殖质层及棕色黏化层均明显。

（2）表层有机质含量多，胡敏酸与富里酸比值为 0.7 ~ 0.9。

（3）土体呈微酸至中性反应、pH 值为 6.0 ~ 7.0。盐基饱和度为 40% ~ 70%。全剖面无石灰反应。

（4）黏化层居剖面中部（20 ~ 60 cm 或更深）。其黏粒含量大于剖面上下层。黏化层大于 2 mm。黏粒含量与表层含量之比为 1.3 ~ 1.8。

（5）剖面中铁铝有轻微下移，且于 B 层累积。活性铁下移情况较铝明显。

（6）黏粒矿物以伊利石、蒙脱石为主，次为绿泥石。

秦皇岛地区棕壤中的主要类型为潮棕壤，主要分布于秦皇岛市滨海丘陵周边洪积冲积物上，地下水埋深 1.5 ~ 3.5 m。

二、半淋溶土

半淋溶土纲的共同特点是,因气候较为干旱,或兼受石灰性母质影响,土体淋溶作用较弱,碳酸钙部分淋失。河北省半淋溶土纲有两个亚纲,即半湿暖温半淋溶土亚纲和半湿温半淋溶土亚纲包括三个土类,分别是褐土、灰色森林土和黑土。

秦皇岛市区地带性土壤主要为褐土,又称褐色森林土。

褐土的形态特征主要表现是土体以褐棕－褐色为主。腐殖质层不厚,呈灰褐或灰棕色。黏化层位于剖面中部,其黏粒含量较上下土层高 20% 左右,因黏粒聚凝、胀缩交替,结构呈核状、棱块状,结构体表面有胶膜被覆。有的还有钙积层。

褐土的理化性状主要表现为:质地以壤质为主,枯化层可达壤枯质;土体呈中性至微碱性。盐基饱和度高,代换性盐基主要是钙、镁;一般有石灰反应;黏粒部分硅铝铁率在3.0 左右;黏土矿物以伊利石、蒙脱石、绿泥石为主。

主要类型为淋溶褐土。土壤性态特征:①土壤剖面呈褐色或鲜棕带褐色;②腐殖质含量较低;②土体黏化以剖面中部最为显著;④全剖面无石灰反应,或于剖面底部石块下有少量假菌丝体;⑤pH 值为 6.5~7.5;⑥铁、铝、锰等元素有沿剖面下移现象。

三、盐碱土

盐碱土纲的共同特点是,土壤盐分累积和碱化程度达到引起土壤理化性质和剖面形的改变,作物不能生长。该土纲包括两个亚纲,即盐土亚纲和碱土亚纲。

第十六章 野外植物地理实习内容设计

第一节 秦皇岛植被实习内容设计

一、植物地理野外实习常用仪器、用具的准备

野外工作中所需要的各种设备,应事先周密地准备和仔细检查。可根据不同地区、不同的工作,以及时间的长短、人数的多少,来确定设备的各种类型和数量。

常用采集用具与其他仪器:

(1)采集包:用帆布或人造革制成的双肩背包,用来装载采集土种的小型标本和各种小型采集用具。

(2)采集桶:用帆布做成的圆筒或小的塑料桶,用以滨海实习采集海藻标本或各种水生植物。

(3)采集箱或塑料袋:用来临时装放采集的一般新鲜标本。

(4)标本夹:最好是轻便的,易于途中携带,用来就地加压标本。

(5)掘根器:用来挖掘植物的地下部分。

(6)铁铲:用以挖掘土壤剖面,以及挖掘具有较深的植物地下部分。

(7)枝剪或高枝剪:分别用来采集不同高度的木本或有刺植物。

(8)手锯:小型的钢板锯,用来锯较大的树枝。

(9)钢卷尺:用来测量土壤剖面积植物高度和胸径等。

(10)吸水纸:用草纸、毛头纸或旧报纸供压一般植物标本吸水用。

(11)采集记录册:专供野外采集时做原始记录用,每采一种植物都要详细地填写。

(12)号牌:用硬白纸裁成长约 4 cm、宽 3 cm 的长方形纸块,一端打洞穿线,系于植物标本上。

(13)铅笔:用来填写采集记录和号牌。

(14)样方测绳:用来样地调查,测量样方的边长。

(15)海拔仪:测量海拔高度。

二、实习内容

(1)识别常见的植物。

(2)学会初步整理分析资料,认识实习地区植被的主要特征及分布规律,要求对调查地区常见植物有一定鉴别能力。

(3)了解实习区基本植物类群的基本特征及对环境的适应性。

(4)样地的设置,观察描述样地环境特征,拉样方、统计和登记样地植物种类、群落属

性标志和数量标志,初步整理样地调查数据和分析植物群落特征。

（5）学会采集、制作植物标本。

（6）编写实习报告。

三、河北省植被概况

植被是地表生长着各种植物的总称,是指一个地区或整个地球表面所有生活植物的总体。它包括由自然生长的植物组成的自然植物以及由人工经营、栽培管理的各种作物、林木组成的人工植被等。

聚生在地表的各种植物彼此以一定的相互关系,形成有规律的组合。这种组合称为植物群落。因此,也可以说一个地区的植被就是该地区所有植物群落的总体。植被是自然环境要素之一,它一方面受自然环境中其他因子（如光、热、水、气、土等）的深刻影响,同时又反作用于自然环境。因此,研究一个地区的植被,对于认识和揭示自然界的客观规律,充分利用植被资源和改造、利用、保护自然环境,进而提高生产能力,具有重要意义。

（一）植被概况

1. 地带性植被

本区域的地带性植被是暖温带落叶阔叶林,构成群落的乔木全都是冬季落叶的阳性、半阳性阔叶树种,林下的灌木也是冬季落叶的种类,草植物到了冬季地上部分枯死或以种子越冬。到春季,气温逐渐回升,树木的鳞芽开始萌发,形成新叶,花芽发育形成花序,林内的草本植物形成叶丛,整个群落季相全新。进入夏季,群落枝繁叶茂,一片葱绿。秋季是生长末期,整个群落个体以逐渐枯黄和落叶适应气候变化,最后到达冬季季相。

生活型:组成河北省落叶阔叶林的生活型谱,体现了本地的环境特征。我们对燕山、太行山落叶阔叶林区的植物做过粗略统计,植物生活型以地面芽植物为主,占42.1%,其次为高位芽植物占25.5%,第三位为隐芽植物占15.0%,其他为一年生植物和地上芽植物,比例分别为9.8%和7.6%。生活型谱的组成与秦岭北坡的落叶阔叶林生活型谱有较明显的不同。秦岭北坡的生活型谱为高位芽植物占52%,地上芽植物占5%,地面芽植物占38%,地下芽（隐芽）植物占3.7%,一年生植物占1.5%。两地比较,河北落叶阔叶林中,高位芽植物明显减少,地面芽植物和一年生植物增多,这反映了河北地区在气候上比秦岭北坡更加寒冷和干燥。

主要植物种类:根据《河北植物志》的记载,河北落叶阔叶林区植物约有2 000种,其中乔木有100余种,灌木300余种（包括小半灌木）,然而成为优势种的不多。乔木中以栎属、杨属、胡桃属、椴木属、桹属、鹅耳枥属、刺槐属、榆属、械属为主,灌木以胡枝子属、绣线菊属、接属、牡荆属、忍冬属等为主。草本植物各个群落有所不同,但以中生和旱中生种类比较普遍。

群落结构:在落叶阔叶林中,群落结构一般比较简单,除少数地段外,由乔木层、灌木层和草本层所组成,林内较干燥,层外和层间植物很少存在。群落多为单优势种的纯林,在生境优越的沟谷或山体垂直带谱中,也可见到称为杂木林的阔叶混交林。

落叶阔叶林虽是河北省的地带性植被,然而由于长期的人为破坏和气候变迁等因素的影响,落叶阔叶林的分布面积并不占绝对优势。其中,自然落叶阔叶林占全省森林总面积的 40%，人工落叶阔叶林占全省总面积的 17%。自然落叶阔叶林均为次生林，全部分布在山区，山东分布范围为海拔 120～1 800 m，太行山山系海拔 700～2 100 m。在平原自然落叶阔叶林已完全不存在。河北人工落叶阔叶林主要分布在河北平原、冀北高原和太行山低山丘陵，成片状、带状或零散状分布，其主要功能是生态防护，有水源涵养林、农田防护林、海防林等。低山丘陵也有部分木材林和薪炭林分布。

群落成员型：主要的建群种是栎树，因此也可称为栎林，常见的有麻栎（Quercus acutissima）林、栓皮栎（Q. variabilis）林、槲栎（Q. aliena）林、槲树（Q. dentata）林、辽东栎（Q. liaotungensis）林、蒙古栎林。在落叶阔叶林带中常间有温性针叶林，如油松（Pinust abrlaeformis）林、赤松（P. densiflora）林和侧柏（Biotaorientalis）林等。由于南北热量不同，南部栎林主要建群种是麻栎和栓皮栎，向北逐渐被辽东栎和蒙古栎的取代。另从种类成分看，南部亚热带的成分较多，向北逐渐减少，东北与温带针阔叶混交林相接。但是，在区域内有代表性的原始栎林保留不多，仅在偏僻山区、深谷、林场和庙宇等处，偶得残存。多数地方这种落叶栎林都已破坏，出现了以荆条（Vitex negundo Var. heterophylla）、酸枣（Zizyphus jujuba）、黄背草（Themeda triandra Var. japonica）和白羊草（Bothriochloa ischaemum）等为主的温性灌草丛，或由人工培育的各种幼林。2 000 m 以上的山体，在落叶阔叶林基带上面出现寒温性针叶林带，主要由云杉属，冷杉属和落叶松属的植物组成，再上面出现亚高山草甸带，其组成种类很复杂，属于杂类草草甸。

2. 主要阔叶林类型

落叶阔叶林是发育在暖温带中低山地区，树种以温性阔叶为生态生物特性的森林类型。分为典型落叶阔叶林（栎类林）、沟谷中生阔叶林、低山丘陵散生阔叶林三个群系组，建群种有栎属、胡桃属、械属（共建属）、刺槐属、鹅耳沥属等，分为 13 个群系。

栎属植物在河北省有 8 种，其中有 6 种分布面积较大。其中，蒙古栎林是栎林中分布面积最大的一个类型，主要分布在海拔 700 m 以上的冀北山地。蒙古栎林是栎林中比较耐寒的类型，在栎属分布区中，位置最靠北。在年降水量 300 mm，最低气温 −40 ℃ 的干冷环境中亦能适应。蒙古栎为喜光树种，高生长迅速，深根系，耐干旱贫瘠，在土层深厚、湿润、肥沃、排水良好的向阳山坡生长最好，在向阳干燥山地，只要上层较厚亦能生长。辽东栎林：辽东栎林是暖温带落叶阔叶林区域北部普遍分布的森林群落，在河北省主要分布在东部山地。栓皮栎林是栎林中较为温暖性的类型，在河北省分布位置偏南，以太行山的中南段分布较多。

平原区是我国主要的农业生产基地，已几乎看不到自然植被，但在村庄、路旁、河岸、渠道等处可以见到栽培的树木，常见的有槐、刺槐（Robinia pseudoucacia）、臭椿、榆、加拿大杨、毛白杨、小叶杨、旱柳、桑树和合欢（Albizia julibrissin）等落叶阔叶树种。低洼地也有芦苇或茭笋（Zizania cadudciflora）沼泽。海边沙滩常有沙生植被，常见的植物有射干鸢尾（Iris dichotoma）、沙钻苔草（Carex kobomugi）和珊瑚菜（Glehnia littoralis）等。盐碱地尚有怪柳（Tamarix chinensis）、罗布麻（Apocynum venetum）和藜科等耐盐碱植物群落。

河北省幅员辽阔，地形复杂，自然条件多样，植物种类比较丰富，植被类型也比较复杂。在植被分区上，高原即坝上部分为温带草原地带，高原以下称坝下（山地、丘陵、平原）部分为暖温带落叶阔叶林地带。它们除有各自的地带性植被类型，即草原、落叶阔叶林外,还有针叶林、灌丛、灌草丛、农田、果园等。另外在沿海一带,分布有盐碱地和沙地,其上有盐生植被和沙生植被。各地的洼淀池塘之内,尤其是白洋淀洼荡之中,还有较繁茂的水生植被。如此丰富的植被资源,如何更好地开发利用,正是广大植被及农、林、牧科技工作者必须研究的重大课题。

河北省地处温带与暖温带地区,南北长约 750 km、东西宽约 650 km。地貌单元位于内蒙古高原与华北平原的过渡地带,且处于欧亚大陆中纬度的东侧,属于温带大陆性季风气候,有四季分明的气候特点,植被区系的分布也有交替明显的特征。境内地貌类型齐全,有冀北高原、燕山及太行山山地丘陵、华北大平原低地等自然单元,都表现出明显的植被地带性和垂直分布的规律。

冀北高原植被以旱生及多年生草本植物为主要成分,其西部干燥度较大,发育有克氏针茅(Stipa krylovii)、羊草(Leymus chinensis)等组成的干草原植被。而东部降水量逐渐增多,主要为贝加尔针茅(Stipa baicalensis)、线叶菊(Filifolium sibiricum)等组成的草甸性草原。

太行山及燕山山地丘陵,地势起伏变化较大,气候较湿润,主要为山杨(Populus davidiana Dode)、辽东栎(Cuercus liao dungensis)、蒙古栎(Cuercus mongolica)、白栎(Quercus fabri Hance)等组成的阔叶林,山杏(Armeniaca)、虎棒子(Ostryopsisdavidiana)、胡枝子(Lespedeza bicolor)等灌木,以及荆条(Vitex negundo)、酸枣(Zizyphus jujuba)、鼠李(Rhamnus davurica)等灌木草丛。

(二)河北植被的区系

1. 植物区系组成

河北植物区系整体上属泛北极植物区,其中冀北高原草原属于欧亚草原植物亚区的蒙古草原地区,其他大部分区域则属于中国 – 日本森林植物亚区的华北地区。区系处于暖温带 – 温带地区,西依黄土高原亚地区,北靠东北地区,东临渤海,南和华中地区相接,是由南部热带亚热带成分、西北部干旱成分、北部寒冷成分以及本地区温带成分相互交汇、融合形成的植物区系综合体。

从植物区系形成的条件来看,水热组合无疑是最重要的生态因素,而生态因素的区域差异则受地理空间位置和地形之制约。河北省北部高原地区,地势高,气温低,降水少,干燥,风大,为草本、干旱成分的迁移、定居及分化提供了有利条件,坝下燕山山系,地势高差变化大,各种自然条件立体组合分异明显,它和东北南部山脉连成一体,因而成为南部植物区系成分北迁的通衢,以及北部森林植物区系南来的必经之路。太行山系的河北境内部分,西依黄土高原,地形条件较为复杂,环境区域分异显著,容纳了不少西北方向迁来的干旱成分。太行山、燕山山脉地质历史久远,生态环境复杂多样,分化出不少河北或华北特有的种属来。

2. 植物区系特征

河北植物区系系统是在环境条件和植物变异进化共同作用下形成的,其区系特点主要有以下四个方面。

1)植物种类比较丰富,温带成分占优势

河北省约有高等植物 2 800 多种。分属于 204 科 940 属。其中,蕨类和拟蕨类 21 科,占全国同类科数的40.4%。我国现有裸子植物10科,河北省有7科,占全国裸子植物的7%,全国有被子植物291科,河北省有144科,占全国被子植物科数的49.5%。按照河北省植物区系所包含的种类数目,我们求得单位面积上区系种类数量,河北省为14.3,而全国平均为2.6,河北省高出全国平均数5倍以上。同周围省(区)比较,河北省种类密度属中等以上水平,低于辽宁、山东、北京等省(市),而高于内蒙古、山西、河南等省和自治区。从全国角度来看,河北省植物种类数量和种类密度,亦居中上位置,由此可见,河北省植物区系种类是比较丰富的。

2)起源古老,具有孑遗植物

河北地区具有久远的地质历史,华北陆台一直处于比较稳定的状态。中生代晚期的"燕山运动"和新生代早期的"喜马拉雅运动",基本形成了现代地貌的雏形。这一时期,正是种子植物发展演化的关键时期,地形的相对稳定有利于种子植物进化过程的展开。从三叠系到第三系末的近两亿年中,河北地区一直处在暖热的气候条件下,气温要高出现代5~10 ℃。现代生物进化论认为,物种进化的典型温度是37 ℃,这个温度既保住了生物内相当多的自由能,又能保证各式各样的活动都能高速度地、富于变化和持久地进行下去。因而,河北地区这一时期的气温条件是有利于植物起源和分布的。侏罗系末期至第三系,气温仍较高,但干燥程度加深,使得原来的植物区系成分发生变化,干旱成分逐渐渗入进来。第四系冰期时,气候寒冷,间冰期时气候温暖,这种冷暖交替出现的气候特征,对于植物区系成分的塑造作用是巨大的,使植物朝着生态幅度增宽(泛化)和生态幅度变窄(特化)两个方向进化。

3)区系成分复杂,具有过渡性

河北省地质历史久远,现代生态环境复杂多样,为不同种的区系成分起源、分化提供了外界动力和场所。因而,构成现代植物区系的成分比较复杂。

植物区系的地理成分是根据植物分类单位的现代地理分布类型而确定的。根据吴征镒、王荷生所划分的中国植物区系地理成分类型及变型,分析河北植物区系成分可以发现,这些地理成分及其变形在河北省均有分布。这说明河北植物区系与全国其他部分有着广泛和不同程度的联系。其中以北温带成分居优势,北温带成分的14个大属,河北省均有且种类丰富。

全国共有930个温带属,70%以上的属河北省有分布。温带属中的许多木本属是构成河北省森林植被景观的重要成分,如槭属(Acer)、榉木属、鹅耳枥属(Carpinus)、栎属及胡桃属(Juglans Linn)等。其他地理成分如古热带、泛热带的成分也延伸或经过这里,使得河北植被的区系成分印有某些热带的痕迹,如酸枣、荆条、柿等。地中海成分在河北省也占有一定比例,常构成盐生和沙生植被景观。典型属有柽柳(Tamarix Chinensis Lour)、猪毛菜(Salsola collina Pall.)、滨藜属(Atriplex)等。

在温带成分构成的大背景下,各种地理成分相互交错渗透,构成了整个河北省植物区系的背景。

从发生成分角度来看,河北省有较为古老的成分,如侏罗系时期的松科、柏科,白垩系时期的菜黄花序类植物榉木科、壳斗科,现在仍是河北森林植被的建群成分。同时也有许多相对年轻的成分,如报春花属(Primula)、杜鹃花属(Rhododendronspp)、龙胆属(Gentianaceae)等。这些成分是随着喜马拉雅造山运动而分化出来的,并延伸到了河北地区。

从区系综合特征来分析,河北植物区系是由邻近地区植物区系成分交汇而成的,虽然在融合过程中亦衍生出一些特有的种类,但在总体上,区系成分具有很大的过渡性,或热性成分北迁过境、终止,或欧洲西伯利亚成分南下之遗留。大致说来,高原草原及山区海拔1 600 m以上的地区,保留了较多的欧洲西伯利亚成分,且多是其分布区的南界;另外,具有热带亲缘的种类,从西南或华南分布,路过河北地区,或以此地为北界。南下的寒冷成分主要有华北落叶松(Larix & nbspprincipis-rupprechtii & nbspMayr)、白耕、舞鹤草(dila-tatum)、圆叶鹿蹄草(rotundifolia)、铃兰(keiskei)等。北迁的热性成分代表种类很多,金露梅(fruticosa)和迎红杜鹃(mucronulatum)从云南、四川经黄土高原到达河北地区。薄皮木属则由喜马拉雅而来。其他种类如构树(Broussonetia papyrifera)、臭椿(Ailanthus altissima Swingle)、毛黄庐也多从西南和华南北延到达此地。

4)栽培植物区系丰富多彩

河北平原是中国农耕文化的发祥地之一。很早以来,我们的祖先就在这里从事着农耕和果树栽培等农事活动,使这里成为一些农作物和果树的基因中心,如桃、杏、梨、苹果、黍、葱、白菜、枣、柿、板栗等。值得提出的是,这里还保存着许多野生经济植物,如苹果、杏、李、野大豆和芦苇等。

在长期的生产生活中,河北省还引种了许多外地的经济植物,并逐渐使之归化,成为本地的区系成分,使得栽培植物区系显得丰富多彩。例如,来自中亚的小麦、多种豆类、核桃、洋葱等,来自近东的首蓿、甜瓜、萝卜、葡萄等,来自印度的多种瓜类、蓖麻,来自中、南美的玉米、马铃薯、棉花、烟草等都在这里安家落户,成为生活的主要种类。

河北植物志记载,河北省共有栽培植物近500种,其中小麦、豌豆、蚕豆、胡萝卜、燕麦、首蓿、苹果、梨、桃、杏、葡萄、栗、枣、核桃、亚麻、甜菜、瓜类、茄、玉米、马铃薯、棉花、烟草等百余种已普遍栽培。

5)具有一定量的特有植物

同西南、华南的省份相比,河北省发育植物区系的特殊环境不多,区系成分的构成又具有混杂性和过渡性。因而,特有植物分布不多,特别是属以上的高级分类单位的特有性分布没有。然而,也存在着一定数量的特有种或变种。

植物区系组成:一方面保存了西伯利亚及欧洲温带草原的主要植物种类,另一方面也保存了热带植物区系成分(从喜马拉雅山区自西南向华北地区延伸的植物种群),从地质历史发展来看,以第三系残遗植物为基本成分,存有大量古老植物科属,有很大的过渡性。显然,地理位置反映在气候上的这种显著差异性,形成河北省植被具有南北差异不同的特征。在全国植被区划中,冀北高原属温带草原区域中的温带草原地带;高原以下山地平原属暖温带落叶阔叶林区域中的暖温带落叶阔叶地带河北省地处暖温带与温带的交接区,植被结构复杂、种类繁多,是全国植物资源比较丰富的省区之一。据初步统计有156科、3 000多种。栽培作物主要有:粮食作物小麦、玉米、谷子、水稻、高粱、豆类等;经济作物有:棉花、油料、麻类等。木本植物500多种,包括用材树100多种,驰名中外的树种有二青杨、香椿、检皮栎等;经济价值较高的树种有云杉、油松、柏树、华北落叶松、榆、椴、槐、青檀、白楸及桦等;特种经济树种漆、杜仲、泡桐、黄连木等也有分布。全省的果树有百余种,干果主要有板栗、核桃、柿子、红枣及花椒等,板栗产量占全国总产量的 1/4,居全国第一;鲜果主要有梨、苹果、红果、杏、桃、葡萄、李及石榴等,梨的产量居全国第一;野果猕猴桃、酸枣、榛子、山杏、山葡萄等也有一定产量。河北省果品具有许多著名产品,如赵县雪花梨、深州蜜桃,宣化葡萄、昌黎苹果,沧州金丝小枣,阜平、赞皇大枣,迁西板栗等畅销国内外。灌木的种类很多,分布较广,有些野果及药材也属灌木。草木植物的种类也很多,仅坝上地区就有 300 多种,包括不少优良牧草,如禾本科的羊草、无芒麦草、冰草,豆科的紫花苜蓿、山野豌豆等。药用植物已被利用的有 800 多种,较主要的有葛藤、甘草、麻黄、大黄、党参、枸杞、枣仁、柴胡、防风、知母、白芷、远志、桔梗、薄荷及黄芩等,其中一些药材常大量出口。

第二节　西安市植被实习内容设计

西安市境内地质、地貌、气候、水文、土壤类型多样,人类社会生产活动历史悠久,在自然与社会环境诸要素共同作用下,形成独特鲜明的植被特点:

(1)植被群落构成种类丰富。西安市区有种子植物 66 科 92 属 252 种和 7 个变种,到距市区约 26 km 的南五台,有种子植物 113 科 422 属 701 种和 80 个变种,秦岭主峰太白山一带有种子植物 121 科 628 属约 1 550 种。种子植物种类占全国种子植物总科数的 40.20%,总属数的 33.2%,总种数的 6.3%。境内共有植物 138 科 681 属 2 224 种。

(2)植物区系古老。保留大量第三系古老的子遗植物,如银杏、水青树、连香、马甲子、臭椿、栾树、构树、蕺菜、侧柏、蝙蝠葛、木通、黄栌、醋肠、马蹄香、南蛇藤、五味子、猕猴桃、鹅耳枥、椴树等。

(3)栽培植被历史悠久。早在距今 6 000 多年的新石器时期,渭河平原开始出现原始农业。自公元前 3 世纪以来,渭河平原成为我国历史上最早的农业发达地区之一,自然植被被栽培植被取代。栽培植被迄今已有 2 000 多年历史。

(4)自然植被与栽培植被区域界限分明。秦岭山地基本属自然植被,渭河平原、骊东南丘陵与黄土台塬属栽培植被,两大植被区域的分布与地貌区域范围大体一致。

境内的自然植被分布于秦岭山区,随海拔高度变化演替,依次出现落叶阔叶林、针阔叶混交林、针叶林、高山灌丛与草甸等植被类型。

落叶阔叶林植被分布于骊山及秦岭山地海拔 780~2 800 m 处,主要包括栓皮栎群系、锐齿栎群系、辽东栎群系、红桦群系和牛皮栎群系。

栓皮栎群系分布于海拔 780~1 300 m,郁闭度 0.6~0.8。林地土壤多为褐土,土层深厚。常为栓皮栎纯林,间有伴生树种侧柏、刺柏、山杏、槲树等。林下常见灌木有黄栌、子梢、孩儿拳头、短柄胡枝子、卫矛、胡颓子、绣球绣线菊、野蔷薇。林内草本植物有披针苔、野青茅、牛尾蒿、牡蒿、梓木草、唐松草、北苍术、委陵菜等。

锐齿栎群系分布于秦岭山地海拔 1 200~1 900 m,郁闭度 0.7~0.85。林地土壤多属褐土。常为锐齿栎纯林,间有伴生树种青桦槭、四照花、千金榆。林下常见灌木有白檀、富氏绣线菊、卫矛、钓樟、桦叶荚蒾、米面翁、青荚叶、黄栌、胡枝子、绣线菊等。林下草本植物有苔草、野青茅、铃兰、兔儿伞、土三七、蒲公英、华北楼斗菜、毛茛、短柄淫羊藿、鸡腿堇菜、唐松草等。

辽东栎群系分布于秦岭山地海拔 1 900～2 300 m,郁闭度 0.8～0.9。林地土壤多属棕壤,土层较薄。优势树种辽东栎,伴生树种多为山杨、千金榆、刺榛。林下常见灌木有照山白、桦桔竹、大叶华北绣线菊、箭竹、米面翁、蜀五加薚、紫花卫矛。林内草本植物有短柄淫羊藿、索骨丹、落新妇、马蹄香、藜芦、重楼、兔儿伞、水杨梅、苔草、早熟禾、大油芒等。

红桦群系分布于秦岭山地海拔 2 300～2 600 m,郁闭度 0.6～0.7。林地土壤为暗棕壤,土层较薄。常为红桦纯林,间有伴生树种牛皮桦和巴山冷杉。林下常见灌木有箭竹、峨眉蔷薇、桦桔竹、桦叶荚蒾、陕甘花椒、太白杜鹃、扫帚菊、秦岭蔷薇、榛、绣线菊。林内草本植物有大花糙苏、大叶碎米荠、索骨丹、黄水枝、阿尔泰银莲花、苔草、川赤芍、藜芦及各种蕨类植物。

牛皮桦群系分布于秦岭山地海拔 2 500～2 800 m。植被郁闭度 0.5～0.75,林地土壤暗棕壤,土层较薄,间有地表基岩裸露。多为牛皮桦纯林,在过渡地带与红桦、巴山冷杉混生。林下常见灌木有金背杜鹃、川滇绣线菊、扫帚菊、峨眉蔷薇、太白杜鹃、凹叶瑞香、华西银蜡梅、刚毛忍冬、陇塞忍冬、冰川茶薦子、六道木。林内草本植物有林下大戟、二色堇菜、山酢酱草、大叶碎米荠、裸茎碎米荠、独叶草、鸡腿堇菜、苔草、升麻等。

针阔叶混交林植被是落叶阔叶林植被遭破坏,针叶树种侵入后形成的不稳定过渡性植物群落,分布于秦岭山地海拔 2 200～2 500 m。林地土壤为棕壤,土层较薄。针叶树优势树种以华山松为主,其次有油松;阔叶树优势树种以辽东栎、千金榆、山杨为主,其次有红桦、花楸。林下常见灌木有峨眉蔷薇、秦岭蔷薇、湖北山楂、桦叶荚蒾、光叶珍珠梅、水枸子、膀胱果、桦桔竹、六道木、太白杜鹃、箭竹、绣线菊。林内草本植物有大叶碎米荠、短柄淫羊藿、伞房草莓、水杨、林下大戟、野青茅、川赤芍、太白米、重楼、珠芽蓼、延龄草、连线草、野芝麻及多种禾本科草类。

针叶林植被包括巴山冷杉群系、太白落叶松群系、侧柏群系和白皮松群系。前两种植被类型垂直分布在秦岭高山区的针阔叶混交林植被带之上,后两种植被类型分布在骊山与秦岭低山区。

巴山冷杉群系分布于秦岭山地海拔 2 500～2 800 m,在太白山延伸到海拔 3 200 m处。林地土壤暗棕壤,土层深厚潮湿。多为巴山冷杉纯林,郁闭度 0.6～0.8。林下常见灌木有华西银蜡梅、华西忍冬、香柏、箭竹、金背杜鹃、太白杜鹃、峨眉蔷薇。林内草本植物有大叶碎米荠、川康苔草、秦岭弯花紫堇、马先蒿、珠芽蓼、酢酱草、鸡肠草及蕨类、苔藓植物。

太白落叶松群系分布于秦岭山地海拔 2 700～3 400 m 地带。林地土壤暗棕壤,土层较薄。植被郁闭度 0.5～0.6,多为落叶松纯林,间有少量巴山冷杉和牛皮桦。林间常见灌木有头花杜鹃、华西银蜡梅、高山绣线菊、金背杜鹃、刚毛忍冬、华西忍冬。林内草本植物有禾叶蒿草,毛状苔、白花碎米荠,秦岭龙胆、太白韭、珠芽蓼、山酢酱草、大叶碎米荠、五脉绿绒蒿。林下和树干附生许多苔藓类植物。

侧柏群系分布于骊山与秦岭山地海拔 780～1 100 m 地带,多在地势陡峻,土质瘠薄,甚至基岩裸露的坡面沟壑。植被郁闭度 0.35～0.6,除优势树种侧柏外,伴生树种有栓皮栎。林间常见灌木有子梢、胡枝子、孩儿拳头、悬钩子、吉氏迎春、陕西荚蒾、酸枣。林内草本植物有披叶苔、青蒿、牡蒿、画眉草、龙芽草、大油芒、野燕麦、牛尾蒿等。

白皮松群系分布于秦岭山地海拔 800～1 400 m 地带。林地土壤褐土,土层深厚。郁闭度 0.5～0.7。多为白皮松纯林,间有伴生树种栓皮栎、油松。林间常见灌木有胡枝子、野蔷薇、黄栌、卫矛、桦叶荚蒾、绣线菊。林内草本植物较稀疏,有野棉花、柴胡、披针苔、牡蒿、铁杆蒿及一些禾本科草类。

高山灌丛植被分布于秦岭太白山海拔 2 800～3 767 m,分布区域内每年冰冻期长达半年以上。土壤为亚高山草甸土。由于地势高,多狂风,辐射强,气温低,土层薄,灌丛植被形成适应高寒气候的特殊形态:植株低矮,茎干匍伏地面或形成垫状,叶子角质层发达,厚且革质,被毛或鳞片状附属物。

高山灌丛植被包括头花杜鹃群系、杯腺柳群系和高山绣线菊群系。

头花杜鹃群系在高山灌丛植被中分布最广,面积最大。植被郁闭度 0.8～0.95,除头花杜鹃外,常见伴生灌木有杯腺柳、高山绣线菊、华西银蜡梅、香柏。草本植物在植被内数量不大,常见种类有禾叶蒿草、太白银莲花、太白韭、珠芽蓼、圆穗蓼、线果葶苈、黑蕊虎耳草、青藏乌头及地衣植物太白茶等。

杯腺柳群系及高山绣线菊群系的分布区域与头花杜鹃群系相同,面积较小。除植被的优势种分别改以杯腺柳或高山绣线菊外,植被的其他构成状况与头花杜鹃群系相似。

除高山灌丛植被外,在秦岭低山区与骊东南丘陵局部地区还有低山丘陵灌丛植被分布,多属落叶阔叶林植被遭到破坏后形成的次生植被。植被内常见的灌木优势种有胡枝子、野蔷薇、绣线菊、毛黄栌、连翘、茅莓、荒花、盐肤木、子梢、酸枣。草本植物有披针苔、狗牙根、野青茅、委陵菜、龙牙草、紫花地丁及蒿类。

境内草甸植被有高山草甸和河漫滩草甸两种类型。

高山草甸植被分布于秦岭的太白山海拔 3 000～3 767 m,麦秸磊 2 800～2 887 m 之间高山灌丛植被带的低洼地区,常见的多为禾叶蒿草群系,郁闭度 0.8～0.9。伴生草类有圆穗蓼、秦岭龙胆、小五台柴胡、柔软紫苑、凤尾七、秦岭蚤缀、紫苞凤毛菊、川康苔草等。

河漫滩草甸分布于渭河及其支流的河漫滩。常见植物有马兰、小蒸草、苦马兰、茶叶花、白藜、灰藜、鸡眼草、小苜蓿、天兰苜蓿、草木樨、蒔罗蒿、黄花蒿、旋复花、野薄荷、雪见草、细蔓萎陵菜、茅、繁缕、三齿草藤、白茅、狗牙根、雀麦、芦苇、稗、莎草、异穗苔、细叶苔、荆三棱、蔗草等。

水生植被分布于河流、池塘、沼泽。水生植被中常见的挺水植物有莲藕、华夏慈菇、沼叶蔺、水苦荬、小香蒲、东方泽泻;浮水植物有紫萍、小浮萍、三叉浮萍、满江红、凤眼莲、睡莲、荇菜等;沉水植物有金鱼藻、狐尾藻、菹草、眼子菜、狸藻等。

境内栽培植被有大田农作物、蔬菜、果园、城市绿化带等类型。

大田农作物型植被占栽培植被面积的 95% 以上。根据农作物熟制和生境条件分以下几种组合型:

渭河平原灌溉农业区:多为粮食作物一年两熟或粮棉两年三熟组合型。粮食作物一年两熟常见的有冬麦－玉米;冬麦－水稻;冬麦－豆类(或红薯、谷子)等。粮棉两年三熟常见的有冬麦－玉米－棉花等。

黄土台塬及浅山丘陵旱地:多为粮食作物一年一熟或两年三熟组合型。一年一熟以冬麦为主。两年三熟以冬麦－油菜－冬麦;冬麦－豆类(或谷子)－玉米较为常见。

秦岭山区:一年一熟,种植玉米、马铃薯或豆类。

蔬菜作物型植被分布于城镇郊区。根据轮作倒茬方式,分为越冬型(瓢儿菜、大青菜、菠菜、芹菜、韭菜、小葱、大蒜等)、春菜型(甘蓝、菠菜、马铃薯、芹菜、韭菜、小白菜等)、夏菜型(茄子、西葫芦、番茄、黄瓜、辣椒等)、早秋菜型(甘蓝、梅豆、早白菜、早萝卜、大青菜等)、秋菜型(大白菜、萝卜、菠菜、大葱、大青菜、胡萝卜)等五种蔬菜组合型。组成植被的优势种有白菜、花椰菜、甘蓝、瓢儿菜、萝卜、胡萝卜、洋葱、蒜、韭菜、葱、芹菜、菠菜、苋菜、莴苣、马铃薯、番茄、茄子、辣椒、黄瓜、南瓜、西葫芦、苦瓜、豇豆、菜豆、莲藕等。

果园群落植被多分布于秦岭山麓一带,郊区及渭河、灞河沿岸也有分布。组成群落种类有苹果、梨、桃、樱桃、杏、李、葡萄、石榴、柿、核桃、板栗、草莓等。

城市绿化型植被主要是城区行道树及防护林、公园绿地构成绿化型植被,以中槐、刺槐、悬铃木、毛白杨、五角枫、女贞、梧桐、侧柏、石榴、丝绵木、白腊、柳等为主要树种。"四旁"(村旁、路旁、宅旁、水旁)绿化植物种类主要有银白杨、新疆杨、水杉、钻天杨、垂柳、旱柳、枫杨、榆树、皂荚、三角枫、五角枫、泡桐、楸树、梓树、香椿、臭椿等。

参 考 文 献

[1] 龚君芳,王改芳,李圣文.“GIS综合应用实习”课程改革探讨[J].实验室技术与管理,2015,32(3):216-218.

[2] 常鸣,唐川,李为乐,等.“4·20”芦山地震地质灾害遥感快速解译与空间分析[J].成都理工大学学报(自然科学版),2013,40(3):271-281.

[3] 逯永光,丁孝忠,李廷栋,等.“OneGeology计划”及其在中国研究新进展[J].中国地质,2011,38(3):799-808.

[4] 何岦,范庆龙.GIS地理信息系统在硬梁包水电站建设中的应用[J].四川水力发电,2014,33(3):79-83.

[5] 周玉清,肖勇,李静.三峡库区综合信息空间集成平台研究与实践[J].测绘与空间地理信息,2012,35(3):60-64.

[6] 曾迪,漆智平,黄海杰,等.海南儋州耕地土壤有机质空间变异[J].热带作物学报,2015,36(1):199-204.

[7] 丁孝忠,韩坤英,韩同林,等.月球虹湾幅(LQ-4)地质图的编制[J].地学前缘,2012,19(6):15-27.

[8] 付景保,魏涛.GIS在伏牛山世界地质公园旅游业发展中的应用[J].长春工程学院学报(自然科学版),2013,14(2):57-60.

[9] 孟宝.四川城市对称性空间结构研究[J].长江流域资源与环境,2011,20(4):397-403.

[10] 陈昆仑,唐婉珍,谢启姣,等.环境变化与乡村聚落演变研究综述[J].湖北民族学院学报(自然科学版),2014,32(4):469-473.

[11] 郭晓东,马利邦,张启媛.陇中黄土丘陵区乡村聚落空间分布特征及其基本类型分析——以甘肃省秦安县为例[J].地理科学,2013,33(1):45-51.

[12] 郑春荣,欧阳凤.精英倡议计划对德国高等教育差异化的影响分析[J].外国教育研究,2014,41(2):68-77.

[13] 张莎.国外高等教育经费筹措方式对我国的启示[J].教育财会研究,2014,25(3):60-64.

[14] 教育部,财政部.2011-07-01.关于“十二五”期间实施“高等学校本科教学质量与教学改革工程”的意见(教高[2011]6号)[EB/OL].中华人民共和国教育部网站.http://www.moe.gov.cn/publicfiles/business/htmlfiles/moe/s6342/201109/xxgk_125202.html.

[15] 成密红,李周岐,弓弼.高校本科教学存在的问题及对策研究[J].黑龙江教育(高教研究与评估),2013(8):10-12.

[16] 顾昊,刘勇兵.影响高校教学团队建设因素的分析与思考[J].华中师范大学学报(人文社会科学版),2013(4):145-148.

[17] 阚莉.文化传承与创新:大学“第四职能”的理性分析[J].现代教育管理,2014(11):11-15.

[18] 吴朋,秦家慧.教师合作视阈下的课程建设教学团队[J].高教探索,2014(6):118-121.

[19] 中华人民共和国教育部.2007-08-23.关于组织2007年国家级教学团队评审工作的通知(教高司函[2007]136号)[EB/OL].教育部门户网站.http://www.moe.edu.cn/publicfiles/business/htmlfiles/moe/moe_745/200708/25746.html.

[20] 习近平.2014-09-10.做党和人民满意的好老师——同北京师范大学师生代表座谈时的讲话[N].人民日报,02版.

[21] 程欣,汪霞.外国知名大学的优质教学中心建设[J].教育评论,2014(7):153-155.

[22] 刘军山,王成刚.突出学员个性发展的实验教学模式探索与实践[J].实验室研究与探索,2014,33(5):184-187,191.

[23] 高翔,高超,王腊春.在自然地理实践教学中实施通识教育[J].中国大学教学,2014(1):81-83.

[24] 王文福,孟露,梅晓丹.自然地理学"发现学习"的教学探索[J].中国冶金教育,2011(1):29-32.

[25] 叶汝坤.部门自然地理协同教学的理论与实践研究[J].钦州学院学报,2009,24(6):56-59.

[26] 梅安心,彭望璟,秦其明,等.遥感导论[M].北京:高等教育出版社.2001.

[27] 朱阿兴.精细化数字土壤普查模型与方法[M].北京:科学出版社,2008.

[28] 浦瑞良,宫鹏.高光谱遥感及其应用[M].北京:高等教育出版社,2000.

[29] 王鹏新,WANZHENG-ming.基于植被指数和土地表面温度的干旱监测模型[J].地球科学进展,2008,18(4):527-533.

[30] 亢庆,张增祥,赵晓丽.基于遥感技术的干旱区土壤分类研究[J].遥感学报,2008,12(1):159-167.

[31] 张晓旭,蓝韶清,李玉茹.高校博物馆教育功能研究综述[J].黑龙江教育,2013(8):17-19.

[32] 张宗清,袁忠信,唐索寒,等.白云鄂博矿床年龄和地球化学[M].北京:地质出版社,2003,12:7.

[33] JostWübbeke. Rare earth elements in China:Policies and narratives of reinventing an industry[J]. Resources Policy,2013,38:384-394.

[34] Wang L Q,Liang T,Zhang Qn,et al. Rare earth element components in atmospheric particulates in the Bayan Obo mine region[J]. Environmental Research,2014,131:64-70.

[35] N. Adibi,Z. Lafhaj,E. D. Gemechu,et al. Introducing a multi-criteria indicator to better evaluate impacts of rare earth materials production and consumption in life cycle assessment[J]. Journal of Rare Earths,2014,32(3):288-292.

[36] 石富文,汪明,刘虎.内蒙古巴彦淖尔市地质矿产特征及找矿前景[J].西部探矿工程,2013(7):154-156,162.

[37] 徐冬,陈毅伟,郭桦,等.煤中锗的资源分布及煤伴锗提取工艺的研究进展[J].煤化工,2013(4):53-57.

[38] 聂凤军,许东青,江思宏,等.内蒙古苏莫查干敖包特大型萤石矿床地质特征及成因[J].矿床地质,2008,27(3):1-13.

[39] 刘锦,王宇林,闫楠,等.赤峰地区中生代火山岩中非金属成矿系列研究[J].地质找矿论丛,2011,26(3):289-294.

[40] 杨清堂.内蒙古盐湖的主要沉积特征及其古气候意义[J].化工矿产地质,1996,18(4):49-53.

[41] 陈全莉,包德清,姚伟,等."佘太翠"玉的成分及结构研究[J].宝石和宝石学杂志,2013,15(2):1-6.

[42] 朱选民.青田石、寿山石、昌化鸡血石和巴林石的产地特征初步比较研究[J].矿产与地质,2011,25(1):81-84.

[43] 聂宛忻.和氏璧玉出独山说[J].南阳师范学院学报:社会科学版,2014,13(2):31-33.

[44] 李荣建,吴彬华.《汉谟拉比法典》与商汤关系新论[J].武汉科技学院学报,2007,20(10):90-94.

[45] 董永光.第二次刚果战争爆发原因探析[J].黄冈职业技术学院学报,2011,13(2):64-68.

[46] 铁血军事.2009-01-04.世界战略资源争夺战[EB/OL].铁血国际论坛:环球风云,铁血社区网 http://bbs.tiexue.net/post2_3288326_1.html.

[47] 刘佳,李双建.从海权战略向海洋战略的转变——20世纪50~90年代美国海洋战略评析[J].太平洋学报,2011,19(10):79-85.

[48] 陈小沁.俄美在外高加索地区的能源政策博弈[J].国际关系学院学报,2010(4):63-68.

[49] 公丕萍,宋周莺,刘卫东.中国与"一带一路"沿线国家贸易的商品格局[J].地理科学进展,2015,

34（5）:571-580.

[50] 刘伯恩."一带一路"矿产资源合作:机遇、挑战与应对措施[J].国土资源情报,2015(4):3-7.

[51] 金祖孟,陈自悟.地球概论[M].3版.北京:高等教育出版社,2014.

[52] 林怡.高校课程学习过程性评价的实践研究[J].教育与教学研究,2015,29(1):89-92.

[53] 张庆辉,程莉,朱晋,等."地质学基础"理论课教学方法研究[J].中国地质教育,2015,24(1):88-92.

[54] 张庆辉,武羡慧,田海文,等.感知规律在岩石薄片实验教学中的运用[J].阴山学刊,2010,24(4):93-96.

[55] 张庆辉,李占宏,赵捷,等.岩石薄片实验教学对大学新生探究性学习能力培养研究[J].阴山学刊,2011,25(2):57-59.

[56] 聂宗笙,任云,刘志明,等.内蒙古包头市区大青山山前断裂地震活动断层初步研究[J].现代地质,2011,25(5):938-957.

[57] 陈发虎,范育新,D. B. Madsen,等.河套地区新生代湖泊演化与"吉兰泰—河套"古大湖形成机制的初步研究[J].第四纪研究,2008,28(5):866-873.

[58] 朱传庆,罗杨,杨帅,等.北京西山寒武系层序地层[J].中国地质,2009,36(1):120-130.

[59] 罗明辉,张世民,任俊杰,等.北京断陷的新生代沉积与构造演化[C]∥地壳构造与地壳应力文集,2007,(20):62-74.

[60] 王洋,孙洪艳,田明中.黄土高原黄土地层的对比及细分[J].高校地质学报,2015,21(2):346-356.

[61] 康春华,李民贤.陕西渔关地区太华群变质岩原岩岩性质的恢复[J].西安地质学院学报,1988,10(3):1-13.

[62] 权新昌.渭河盆地断裂构造研究[J].中国煤田地质,2005,17(3):1-8.

[63] 翟姣,胡小猛,王丽丽,等.大同盆地火山活动研究综述[J].防灾科技学院学报,2011,13(1):82-86.

[64] 李曼,王跃红,王婷,等.包头极端天气对农牧业的影响与对策[J].北京农业,2014(9-下旬刊):174-175.

[65] 李育,朱耿睿.三大自然区过渡地带近50年来气候类型变化及其对气候变化的响应[J].地球科学进展,2015,30(7):791-801.

[66] 白小娟,赵景波.厄尔尼诺/拉尼娜事件对内蒙古自治区气候的影响[J].水土保持通报,2012,32(6):245-249.

[67] 张海滨.美国关于气候变化对国家安全影响的研究述评[J].气候变化研究进展,2009,5(3):145-150.

[68] 姚雪峰,张韧,郑崇伟,等.气候变化对中国国家安全的影响[J].气象与减灾研究,2011,34(1):56-62.

[69] 刘目兴,韩慧敏,揭毅,等.自然地理野外综合实习的改革[J].实验室研究与探索,2014(1):220-224.

[70] 武雄,胡伏生,刘明柱,等.秦皇岛柳江盆地水文地质专业教学实习改革初探[J].中国地质教育,2008,4(4):164-166.

[71] 李铎,李方红,方晓峰.水文与水资源工程专业实践教学探索[J].石家庄经济学院学报,2008(4):127-129.

[72] 曹昀,朱悦,祁闯,等.庐山植物地理野外实习存在的问题及对策[J].实验技术与管理,2014(7):166-168,175.

[73] 衣华鹏,张鹏宴.自然地理实习基地建设与实践教学模式改革初探[J].实验室研究与探索,2009

（2）:135-138.

[74] 张茂恒,王建,陈霞,等.地球表层系统思想下的现代自然地理学实习改革思路[J].高等理科教育,2008(6):127-130.

[75] 李彦宝,冉勇康,陈立春,等.河套断陷带主要活动断裂最新地表破裂事件与历史大地震[J].地震地质,2015,37(1):110-125.

[76] 刘楚晴,绳博文,韦咏梅.内蒙古鄂尔多斯盆地地质地貌成因初探[J].地下水,2015,37(1):178-179.

[77] 梁霞,杨勇,公王斌,等.内蒙古西部库布齐沙漠北缘沙漠化特征讨论[J].地质论评,2015,61(4):873-882.

[78] 张威,崔之久,李永化,等.贺兰山第四纪冰川特征及其与气候和构造之间的耦合关系[J].科学通报,2012,57(25):2390-2402.

[79] 李庶波,张珂,章桂芳,等.基于GIS技术研究贺兰山、罗山洪积扇特征与山脉抬升关系[J].山地学报,2015,33(3):268-278.

[80] 李新坡,莫多闻,朱忠礼.祁连山、贺兰山与吕梁山山前冲积扇上的农地对比[J].地理研究,2006,25(6):985-993.

[81] 李昭淑,丁冰,王涛.翠华山山崩地貌奇观的成因分析[J].西北大学学报(自然科学版),2007,37(6):912-916.

[82] 吕艳,郑利宏,门文辉,等.花岗岩地貌景观的成因及类型划分刍议——以陕西华山地区为例[J].地质与勘探,2014,50(1):18-27.

[83] 孟令超,吴芳,马述江.山西断陷盆地成因机制分析[J].华北水利水电学院学报,2013,34(5):72-76.

[84] 张世民.汾渭地堑系盆地发育进程的差异及其控震作用[J].地质力学学报,2000,6(2):30-37.

[85] 安卫平,苏宗正.山西大同火山地貌[J].山西地震,2008(1):1-5,9.

[86] 易晨,李德成,张甘霖,等.土壤厚度的划分标准与案例研究[J].土壤学报,2015,52(1):220-227.

[87] 蔡利,蔡锐,康翠娥.包头市九原区耕地土壤类型及分布[J].内蒙古农业科技,2013(4):70-71.

[88] 吴运金,邓绍坡,何跃,等.土壤环境功能区划的体系与方法探讨[J].土壤通报,2014,45(5):1042-1048.

[89] 付旭东,张桂宾,潘少奇.植物地理学教学改革探讨[J].高等理科教育,2015(1):106-111.

[90] 魏兴琥,黄金国,关共凑.自然地理学土壤与植物野外实习革新探讨[J].中国科教创新导刊,2009,8(28):18-19.

[91] 虞修竟,蔡国军,付小敏,等.水文地质实验装置的研制及应用[J].实验室研究与探索,2011(3):209-212.

[92] 龚红梅,李卫国.植物生物学野外实习中培养学生创新能力[J].实验科学与技术,2013(5):171-174.

[93] 张天天,李晖,尹辉,等.基于地方自然资源的高师自然地理野外实习改革初探[J].地理教育,2015(6):53-54.

[94] 康慕谊.秦岭南坡旬河流域及邻近地区森林与其生境关系的初步研究[J].生态学杂志,1993(6):62-66.

[95] 赵卫东,等.包头市水文特征[J].内蒙古水利,2003(2):47-49.